# 虚拟流域环境理论技术研究与应用

冶运涛　蒋云钟<br>
梁犁丽　曹引　等 编著

海洋出版社

2019 年·北京

# 内 容 简 介

本书将虚拟地理环境和流域科学相结合，探索了虚拟流域环境的理论框架，研究了虚拟流域环境仿真模拟技术、虚拟流域环境三维建模技术和虚拟流域环境水体仿真技术，并开展了虚拟流域环境理论技术的示范应用，开发了汶川地震灾区堰塞湖溃决洪水仿真模拟平台、洞庭湖流域防洪调度三维虚拟仿真平台、哈尔滨城区溃堤洪水淹没三维情景仿真平台、玛纳斯河流域干旱模拟评估三维虚拟仿真平台、南水北调中线工程水量水质调控三维虚拟仿真平台、长江上游梯级水库群水动力水质仿真模拟平台、黑河流域水资源调配三维虚拟仿真平台、福建省水资源实时监控三维虚拟仿真平台、金沙江下游梯级电站水沙虚拟仿真分析平台、基于三维虚拟环境的水利工程可视化仿真平台、基于数字地球的流域实时感知可视化仿真平台等。

本书可供水信息、水资源、水灾害、水环境、水利工程、计算机图形学等专业科技人员及高等院校相关专业师生参考，同时可以供从事水利信息化行业的企业公司技术人员参考。

**图书在版编目(CIP)数据**

虚拟流域环境理论技术研究与应用／冶运涛等编著. —北京：海洋出版社，2019. 11
  ISBN 978-7-5210-0449-6

Ⅰ.①虚…  Ⅱ.①冶…  Ⅲ.①流域环境-模拟系统-研究  Ⅳ.①X321

中国版本图书馆 CIP 数据核字(2019)第 239506 号

**责任编辑：**常青青
**责任印制：**赵麟苏

海洋出版社 出版发行

http://www.oceanpress.com.cn
北京市海淀区大慧寺路 8 号  邮编：100081
北京朝阳印刷厂有限责任公司印刷
2019 年 11 月第 1 版  2019 年 11 月北京第 1 次印刷
开本：787 mm×1092 mm  1/16  印张：19.75
字数：396 千字  定价：98.00 元
发行部：010-62132549  邮购部：010-68038093  总编室：010-62114335
**海洋版图书印、装错误可随时退换**

# 前　言

虚拟流域环境不仅是"数字流域"建设的重要研究内容，而且是"智慧流域"发展的基础，它是深度融合虚拟地理环境和流域科学而衍生的水利研究领域，是"流域物理空间""流域信息空间"和"流域社会（决策或管理）空间"构成的"流域三元空间"耦合协同联动的纽带，更加强调了在三维虚拟环境中，复演流域历史、跟踪流域现状和推演流域未来。它是采用以虚拟现实技术为核心的虚拟地理环境理论技术，结合水利专业知识和专业模型等，将流域水资源管理中不同类型的数据用逼真的、能直观的感受的形式表现出来，以动态展示流域时空变化规律，提供多方协同参与虚拟空间，辅助流域水资源管理决策支持。相比传统的流域管理系统，建立虚拟流域环境平台，一方面可以通过对江河湖海、水利水务设施、流域地形地貌、城市建筑，以及相关自然景象进行逼真的三维模拟仿真，以增强流域信息表达的直观性，提高系统对多维海量流域数据的显示和处理能力，从而便于用户对信息的解读；另一方面可以集成多种水利专业模型和水利大数据分析模型，结合三维虚拟环境，实时、可交互地展现模型方案结果供决策者决策，从而为流域管理提供全面、有效、综合的技术服务。虚拟流域环境为流域综合管理与智能决策提供有效的技术支撑，对推动水治理体系和治理能力现代化具有重要作用，是现代科技在流域管理中的一个重要发展方向。

本书以虚拟地理环境和流域科学相结合为出发点，按"理论框架-关键技术-示范应用"的研究思路，探索了虚拟流域环境理论框架，研究了虚拟流域环境仿真模拟技术、虚拟流域环境三维建模技术和虚拟流域环境水体仿真技术，并开展了虚拟流域环境理论技术的示范应用，开发了汶川地震灾区堰塞湖溃决洪水仿真模拟平台、洞庭湖流域防洪调度三维虚拟仿真平台、哈尔滨城区溃堤洪水淹没三维情景仿真平台、玛纳斯河流域干旱模拟评估三维虚拟仿真平台、南水北调中线工程水量水质调控三维虚拟仿真平台、长江上游梯级水库群水动力水质仿真模拟平台、黑河流域水资源调配三维虚拟仿真平台、福建省水资源实时监控三维虚拟仿真平台、金沙江下游梯级电站水沙虚拟仿真分析平台、基于三维虚拟环境的水利工程可视化仿真平台、基于数字地球的流域实时感知可视化仿真平台等。本书由冶运涛、蒋云钟、梁犁丽、曹引等撰写，长江科学研究院叶松高级工程师和李喆教授级高级工程师、水利部松辽水利委员会水文局（信息中心）孙艳兵高级工程师、水利部松辽水利委员会水文局（信息中心）黑龙江中游水文水资源中心刘国忠高级工程师、兰州交通大学顾晶晶研究生等参与撰写。

本书研究工作得到了国家重点研发计划课题"水功能区水质立体监测技术与应用"（编号：2017YFC0405804）、水利前期工作项目"智慧水利总体方案编制"（编号：资水利前期 01871901）、"十二五"国家科技支撑计划课题"基于物联网的流域信息获取技术研究"（编号：2013BAB05B01）、国家自然科学基金项目"冲积河流过程水沙输移模型不确定性分析及数据同化方法研究"（编号：51309254）、国家重点研发计划课题"水资源立体监测协同机理与国家水资源立体监测体系研究"（编号：2017YFC0405801）的资助。本书的研究工作还得到了清华大学王兴奎教授、华北电力大学张尚弘教授的具体指导和帮助，在此致谢！

虚拟流域环境研究是一个极其复杂的系统工程，涉及的理论内涵和实践领域非常广泛，目前还处在起步和探索阶段，本书仅是抛砖引玉。由于时间和作者水平有限，书中错误和纰漏在所难免，恳请各位读者对本书的不足之处给予批评指正。本书尽力将所有涉及的观点和内容加以标注引用，若有不慎遗漏之处，请予以包涵。

冶运涛

2018 年 8 月于北京

# 目　　录

# 第1章 绪 论

## 1.1 研究背景与意义

随着城镇化和工业化的深入发展，全球气候变化影响加大，流域下垫面的状况发生了巨大变化，流域的规划与管理面临着严峻的形势(Grossner 等，2008)。数字流域作为一种高技术的发展战略，以遥感(Remote Sensing，RS)、地理信息系统(Geographic Information System，GIS)、全球定位系统(Global Positioning System，GPS)、数据库、网络以及虚拟现实(Virtual Reality，VR)等技术为手段，对流域内的空间地理、自然资源、航运交通、社会经济等各个领域的信息进行处理、分析和研究，实现全流域的数字化管理与智能决策，是现代化的流域规划与管理的有力工具(李德仁等，2010)。中共中央、国务院发布关于加快水利改革发展的决定，明确要求强化水文气象和水利科技支撑，推进水利信息化建设，提高水资源调控、水利管理和工程运行的信息化水平，以水利信息化带动水利现代化。数字流域作为水利信息化的前沿研究领域，为流域的规划管理与社会经济宏观决策提供依据，对实现流域管理的数字化、智能化、网络化和一体化，推进水利行业的改革发展具有重要意义(李德仁等，1999)。

数字流域是一个复杂的系统工程，需要处理多维的海量流域数据(王光谦等，2006)，涉及社会、经济、地理、水文、航运和生态等多个学科领域(张勇传等，2001；汪定国等，2002a，2002b；朱庆平，2003；熊忠幼等，2002；王光谦等，2005)。对海量数据的一体化管理和对多学科专业模型的集成应用是数字流域管理的核心问题。建立大统一的数字流域平台是一个提高流域数据处理能力和融合各学科技术成果的可行方案(阮本清等，2001)。数字流域平台通常可划分为数据采集系统、数据库系统和数据调用平台三个层次(王永伟等，2010)。它们既相互独立，又相辅相成，可以自下而上地协同完成数据的处理和分析。多源数据经过数据采集系统的采集，首先在数据库系统层进行集中整合、组织、存储，然后通过数据调用平台进行展现，最后应用专业模型完成处理、分析与显示，实现数字流域平台在各个专业背景下的管理决策。这样的数据处理方式，一方面可以简化数据处理流程，减少数据对接步骤，缩短软件开发周期，提高流域管理效率；另一方面可以综合各方面的信息资源，使流域管理者能够全方位地进行流域管理决策，保证流域的资源都能得到科学、合理地利用(张尚弘，易雨君，王兴奎，2011）。

虚拟地理环境和流域科学相结合衍生出的虚拟流域环境是"数字流域"的一个重要研究内容，它是采用虚拟现实技术，结合计算机图形学、计算机动画和水动力学模拟等，将流域水资源管理中不同类型的数据用逼真的、能直观感受的形式表现出来，以动态展示流域时空变化规律，辅助流域水资源管理决策支持。随着虚拟现实技术的不断普及，其在水利等相关行业逐渐得到了广泛的应用。虚拟流域环境的建设在以下几个方面有着重要意义（张尚弘，易雨君，王兴奎，2011）：

首先，增强水资源信息的直观表达，能满足科学计算结果可视化的需求。随着水资源管理中需要处理的信息量不断膨胀、仿真区域范围不断增大以及对流域虚拟仿真的精细化程度越来越高，对流域信息的高度集成、综合分析和动态展示提出了更高的需求。使用虚拟现实技术可对江河湖海、水利设施以及相关的自然景象进行照片级真实的仿真。通过和数学模型相结合，对科学数据进行直观的可视化显示，可以提供二维和三维空间信息的真实展现，为用户提供一种直接有效的信息获取形式，便于从复杂的计算结果中发现规律。

其次，方案制定实时性和灾害应急管理的需要。对于突发洪水或其他自然灾害，很难现场获取实时数据资料导致无法较好地制定有效的应急处理方案，通过虚拟仿真，结合数学模型计算结果，可以给出多种应急处理方案供决策者选择，能有效提高方案模型的实时性和交互性，对灾害预防和救援有着极其重要的指导意义。

第三，水利工程设计与论证的需要。利用虚拟现实技术对水利工程建设和多种方案进行仿真，可以虚拟展示工程建设方案的对比效果，能有效降低工程建设风险，减少设计成本，为工程建设和论证提供决策支持。

第四，方案决策支持系统信息综合的需要。虚拟现实技术所构建的三维环境本身就包含了大量的信息资源，综合了系统建模、数据库、网络等多项技术，结合科学计算结果和有效的开发技术，可以更加综合地为水资源管理提供有效、综合的服务。

总之，虚拟流域环境研究是"数字流域"的重要研究内容，能为科学开展流域水资源管理、实现"水资源可持续利用"的国家战略提供理论基础与技术支撑，具有重要的科学理论意义和工程实用价值。

# 1.2　虚拟地理环境概述

虚拟地理环境的兴起具有其历史使命意义。首先，随着计算机技术、通信技术的迅速发展，各种虚拟环境正在不断出现，2007 年，Science 的文章"The Scientific Research Potential of Virtual Worlds"明确指出构建虚拟空间将成为新一代科学研究和分析的方法（Bainbridge，2007）；而微软亚洲研究院也于 2012 年提出"利用虚拟世界对现实世界进行有效管理及分析是一个值得探索的研究领域"。

在地理领域，一些三维地理信息系统、数字城市等虚拟环境工具被构建并应用于地理空间的认知与分析。但是随着对地观测信息获取网络的快速发展，社会对于大数据时代知识快速获取的需求不断增强，这对于辅助地理认知、地理分析的虚拟环境的构建提出了新要求。首先，传统的虚拟环境由于缺乏机理过程模型的支持，导致无法及时有效地依靠地理知识对海量地理环境数据进行消化；其次，虚拟环境中人与地的关系通常被人为割裂，无法获得一种自然体验；最后，现阶段地理信息科学正从面向地理环境为主体发展到面向以人为主体，从面向地球系统科学的研究发展到面向社会的公众应用阶段，传统封闭式的空间信息研究平台已经不能很好地满足当前地理研究的需求，一个支持多领域专家及公众协同参与的开放式新型工具亟待开发。

相对于以地理编码数据库为"单核心"的地理信息系统，虚拟地理环境的特色在于其拥有"双核心"，即空间数据库和地理模型库两个核心。基于此，虚拟地理环境实现了地理可视化、地理模拟、地理协同与用户沉浸式参与等功能。Goodchild 在论述新一代地理信息系统的未来发展时，提出五个必须关注的点（Goodchild，2009a），虚拟地理环境的建设满足了其中三维可视化、动态过程模拟与公众参与三个关键点。因此，可以认为虚拟地理环境是满足人类空间认知需求发展到第三阶段的必然产物，是辅助人类进行动态现象、过程探索及演变规律挖掘的重要工具，当然也可以理解为新一代地理信息系统的雏形。

## 1.2.1 虚拟地理环境的概念

虚拟地理环境（Virtual Geographic Environment，VGE）起源于 Michaeal Batty 于 1997 年提出的虚拟地理学（Batty，1997）。其后几年，该概念以不同名称陆续出现在相关刊物上（Lin 等，1998；Gong 等，1999；Lin 等，1999）。直到 2001 年，虚拟地理环境才正式得以命名（Batty，1997；Lin 等，2001）。虚拟地理环境从提出以后经过多年的发展，也逐渐在深化、明晰。它起初是依据虚拟现实与地理学的集成思考后形成的一个概念，主要是针对现实地理系统而言，是现实地理环境的表达与模拟。随着网络赛博空间以及分布式虚拟现实的发展，虚拟地理环境把化身人包括进来，从而形成了既可以指向现实地理系统的模拟环境，也可以指网络上基于化身的虚拟世界。这样，虚拟地理环境就可以定义为是以化身人、化身人群、化身人类为主体的一个虚拟共享空间与环境，它既可以是现实地理环境的表达、模拟、延伸与超越，也可以是指赛博空间中存在的一个虚拟社会（社区）世界。其中的化身人、化身人群、化身人类是表示现实世界中的人与虚拟世界中的化身相结合后的集合体。上述这个概念的定义，主要是依据地理学中的"地理环境"概念相对应而提出的，地理环境则是指人类生存与发展的地球表层，它包括作为主体的人类社会以及围绕该主体存在的一切客观环境，是由自然地理环境和人文地理环境（经济环境和社会文化环境）相互联结、相互作用的系统整体(胡兆量等,1998;刘南威等,1998)。

虚拟地理环境概念提出以后,相关学者也从不同角度进行了思考与理解。闾国年(2011)认为,虚拟地理环境旨在实现地理环境的模拟分析与表达,改变传统的空间知识表达与获取方式。相对于 GIS 空间分析,它更注重通过多源数据整合、共享、集成与信息挖掘,借助地理分析模型与多感知表达技术,实现地理问题分析、地理规律提炼、地理现象模拟、地理环境变化再现与预测以及人类活动影响评价,并通过分布式协同交互,实现人在虚拟环境中对地理目标与地理现象的互操作,最终形成新的地学研究技术方法与研究平台。林珲等(2013)认为虚拟地理环境(VGE)是一类以地理特征、地理规律为本源,以地理感知、地理分析为目的,利用网络、计算机、虚拟现实等技术构建的开放式地理环境及空间。在这类虚拟空间中,用户可以身临其境地感知过去、当下及未来的地理现象,利用定量方法对动态地理过程进行模拟、对地理规律进行总结,以协同交互的方式开展地理实验,从而认识世界、设计世界乃至改造世界。上述关于虚拟地理环境的主要观点,体现了虚拟地理环境的不同研究视角以及侧重点,但总体来看都是从地理信息技术及信息系统的角度阐述的,所以该意义下的"虚拟地理环境"也可以特别称为虚拟地理环境(信息)系统。

虚拟地理环境,从字面上看可以有两种理解(龚建华等,2010):一是虚拟"地理"环境,可理解为虚拟现实(虚拟环境)技术在地球(理)科学领域的应用,是基于虚拟现实技术设计与开发可以观察、表达与分析关于地理数据、信息与知识的多感知信息系统,是一种应用工具,侧重于计算机技术与虚拟环境信息系统,这个意义上的虚拟地理环境,也可以理解为虚拟地理环境(信息)系统,或者地学虚拟环境;二是虚拟"地理环境",虚拟可以理解为形容词,包括对于现实地理环境的虚拟以及赛博空间中的虚拟地理环境,它是一种主体(化身人、化身人群、化身人类)生活的客观实在与现实环境。这个时候虚拟地理环境概念重点不在于虚拟现实技术,而是侧重于应用虚拟现实技术产生的虚拟现实环境本身。在该层次上,对于地理环境与虚拟位置/虚拟地方/虚拟空间的概念、特征以及本质的理解,将影响对于虚拟地理环境概念的定义。

## 1.2.2　虚拟地理环境特征

### 1.2.2.1　虚拟地理环境的基本特征

虚拟地理环境,并不只是现实地理环境的简单映射、镜像、复制和模拟,而是以现实地理环境为基石的一种新的创造。虚拟地理环境的基本特征有(龚建华等,2010):

(1)以三维图形符号空间以及虚拟视觉空间为主要媒介和行为舞台环境。

(2)既可用于表达地球表层系统中的多尺度地理现象与规律,也可以指赛博空间中的在线虚拟现实。

(3)是一个地理环境的表达环境,也是一个以知识创造为目标的实验创新环境。

(4) 以"人"为中心，人既可以是参与者，又可以是旁观者，"人"以化身与智能体表达。人可以是用户，也强调对于地理环境中的"人"的表达。

(5) "虚拟"与人的地理思维、地理认知等相关，表现为主观能动性和创造性。

(6) 是一个主动的、分布式的智能协同虚拟环境。

(7) 是一个地理科学与美学的体验与体认环境。

#### 1.2.2.2 虚拟地理环境系统结构特征

虚拟地理环境，是以沉浸式与分布式虚拟现实技术为基础，从构成虚拟地理环境的软硬件系统、数据、表达与感知来看，它包括五个层面(龚建华等，2001；林珲等，2002；朱庆等，2004)：计算机网络层面、地理数据层面、地理多维表现层面、个人感知/认知层面以及多用户协同工作社会层面。计算机网络层面是有关虚拟地理环境建立的软硬件技术支撑；地理数据层面是有关虚拟地理环境实现的数据组织与集成；地理多维表现层面是对于虚拟地理环境模拟的多模式计算机表达；个人感知/认知层面是对于虚拟地理环境的个体多感知体验与思维表达；多用户协同工作社会层面是对于虚拟地理环境的多用户相互间交流、社会互动与协作。

#### 1.2.2.3 基于参与者社会组织水平视角的虚拟地理环境特征

虚拟地理环境以"人"为核心，从参与者的角度，尤其从参与者在线人数与社会关系自组织结构水平角度，虚拟地理环境可以有不同形式、不同发展阶段的系统种类(图1-1)。参与者从少到多、社会组织水平从低到高(从单人到协同的多人群体、到有组织的社会)，虚拟地理环境特征也从强调地球表层系统的现实地理环境的模拟分析，到强调网络虚拟社区为主的人们之间的交流与交往，展现了虚拟地理环境从探索与研究的实验工具，到可以生活与工作的自组织虚拟社会世界的一个渐进演化。

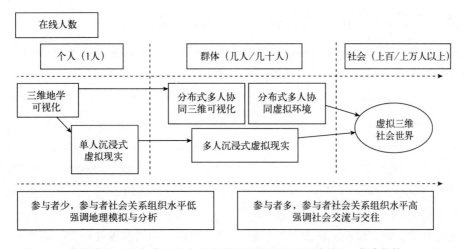

图1-1 作为实验工具与作为社会交往世界的虚拟地理环境特征(龚建华等，2010)

### 1.2.2.4 虚拟地理环境与 GIS、数字地球的相互关系

从技术角度来看，虚拟地理环境是二维 GIS、三维 GIS、网络 GIS、虚拟 GIS、地学可视化等的发展与集成（林珲等，2003）。关于从 GIS 到虚拟地理环境的发展趋势，Goodchild（2002）基于移动通信和穿戴式计算机的发展，也提出了关于"GIS 的 3 个发展阶段"以及"（GIS）作为虚拟现实（GIS as Virtual Reality）"的新观点，并明确提出"增强地理现实（Augmenting Geographic Reality）"的概念。他认为地理信息系统（GIS）的发展有三个阶段：第一阶段是 GIS 作为地理学者的研究助手（GIS as Research Assistant）；第二阶段是 GIS 作为新的交流媒介（GIS as New Communication Medium）；第三阶段是 GIS 作为增强人类感觉地理现实的手段（GIS as a Means for Augmenting the Senses），而这个阶段才刚刚浮现。

关于数字地球与虚拟地理环境，则是从不同背景与视角提出，但具有紧密关联的两个概念（龚建华，1997；龚建华等，2001；Batty，1997）。从发生学角度来看，数字地球是人从宇宙空间遥望地球时以及接近地球时对于"物理空间"的真实感受以及想象而来的，是从感知的"实空间"而来；而虚拟地理环境是从地球上生活的人出发，是对于视觉空间、感知空间以及想象与梦想空间、社会关系交往空间的追求，是从感知的"虚空间"而来（龚建华等，2010）。这也是数字地球与虚拟地理环境概念在产生与形成时的一个实践深层次上的差异，但是从主体的空间体验感以及地球、区域景观的多尺度、多视角统一表达与认识来看，数字地球与虚拟地理环境又是密切关联的。

鉴于当前数字地球与虚拟地理环境的概念认知、系统研发与应用实践，龚建华等（2010）认为数字地球、数字城市、数字地域、数字流域、数字社区等是虚拟地理环境在不同尺度上的表现，而虚拟地理环境可以为它们的研发与应用提供系统的基础理论与方法。

## 1.2.3 虚拟地理环境关键技术与系统建设

虚拟地理环境系统或平台的建立，涉及多尺度多维地理（遥感）信息的获取、异构数据互操作、三维全球与区域数据组织与空间索引、网络与移动式多用户地学协同、地理智能模拟、沉浸式/分布式/混合虚拟环境等技术。目前，数字地球系统如 Google Earth（http：//earth. google. com/）、Virtual Earth（http：//www. microsoft. com/virtualearth/）、World Wind（http：//worldwind. arc. nasa. gov/）、天地图（http：//map. ti-anditu. gov. cn/）等；数字城市系统如 E-都市（http：//www. edushi. com/）、DICITI 三维数字地球（城市）在线平台（http：//www. diciti. com/）等；赛博空间三维在线虚拟社区，如 Cybertown（http：//www. Cybertown. com），SecondLife（http：//secondlife. com/）等都是在现实全球、城市尺度上以及赛博空间"虚拟"角度下的虚拟地理环境原型表现。

基于虚拟地理环境的结构特征，结合地理环境多维现象与过程的观察数据和建模特点，虚拟地理环境系统的建设，具体涉及数据环境、模型环境、表现环境、协同环

境四个方面，如图 1-2 所示。

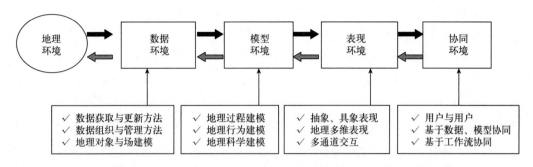

图 1-2　虚拟地理环境系统四个模块的建设框架(龚建华等，2010)

（1）在数据环境方面，虚拟地理环境的建设包括三维数据获取与更新，多尺度(全球、区域等)海量多维(三维以上)数据的高效组织与管理，分布式环境下的数据组织与调度，地理对象与场的三维建模，城市地上地下、室内室外三维一体化模型，赛博空间三维虚拟城市建模等。如基于地面与机载的激光雷达大规模的三维地形与城市的 DEM 快速获取(何秉顺等，2009；李清泉等，2003)，基于多角度的航空摄影三维城市建模(http://www.pictometry.com/government/products.shtml)，基于数码相机与数码摄像机的三维快速重建(刘亚文，2004)，自发地理信息(VGI)支持下的三维数据获取与建模(Goodchild，2009b)，人群模拟中的行为数据采集(胡碧松，2009)，城市地上与地下一体化三维建模(丛威青等，2009)，基于多面体(正二十面体等)的全球三维剖分与数据组织(袁文，2004)等。

（2）在模型环境方面，涉及地理环境多个圈层、自然与人文等多个专题的相关地学模型，具体包括地理过程、地理行为等的三维建模以及基于高性能或普通 PC 机集群等的模型计算等。如流域洪水过程建模(李毅等，2010)，台风过程三维时空建模(王长波等，2010)，污染物扩散过程建模与高性能计算(朱军等，2008；Xu，2009)，火灾人群疏散模拟(Gwynne 等，2001；王长波等，2008)以及基于个体的疾病传播模拟(龚建华，周洁萍等，2006)等。

（3）在表现环境方面，可以包括二维、三维、多维之间的可视化联动与导航，三维几何建模与数码图像、视频等的集成表达与互动，地理多维(观察与计算)数据的可视化表达方式与技术(Guo，2007；Li 等，2009)，地学知识可视化(王伟星，2009)，基于视觉、听觉、触觉等多通道的人机互动，户外增强现实地理信息系统(杜清运，2007)，三维场景中 StreetView 提供的基于视频街道全景浏览(http://en.wikipedia.org/wiki/GoogleStreetView)，三维非真实感 VGE 与地学多维可视化分析学(孟丽秋，2006)，基于化身的人与环境的交互模式(Lin 等，2002)等。

（4）在协同环境方面，则是指服务于分布式多用户之间的交流、交互协同工作，包括基于数据、基于模型、基于工作流、基于化身等的地理协同方式，集聚知识表达与分析综合，基于认知的协同表达，协同研讨室的构建等。例如，基于大气污染数据与大气污染模型的分布式协同(Xu，2009)，集成互联网与移动网、基于流媒体与化身的虚拟协同研讨室(李文航等，2007)，专家群体思维收敛(王丹力等，2002)等。

综合来看，在当前地理信息科学界，虚拟地理环境技术、系统与平台研发方兴未艾。伦敦大学学院 CASA 中心的 Hudson-Smith 等(http://www.casa.ucl.ac.uk/projects/projectDetail.asp?)则基于 Web/网格技术，研发用于社会科学的地理虚拟城市环境(GeoVUE)，中国科学院遥感应用研究所虚拟地理环境研究团队以流域与公共卫生为主要应用领域研发"协同虚拟地理环境 CVGE"平台，香港中文大学太空与地球信息科学研究所基于国家"863"项目研发面向空气污染模拟的虚拟地理环境系统，南京师范大学虚拟地理环境教育部重点实验室在集成了大量地学模型的基础上研发虚拟地理环境平台，武汉大学虚拟现实实验室研发了以三维数码城市为主要应用领域的 VGEGIS 系统等。

应该认识到，基于网络的数字地球系统 Google Earth、Virtual Earth 与天地图的建立与广泛应用，大大推动了虚拟地理环境系统与平台的研发，但是，包括大气圈、水圈、岩石圈、土圈、生物圈、人类智慧圈及其圈层之间相互联系与作用的地球表层系统的三维立体与动态多维表达，全球与区域层次的大规模人群活动与流动，多用户地学协同，赛博空间中具有大规模虚拟化身活动的虚拟社区与现实社区的集成等方面的研究与技术研发还很薄弱，需要进一步探索与发展(龚建华等，2010)。

## 1.3 虚拟地理环境的研究进展

在陈述彭的指导与建议下，基于地学可视化、地学多维图解和虚拟现实技术的发展思考以及"开放建模环境"的设计与建设，虚拟地理环境的思想从 1997 年起逐渐形成，并于 2001 年通过《虚拟地理环境——在线虚拟现实地理学透视》的专著出版，正式建立了虚拟地理环境的概念与系统框架(龚建华，1997；Gong 等，2000；龚建华等，2001；林珲等，2002)。

虚拟地理环境提出以后，日益受到学术界的关注与重视，也逐渐发展为地理信息科学的一个前沿研究领域。国内已经有不少科研院所如香港中文大学、中国科学院遥感应用研究所、南京师范大学、武汉大学等招收了与虚拟地理环境专业相关的博士研究生。同时，南京师范大学在 2005 年成立的"虚拟地理环境教育部重点实验室"，为虚拟地理环境的系统化、持续研究与应用实践，建立了学术组织基础。众多学者从虚拟地理环境的概念与特征(林珲等，2003，2005；龚建华等，2010；Lin 等，2010a；Konecny，2011；Priestnall 等，2012)、组成结构与功能(Lü，2011；Lin 等，2013；林珲等，2007)、相关实现技术(苏红军等，2009；Wen 等，2012；Chen 等，2008)、应用领域与具体案例(Goodchild，2009b；Xu 等，2010；Lin 等，2010a，

2010b；Xu 等，2011；Hu 等，2011；Chen，Lin 等，2012；Chen，Lin 等，2013）等多方面展开了研究，形成了以中国学者为主、国际学者广泛参与的研究队伍，取得了众多研究成果。

国内学者通过一系列论文和专著较为系统地开展了虚拟地理环境理论和方法的探索。龚建华（2006，2008）、龚建华和林珲（2006）、龚建华和李文航等（2009）探讨了虚拟地理环境的研究框架，提出了虚拟地理实验与虚拟地理实验室的建立问题，并对协同虚拟地理环境、面向"人"的 GIS 等进行了思考与研究。林珲和龚建华等（2003）、林珲和朱庆（2005）、林珲和徐丙立（2007）、林珲和黄凤茹等（2009）提出了从地图到地理信息系统、到虚拟地理环境的地理学语言发展问题以及发展虚拟地理环境与实验地理学的问题，并对虚拟地理环境一些相关问题做了系统思考。孙九林（1999）提出了资源环境科学虚拟创新环境概念，朱庆等（2004）提出并研究"数码城市"，其他学者从三维 GIS 以及虚拟现实角度开展了相关研究，包括虚拟地形环境与虚拟战场（高俊，1999），三维地下建模与虚拟矿山（吴立新等，2002），虚拟森林环境与火灾模拟（林开辉等，2006），遥感与虚拟海洋环境（http：//www2. ouc. edu. cn/yzb/ArticleShow. asp？ArticleID＝583），三维仿真虚拟地理环境（孟丽秋，2006）等。以上是从可视化和虚拟现实角度对虚拟地理环境思想和技术的相关研究，而另一些学者从元胞自动机、多智能体等技术出发，从地学模拟的角度也推动着虚拟地理环境的发展。黎夏等（2007）提出并构建地理模拟系统，开展自下而上的虚拟模拟实验，研究地理现象格局、过程与演变。实质上，地理模拟系统研究与虚拟地理环境密切相关，未来需要集成发展并建立统一的理论与方法基础。

在国外，宾夕法尼亚州立大学 GeoVista 中心的 MacEachren 等（http：//www. geovista. psu. edu/publications；http：//www. geovista. psu. edu/work/projects/analytical methods. jsp）从地理可视化、虚拟现实、协同群体决策、地理信息系统等角度，提出"协同式地学虚拟环境"（Geo-Collaborative Virtual Environments）概念，并研发了原型系统。伦敦大学学院 CASA 中心的 Batty 等（1997，1998）和 Hudson-Smith（http：//www. casa. ucl. ac. uk/projects/projectDetail. asp？）则研究了虚拟环境下的城市建模及其在城市规划中的应用，开展"虚拟伦敦"（Virtual London）的建设，发展了"虚拟地理学"的概念；该中心的 Hudson-Smith 等（2009）则结合虚拟城市环境探索新地理学（Neogeography）概念，认为随着诸如"数字地球""第二生活（Second Life）"等在技术与虚拟世界内容方面的合并与融合，则会产生"第二地球"（Second Earth）。

在地理信息服务与产业方面，与虚拟地理环境发展密切相关的是"数字地球"的研发与应用。目前，依据"数字地球"的概念与框架（http：//www. digitalearth. gov/VP1998013. html）建立的公众全球可视化平台 Google Earth、Virtual Earth 以及 NASA WorldWind 等，已成为大众理解地球、区域地理环境、人居环境、突发事件等的重要工具，对于三维地理信息系统、虚拟地理环境的技术发展与服务具有重要影响。2006 年

"*Nature*"刊登了文章"The Web-Wide World"（Butler，2006），讨论 Google Earth 以及地理信息系统（GIS）的未来发展与挑战。

综上所述，虚拟地理环境其初期主要研究方向有：①认知、概念与理论方法；②关键技术研发与软件设计；③可视化或分布式应用系统开发。总体上看，虚拟地理环境概念初步清晰，结构与功能也初具轮廓，在虚拟地理环境的基本理论、数据模型、表达与建模方法、关键技术与应用平台等方面均取得了显著进展（李爽，孙九林，2005；李爽，姚静，2005；陈小钢，2003；徐丙立等，2009；吴娴等，2006；Ishida，2002；Rheingold，2000）。虚拟地理环境作为新一代地理学语言，必将突破现有地理信息系统以数据共享为核心的框架，走向以数据库和模型库为双核心的知识共享平台，从基于现实地理世界的观测、总结型研究向依托地学理论的信息挖掘、模拟推理研究，并形成新的知识生成环境（张之沧，2009；林珲，龚建华，2002；林珲，黄凤茹，2009；林珲，朱庆，2005）。

由于认识水平及技术本身的限制，目前虚拟地理环境研究在创建机制、创建方法及空间决策支持方面的研究尚不够深入，缺乏面向地学分析与模拟的整体框架与结构化的设计方案。其不足主要表现在（闾国年，2011）：①在数据模型和空间数据组织方式方面，尚不能同时支持真实三维地理空间实体和现象的描述、表达、分析和模拟；②地理模型库缺乏分布式服务支持，缺乏由模型组件构建复杂地理分析模型的机制；③缺乏分布式网络地理场景中多用户交互的协调和调度机制，难以实现协同工作和群体决策；④多从数字城市或虚拟社区角度研究和理解虚拟地理环境，其研究思路较难移植到宏观尺度地理演变过程机理的建模与模拟研究；⑤现阶段研发的虚拟地理环境平台只针对单一用户群，缺乏综合贯通及各类用户协同交互的思想与机制。

地理建模与模拟是现代地理学的重要研究方法，面向地理分析的虚拟地理环境建设将有力地促进地理研究者与公众的相互协作探索（闾国年，2011）。研究者利用定量分析与数值模拟方法以及交互协同技术对地理问题进行协作建模，模拟地理现象，对地理环境变化进行再现和预测；而公众则利用所构建的虚拟地理空间，感受和认识自然与人文要素的时空关系，提供虚拟环境下的空间认知及生存选择，协助开展地理分析与模拟。从整体观、全球观视角，从多尺度、多层次的角度建立整合各类影响要素、有机集成地理环境演化物理背景和动力机制的综合模型与模式，研究不同模型的运行需求、结构特征、参数率定、流程控制以及耦合机制，构建面向地理环境模拟的高复用、可定制的多用户协同分布式的虚拟地理环境，可为地理科学研究提供新的研究平台，并可能形成新的地理学研究范式。

目前，虚拟地理环境建设，受地理模型的异构性和专业性、数据模型的领域局限性和不兼容性、真三维表达的真实感与设备依赖性和分布式协同交互性与实时性等方面的限制。其关键问题主要有（闾国年，2011）：①对多源、多尺度、异构数据无缝集成与共享机制研究不够，缺少可有效支撑地理分析与模拟的通用地理数据模型；②缺少可辅助协作式地理建模的分布式地理建模工具与平台，缺乏可有效利用网络环境中地理分析模型资源的多源异构地理分析模型重用与共享方法；③专业的三维展示系统运行效率难以提高、实时分析困难、建模成本高，缺少大众化的真三维展示系统；④多用户协同决策工作机制尚不成熟，研究者与公众还不能作为"主体"进入虚拟环境进行分布式环境下的协作分析。上述突破将有助于推动虚拟地理环境从概念界定阶段向系统实现阶段，从面向应用开发阶段向开放式服务阶段发展，最终构建可支撑地理学研究的虚拟地理环境。

## 1.4 虚拟地理环境在数字流域中的研究进展

数字流域的实质就是对流域过去、现在和未来信息的多维描述，数字流域模型可以再现流域历史，预测流域的未来，但它的模拟结果绝大多数都是以数据形式给出，不是很直观。虚拟流域环境系统构建的主要目的是对数字流域进行虚拟仿真，把各种类型的数据结果用人们能够直观感受的形式表现出来，得到了国内外研究者和管理人员的重视和青睐。

日本 Sugimori 等（2008）对 2000 年 Shinkawa 河流域的东海风暴洪水进行了模拟，通过 GIS 软件将模拟结果转换为流行的矢量格式 shape 文件，然后转换为 Google Earth 所采用的标准格式 KML，从而基于 Google Earth 实现了洪水淹没区域在三维场景中的显示。美国大湖区域水质项目等六家单位联合发起成立的面向公众的"数字流域"信息查询网站，并提供了与 Google Earth 的链接；首先在二维 GIS 平台上选择关注的流域，然后将其直接定位于地球的相应位置，从而利用 Google Earth 提供的操作工具从多角度、多方位观察所选流域的地形地貌。国内学者也探索了 Google Earth 在流域水资源保护监督管理中的应用（祝瑜等，2009）。

佛罗里达国际大学（Florida International University，FIU）计算机科学系开发了风暴潮淹没三维可视化系统（Zhang 等，2006；Saleem 等，2007）。Bender（2004）和 Wang（2007）分别从防洪的角度出发，利用 GIS 数据构建了具有高度沉浸感和海量数据管理功能的三维可视化系统。Ghazali（2008）基于 LIDAR DEM 数据和遥感影像完成了对马来西亚首都吉隆坡城区的三维建模，并利用 MAYA 软件对水体仿真，实现了 Gombak 河和 Klang 河交汇处的吉隆坡突发洪水的三维可视化模拟。德国 Anhalt 大学联合其他几家单位利用高分辨率航拍图片和数字地形实现了流域交互式三维可视化，并以此为基础研究了典型年和 100 年一遇洪水在水库是否参与调度情况下的洪水淹没范围（Buhmann 等，2008）。

国内将虚拟流域环境技术应用于流域的研究取得了丰硕成果，在各大领域均出现了局部试点的三维虚拟仿真系统，提高了流域综合管理的水平。

华中科技大学以建设"数字清江"为纽带，以洪水演进仿真系统建设为对象，尝试了虚拟地理环境在清江流域水文水情与洪水演进仿真系统中的应用。覃士欢等（2001）对洪水演进与流域地形存在的时空自适应关系加以分析，运用广度优先搜索算法，建立河道边界的搜索模型，提供了在三维地形仿真基础上动态模拟洪水演进的计算机实现模型，实现了河道及洪水淹没区域边界的自动搜索功能。董文锋等（2001）利用OpenGL和GIS技术，建立了流域三维地形仿真系统；采用三维网格逼近的方法生成真实的三维地形，并在其上建模，实现了包括洪水淹没、推进的动态模拟仿真可视化技术，初步建立了洪水演进仿真的框架。袁艳斌和张勇传等（2002）分析流域地理数据特点及传统GIS在"数字流域"建设中的优缺点，在应用传统GIS二维方式展示形式管理和预处理先期各类基础流域地理空间数据及其相应属性数据的基础上，为满足仿真系统三维可视化要求，建立面向流域空间实体对象的数据模型，定义流域地理空间对象数据结构，将流域地理常规的GIS数据以三维形式展示。随后还结合洪水演进可视化目标的分析，基于Visual C++系统开发平台，融GIS技术和OpenGL开发技术，采用三角形逼近、光滑处理和加入法向量以控制光照的方式，实现了流域地形及河床的三维可视化仿真；应用广度优先搜索算法确定了运动水体与流域河床形态的自适应与自相依的关系，使流域洪水演进模拟具有真实自然的可视化效果（袁艳斌和袁晓辉，2002）。王玲等（2004）以虚拟现实仿真软件Vega为基础，实现对整个流域的虚拟场景的仿真；集成各种模型和地形数据，生成了基于虚拟现实的交互式仿真系统。陈文辉等（2004）以大范围流域内的水体仿真为研究对象，详细描述了三维水体仿真的快速傅立叶变换（FFT）模型，并给出FFT模型的计算机实现方法及流程。在水体的三维仿真方面，借鉴大地形仿真技术，提出了水体仿真的细节层次技术和无缝拼接技术，并最终将研究结果应用于清江流域的可视化仿真系统。

清华大学以四川都江堰虚拟环境系统的构建为例，介绍了虚拟地理环境系统应用于流域模拟的一些关键环节，重点探索了多比例尺地形嵌套建模、水流模拟、场景模拟控制、多专题切换、工程设计仿真以及与外部数据库连接查询等问题的解决方案，为虚拟现实技术更进一步应用于流域模拟进行了有益尝试（清华大学，2004；张尚弘，2004）。张尚弘和赵刚等（2007）开发了南水北调中线工程三维仿真系统，将整个中线工程及周边地形地貌在计算机上进行了虚拟再现；应用地形自动建模软件TerraVista和地物建模软件Creator，完成了大范围地形地物数据的建模；采用两级地形三级纹理分块动态载入的方法解决大地形调度问题，同时实现了二维导航漫游、信息查询、渠道水流模拟等方面的功能。张尚弘和陈忠贤等（2007）阐述了三峡至葛洲坝区域仿真数据库建设过程和三维可视化程序框架，研究了与三峡实时数据库和调度数学模型相连接的数据接口，将调度过程动态直观表现于三维场景中，实现了航运相关数据的查询和分类显示功能，为梯级调度决策提供了新的平台。冶运涛等（2009a）探讨了基于高精度、大范围DEM数据的断面控制点提取方法，采用网格逼近的方法生成了三维河道地形，与大尺度流域三维场景形成嵌套结构；在与一维水动力学模型集成的基础上，提出了基于断面的河道边界搜索算法，采用动态纹理技术和纹理坐标求解实现了大范围水面动态模拟；开发了三维场景中手动和自动漫游方式、实时信息查询以及淹没过程分析模块。冶运涛等（2009b）研究了大范围河道泥沙动态仿真中的 LOD 和无缝拼接技术，并采用伪彩色技术表现河道冲淤时空分布，开发了纵横断面冲淤分析模块。王光谦等（2003）开发了黄河流域三维虚拟仿真漫游查询系统，系统的总体框架在设计上将需要仿真的三维场景分成主窗体层和子窗体层两个层次。主窗体层用来仿真全流域大范围的地物信息，子窗体用来仿真局部地区的详细信息以及计算结果的查询演示；主窗体和子窗体的分层解决了当前硬件条件下显示范围大与显示精度高之间很难协调的矛盾，实现了大到黄河全流域整体漫游，小到小浪底电站厂房内的一台机组的全方位、多层次、高精度的三维立体仿真。

黄河水利委员会（以下简称"黄委"）把黄河装进计算机，在计算机中建立现实黄河的虚拟对照体；利用这条虚拟的河流模拟、分析、研究黄河的自然现象，探索其内在规律，为黄河的治理、开发和管理提供更方便、更准确、更快捷的决策支持（http://www.yellowriver.gov.cn/xwzx/zhuanti/wchh/xdzh/mxhh/200612/t20-061230_98874.html）。2002 年开发的"黄河东坝头-高村河段交互式三维视景系统"是黄委大尺度、高精度虚拟三维技术在水利方面的首次应用，它初步搭建了黄河下游的三维基础平台。随后，黄委又有计划地开发了"黄河下游交互式三维视景系统"。通过黄河下游交互式三维视景系统，人们可以快速、直观地了解和掌握整个黄河下游防洪工程的整体布局，可快速对工程进行查询定位，查看详细的属性信息。由于系统采用真实的空间三维地理坐标进行控制，还可以查询任意位置的空间坐标及高程信息，绘制任意河道地形断面，甚至场景中任意两点距离及任意一块区域的面积都可以准确量算出来。2006 年又开发了"黄河流域三维江河电子系统"。这个系统采用实景影像与虚拟现实技术相结合，能立体形象地展示黄河流域的地形地貌、水系分布、行政区划、交通路网及河流形态、水库、堤防、蓄滞洪区、水闸等信息；借助系统的分析功能，还能快捷地进行数据查询、数据管理、系统维护、系统集成、数据抓取，还可实现与二维场景的自由转换。黄河流域三维江河电子系统采取开放式的平台，在设计时预留了灵活的应用接口，既可以与目前的黄河防汛指挥系统，工情、险情会商系统进行连接，又可以进一步拓展至气象水文、水土保持、水量调度、水资源保护等领域，建立完整的流域综合管理平台。

长江水利委员会探索了虚拟地理环境在数字长江建设中的应用。陈鹏霄等（2004）为生动形象地表达荆江河段防洪调度景观，对 DEM 数据和三维建筑物数据进行融合，并运用 Realflow 和 Realwave 进行水流模拟和仿真，形成了荆江河段防洪调度三维可视化系统。叶松等（2008）分析了基于二维图像的水污染模型计算结果可视化不足——脱离地形地貌环境、缺乏空间定位信息，提出基于虚拟现实的水污染扩散模拟三维可视化方法，讨论了数据组织与压缩、仿真模型与可视化一体化集成、查询统计等关键技术，对长江三峡库区万州段污染物迁移转化过程进行了动态模拟。雷菁等（2009）采用虚拟现实技术对长江宜昌至石首河道及防洪模型基地交互式三维可视化系统进行开发，为长江防洪的规划、建设和管理提供辅助平台；防洪模型虚拟仿真系统硬件主要包括计算机主机系统、投影系统、中央控制系统；防洪模型虚拟仿真系统软件主要包括实时三维建模工具——Multigen Creator、专业的三维地形生成工具 CTS、实时场景管理/运行软件 VegaPrime、SiteBuilder 3D 等。谭德宝等（2010）基于数学模型的洪水演进计算输出结果通常表达为数值表示的水位流速场，为了探寻洪水演进的规律，借助可视化手段将数据进行了基于图像图形的直观表达；同时以虚拟现实平台软件 Vega Prime 为基础，分析了实现流场动态可视化的技术框架、实现方法，该方法能较好地实现流场的可视化表现，可用于超大流量天然河道洪水演进模拟。叶松等（2014）在分析水文泥沙数据场特点的基础上，对基于数字地球球体模型实现水文泥沙数据场可视化表达的方法和关键技术进行了研究，提出了一种改进的反距离加权算法，实现了在散点数据空间内插或外推无数据区域的数据分布情况，并将其演变为二维数据场。

天津大学开展了虚拟地理环境在水利工程施工仿真方面的研究。王乾伟等（2017）基于数值模拟成果和工程地质三维统一模型，应用网格曲面重建、虚拟耦合、纹理映射等技术对注浆全过程进行三维动态可视化。钟登华等（2017）研究了包括心墙堆石坝三维可视化建模方法、多源施工信息集成方法、堆石坝施工过程 4D 可视化分析方法等堆石坝 4D 施工信息模型的实现方法。钟登华等（2016）开展碾压混凝土坝仓面施工仿真可视化分析研究，构建仓面施工精细仿真模型，不仅通过仿真计算获得详细的仓面施工进度信息，而且实现了仓面施工三维动态可视化分析。闫福根等（2014）建立了基于 B/S 结构的三维交互式灌浆可视化系统。钟登华和石志超等（2015）利用 CATIA 的三维建模技术构建了心墙堆石坝的三维施工场景，建立了基于 CATIA 的施工仿真系统，实现了基于 B/S 的堆石坝施工场景的远程交互。钟登华等（2013）建立了沥青混凝土心墙堆石坝施工动态仿真的数学逻辑关系模型，并基于 Unity3D 引擎，研发出网络环境下沥青混凝土心墙堆石坝施工过程的三维可视化分析系统。刘宁等（2012）建立了贯穿整个工程施工过程的高心墙堆石坝施工场内交通运输系统仿真模型；该模型既可对全部分项工程中各运输环节的场内交通运输过程进行仿真，又可在仿真计算成果的基础上实现可交互的施工场内交通三维动态可视化分析。

华北电力大学针对虚拟地理环境在数字航道建设中的应用进行了探索。乐世华等（2013）研究了三维数字航道平台的框架体系，讨论了数据监测存储体系与航运预警体系的构建方式。构建了三维数字航道平台，开发了交互浏览、图文互查、实时监控、航运预警等功能，实现了基于三维数字航道平台的航运监控与管理。赵博华等（2015）对三维数字航道平台的集成技术进行了研究，探讨了实时水情数据、船舶 GPS 数据等的获取、传输与存储方法，将监测数据、模拟数据、可视化数据、预警数据与三维可视化系统相结合，最终建立了三维数字航道平台；平台基于航道三维可视化空间，除通航相关要素的三维可视化展示外，还结合二维水动力学模型与通航规范，提供了水深分布图、流速分布图、适航区域分布图等助航信息。张天翔等（2017）基于开发的三维数字流域平台，在江津至重庆段的通航管理中，通过监测、存储、计算、显示的方式对船舶通航进行管理与预警，实现了航道综合信息的查询与显示、航道实时水流信息的监测与模拟、船舶动态信息的查询与显示等功能，为船舶通航提供更加直观、丰富的航道信息与实时水流信息，有效提高了航道的通航效率和通航安全度。

除了以上研究，针对不同流域和应用目的，很多学者对虚拟地理环境在流域中的应用进行了大量探索和研究（黄文波等，2005a、2005b；江辉仙等，2006；常禹等，2006；谭德宝等，2006；胡少军等，2006、2007；宋洋等，2007；贾艾晨等，2007；刘惠义等，2008；郭新蕾等，2007；崔巍等，2007、2008；甘治国等，2005）。虚拟地理环境在水利领域的广泛应用，一方面说明了传统的流域管理手段已经不能满足水利信息化的要求；另一方面说明信息技术的快速发展促进水利学科新增长点的产生。

综上所述，以 Google Earth 为代表的三维可视化集成平台代表着信息化发展的趋势，有学者将其应用于流域研究，但是由于流域和河流问题的复杂性，Google Earth 显然不能满足需求，因此开发面向流域的虚拟地理环境系统平台是数字流域研究的重点。现有的基于虚拟地理环境开发的流域三维虚拟仿真系统已经具备了基本的三维可视化和漫游功能，实现了研究区域地形地貌在计算机上的虚拟再现；与数据库的连接增加了仿真系统对信息存储、分析和表现的支持。然而流域三维仿真系统的构建不仅仅要具备上述的基本功能，更重要的是与流域数学模型、原型观测数据、实体模型相结合协同研究（王兴奎等，2006），进行方案论证、工程运行管理等方面的模拟仿真。

## 1.5 本书主要内容

本书按照"理论框架-关键技术-示范应用"的总体思路，首先，基于虚拟地理环境的体系架构和功能框架，提出虚拟流域环境理论框架；其次，研究虚拟流域环境仿真模拟、虚拟流域环境三维建模和虚拟流域环境水体仿真等技术；然后，研究虚拟流域环境理论技术在洪水、干旱、水资源、水利工程、监测等方面的应用。具体研究内容如下：

（1）研究虚拟流域环境理论框架。主要研究虚拟地理环境体系架构，梳理虚拟地理环境研究思路，分析虚拟地理环境功能框架，提出虚拟流域环境技术框架。

（2）研究虚拟流域环境关键技术。主要研究虚拟流域环境三维图形生成原理，研究虚拟流域环境纹理映射、碰撞检测、交互漫游等技术，重点分析流域海量数据的组织和实时调度实现方法，提出虚拟流域环境系统开发框架。总结虚拟流域环境建模软件平台工具，探讨虚拟流域环境地形、地物建模方法，研究基于倾斜摄影测量的场景自动化建模方法。分析各种水体仿真模拟方法，对各种方法的适用范围进行比较，提出水体仿真模拟的发展趋势。

（3）研究虚拟流域环境示范应用。开发了汶川地震灾区堰塞湖溃决洪水仿真模拟平台、洞庭湖流域防洪调度三维虚拟仿真平台、哈尔滨城区溃堤洪水淹没三维情景仿真平台、玛纳斯河流域干旱模拟评估三维虚拟仿真平台、南水北调中线工程水量水质调控三维虚拟仿真平台、长江上游梯级水库群水动力水质仿真模拟平台、黑河流域水资源调配三维虚拟仿真平台、福建省水资源实时监控三维虚拟仿真平台、金沙江下游梯级电站水沙虚拟仿真分析平台、基于三维虚拟环境的水利工程可视化仿真平台、基于数字地球的流域实时感知可视化仿真平台。

本书的技术路线如图1-3所示。

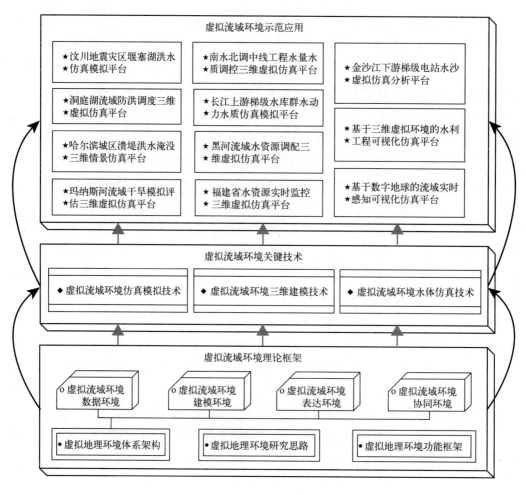

图1-3 技术路线

# 第 2 章　虚拟流域环境理论框架

## 2.1　引言

虚拟流域环境(Virtual Watershed Environment，VWE)是在虚拟地理环境框架下，旨在实现流域环境的模拟分析与表达，改变传统的流域空间知识表达与获取方式。相对于 GIS 空间分析，VWE 更注重通过多源数据整合、共享、集成与信息挖掘，借助数字流域模型与多感知表达技术，实现流域水安全问题分析、流域水循环规律提炼、流域水循环模拟、流域水循环变化再现与预测以及人类活动影响评价，并通过分布式协同交互，实现人在虚拟环境中对流域综合管理目标与现象的交互操作，最终形成新的流域研究技术方法和研究平台。开展融表达流域环境、研究水安全问题、提炼水循环规律、设计和改造水利工程、再现和模拟流域现象于一体的虚拟流域环境建设，是流域科学和水信息学发展的必然需求。

## 2.2　虚拟地理环境体系架构

虚拟地理环境(VGE)建设，需要将现实的地理空间生成虚拟地理环境，需要网络技术、分布式技术、虚拟现实技术等的综合运用，需要与真三维数据模型、地理模型进行集成，需要强大的协同、交互能力的支撑。因此，虚拟地理环境构建需要面向地理分析需求，从地理学研究和系统平台构建两个层面出发，综合考虑地理系统、地理问题以及地理模型特性，有效连接现实地理环境与虚拟地理环境，并实现数据环境、建模环境、表达环境以及协同环境的有机融合，进而基于计算机软件及分布式网络平台形成完备的虚拟地理环境软件平台。虚拟地理环境的体系架构如图 2-1 所示。

地理学研究包括历史反演、过程模拟、规律揭示与未来预测等方面，地理模型是表达地理过程和揭示地理规律的有效手段。然而地理系统的综合性、区域性、时空多尺度性等特征，决定了地理模型的复杂性及模型通用性不强。不同的领域模型在数据格式、网格离散、时空分辨率、运行结构以及模拟边界条件等方面存在差异，表现为分散性和异构性特征。地理问题的复杂性、尺度依赖性及区域关联性要求虚

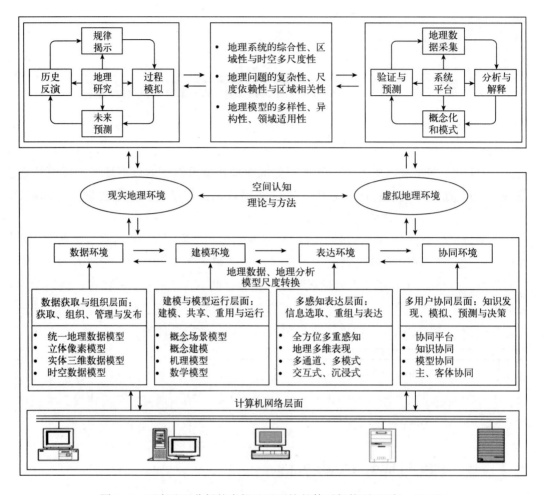

图 2-1　面向地理分析的虚拟地理环境的体系架构(闾国年，2011)

拟地理环境能支撑复杂的过程和机理建模，并可有效实现模型的解析、移植与重用，从而支撑从单要素向多要素、从领域模型、不同时空尺度模型等向全球/区域系统模型的发展。地理模型多样性、异构性以及领域适用性等特点，不仅导致很多地理学家无法深入参与建模过程，更造成模型共享与集成的困难。

因此，虚拟地理环境平台设计，必须有效体现地理数据采集、地理现象与地理过程分析与解释、概念化与数值建模以及地理模型验证与预测这一地理分析思路。面向地理分析的虚拟地理环境体系架构首先需要有效连接现实地理环境与虚拟地理环境，并基于各子环境建设构建一个开放式地理分析平台。在地理数据获取与数据组织、地理模型运行、多感知表达、多用户协同工作四个层面上整合相关模型、方法与研究范式，进而形成以地理问题为驱动、以模型共享为基础、以概念建模为桥梁和以分布式计算为手段的新型地理分析环境与研究平台。此外，虚拟地理环境应是一个多用户参与的开放式地理分析研究平台，专家构造地理分析模型，公众可以以化身人方式参与其中，进而模拟对社会、环境等方面的影响，并利用公众参与的活动对地理现象及过程进行模拟与预测。

## 2.3  虚拟地理环境研究思路

  面向地理分析的虚拟地理环境建设思路如图 2-2 所示。基于对客观世界及地理规律的认识，结合概念三维空间场景模式形成概念地理模型。在空间认知理论与方法、计算机及网络技术支撑下，依托于虚拟地理环境所提供的数据环境、建模环境、表达环境及协同环境进行地理分析，探讨地理现象格局特征、演化过程、成因机制以及预测调控，进而实现空间决策支持。

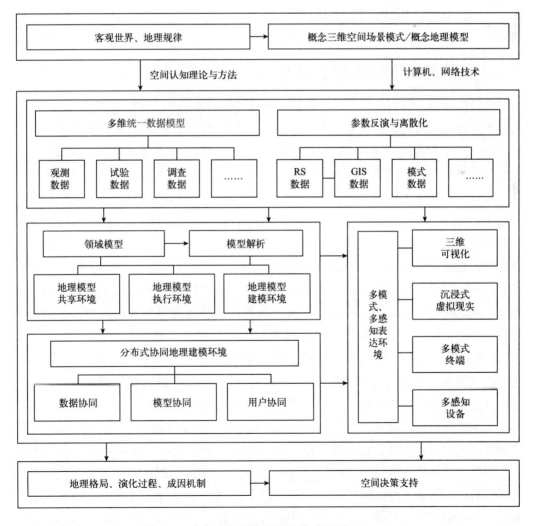

图 2-2　虚拟地理环境建设思路(闾国年，2011)

在数据环境层面，需要有效整合多源异构数据，构建可支撑且适用于不同空间尺度、大规模、分布式地理分析所需的数据模型、数据组织与表达形式、共享与集成方式以及融合与同化机制。在建模环境建设层面，对领域模型的结构、适用性、运行模式进行解析，实现地理模型粒度分割、共享、集成与分布式调用，从而实现地理模型建模、共享与协同。在协同环境层面，通过构建有效的协同机制，实现数据协同、模型协同以及用户协同三大类协同模式，实现可同时支持地理学家、建模专家以及普通用户的分布式、多用户协同建模。对上述环境的数据流程及相关信息进行整合，实现场景管理、场景重构及场景输出等场景控制功能，进而利用三维显示器、三维鼠标、漫游/触感头盔等设备实现沉浸式的、多感知交互的虚拟地理环境表达环境与人机交互。

## 2.4 虚拟地理环境功能框架

### 2.4.1 虚拟地理环境数据环境

数据环境主要负责多源异构数据的组织与管理、整合与集成，为地理场景构建、地理模型运行、可视化表达及地学分析提供数据支撑。地理空间具有复杂性和多样性特点，既存在着具有明确边界、离散分布的空间实体，又存在着无明确边界、连续分布的空间现象。传统的三维矢量空间数据模型，如三维对象表面模型（李青元，1997；孙敏等，2000；Coors，2003）、体元模型或镶嵌模型（Attaway等，1981；张煜等，2001；吴立新等，2002；Pilouk等，1994）、混合数据模型（李德仁等，1997；Wu等，2005）等，它们主要侧重于领域应用，虽具备了一定的空间分析能力，但在数据处理、分发和显示等方面的效率亟待提高，难以支撑地理空间一体化描述，以Google Earth为代表的系统在影像数据网络分发与共享的社会化应用方面具有优势，但其空间分析能力弱，不同GIS数据模型由于各自对空间数据理解、描述及表达方法和体系的差异，已成为当前地理数据共享和互操作的障碍（张哲等，2009）。因此，数据环境建设需解决的关键问题有：地理数据的一体化组织与表达；多源异构数据的集成与共享。虚拟地理环境一体化数据模型应能兼顾数据高效分发处理及支撑复杂空间分析，需要从全要素建模、多视角观察及理解空间实体和现象以及有效开展地学分析和模拟角度，从空间数据要素描述、关系描述、操作描述、规则描述等多方面来规范并抽象空间数据模型，建立统一、多层次、开放的空间数据模型体系。虚拟地理环境作为一个综合性地理分析与模拟平台，需要建立开放式统一空间数据模型框架体系，协调好开放性和统一性的矛盾；需要构建可定制多维空间数据表示与交换模型，以实现对多源异构数据的有机集成；进而在通用表达规范基础上，实现各类空间数据模型的表达、无缝联接与统一高效利用，并为系统内多模型耦合运行提供支撑。数据环境的功能框架如图 2-3 所示。构建融合基于场及基于对象两种地理现象表达方式，构建新型虚拟地理环境一体化数据模型，基于立体像素模型实现虚拟地理场景的快速构建与多分辨率实时拆分，实现体元模型与表面模型的一体化表达、多维度地理对象及地理过程的一体化表达，地理空间数据可定制及自适应表达及对复杂地学分析的有效支撑；构建可有效支持地理空间数据快速存取、转换及分析的空间数据引擎，实现海量地学数据传输、压缩、分析和表达；针对网络带宽、计算效率和海量数据处理，研制 GIS 加速器解决数据传输和显示效率问题；基于多元数据适配器有效整合多源、异构地学时空数据；通过对空间要素和实体关系，即各种图形、图像、视频等要素进行归纳、甄别和分类，探究能够统一描述要素和关系的基本因子及彼此间作用的约束规则，形成元数据、元操作、元关系、元约束等的空间数据元模型技术；建立空间要素和关系的约束规则知识库，建立基于统一空间数据模型体系的空间数据建模工具和基于空间数据完整性等约束规则对空间数据的自适应建模技术；通过构建空间数据表达与交换模型，从语义和结构层对现有的异构数据进行解析与表达，实现数据交换与数据共享。

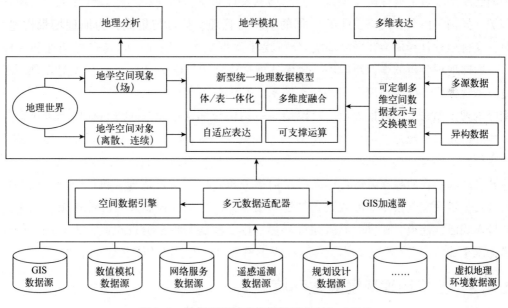

图 2-3　数据环境的功能框架(闾国年，2011)

## 2.4.2　虚拟地理环境建模环境

虚拟地理环境建设的根本目的是对地理现象、地理机理与过程进行抽象与表达，进而对地理环境进行分析、模拟与预测，地理模型构建与运用至关重要。目前，国内外在地理建模、地理模型共享与集成研究方面取得了一些进展(冯敏等，2009)，在分布式地理建模环境研究方面则仍处于起步阶段，与虚拟地理环境建设要求相距甚远，主要体现在：①现有地理建模环境实质上仍是通用计算机建模环境，地理特色不鲜明，广大地理研究者难以理解和参与；②集中式地理模型集成环境有助于集中优势资源解决重大的地理建模与地理模拟问题，但集中性难以满足广大研究者的需求；③针对特定建模目标、特定区域和不同时空尺度的地理建模重复工作多，地理研究者不能集中关注地理问题本身；④构建的地理模型多表现为多源异构特征，而且散布于网络空间，成为模型"孤岛"，无法共享重用。为使地理学家能根据研究目标、研究区域及时空尺度，在网络空间灵活、交互地建模，方便快捷地实现地理分析与过程模拟功能，就必须突破现有地理建模环境的建模模式，构建新技术条件下的地理建模方式，形成不受时间与地域限制、可充分参与、在网络空间进行地理建模的新方法，最终实现网络空间地理模拟平台。建模环境作为虚拟地理环境中最重要的子环境，其中的关键问题有：①多源异构地理模型的共享与重用；②图标引导式的地理建模；③分布式地理模型的服务与执行。建模环境建设可分为：从地理模型的元数据规范化入手，对地理模型进行规范化表达，为模型构建、解析、重用与共享提供统一的表达与描述标准；基于地理模型的建模环境、共享环境与运行环境建设构建完整的虚拟地理环境建模环境。其中的建模环境负责地理概念模型、概念场景及计算模型构建；模型共享环境用于解决多源、异构、散布在网络空间的地理模型共享；运行环境负责管理分布式地理模型资源，支持地理计算模型在网络环境下高效运行。

面向地理分析的虚拟地理环境建模环境功能框架如图 2-4 所示。首先对地理模型进行系统分析，构建地理模型的分类体系，对建模语义进行抽象形成面向地学领域应用的地理模型语义元数据规范，对模型运行结构与耦合集成方式进行抽象与解析形成模型运行元数据规范。构建地理模型共享环境、运行环境以及建模环境。在地理模型共享层面上实现对模型的粒度分割，对异构模型进行有效封装，并构建模型库、方法库和算法库；在地理模型运行环境中，构建分布式模型执行代理、执行引擎、模型执行容器，进而实现模型的参数略定与运行交互；而在地理模型建模环境中则面向多用户分布式协同建模，提供引导式建模环境、模型注册与模型分发机制，根据用户的建模需求生成模型运行配置脚本，并在线提供模型运行控制以及状态监控机制。

## 2.4.3　虚拟地理环境表达环境

虚拟地理环境通过构建虚拟地理空间，让地学研究者通过多感知或者化身进入到三维虚拟地理空间，在虚拟空间中观察地学现象分布及其演化过程。表达环境不仅是用户与系统交互的窗口，是模型模拟与分析结果表达的工具，也是用户通过各种方法（如头盔、手套等）参与并体现虚拟地理环境的途径。现有虚拟地理环境表达环境建设仍多关注数字城市、数字地球的可视化表达上，试图以从全球到局部逐渐精细方式展现地理现象与地理实体（如 Google Earth，Virtual Earth，Skyline 等）。一方面主要侧重于视觉展示，缺乏对多模式、多感知及多设备的有效支持；另一方面也将视觉展示与

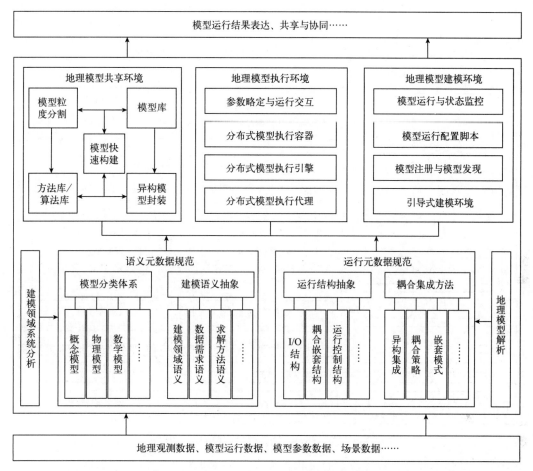

图 2-4　建模环境的功能框架(闾国年，2011)

地学模拟割裂，难以支撑地理分析与过程表达。面向公众支持的虚拟地理环境表达，必须综合考虑客户端、信道和服务器性能的整体传输与绘制策略。

　　在认知和实践层面上，虚拟地理环境作为地理环境的表达平台，应该有效兼顾"外观察"与"内观察"方式，并应用多感知观察和体验方式，实现观察空间、感知空间与三维虚拟空间融合，人作为参与者可在虚拟空间中观察地理现象的分布及其演化过程。在实现技术层面上，虚拟地理环境可以采用头盔、手套等传感器和穿戴设备，实现投入型虚拟地理环境；也可以用表达用户身份的三维化身，进入虚拟环境，增强人对虚拟空间的投入感以及系统的实时交互能力。在分布式应用环境上，需要综合考虑异质环境不同的设备/信道能力，研究面向多模式终端和多感知设备的交互控制、数据传输、表达策略及负载平衡技术，实现传输内容、传输格式和绘制策略的多模式自适应表达。面向地理分析的虚拟地理环境表达环境的功能框架如图 2-5 所示。基于 GIS 软件以及其他专业应用软件(如 CAD 等)的分析及数据输出结果的虚拟现实化，实现场景管理、场景重构以及场景输出等场景控制功能；利用场景与模型的耦合机制，实现地

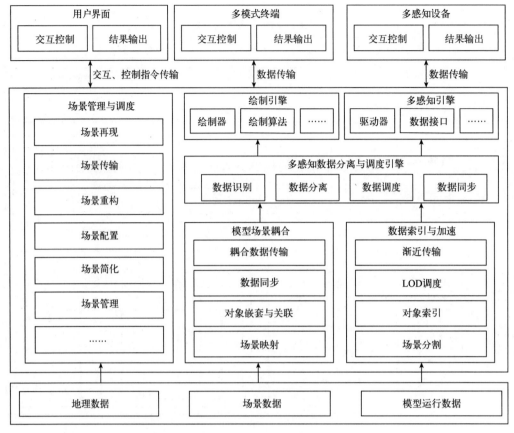

图 2-5 表达环境的功能框架(闾国年, 2011)

理场景与地学模型的有效融合,通过将不同尺度的地理模型运算与结果展示构建到真三维数字地球上,实现从宏观到微观多尺度地理现象展示、分析与预测;在融合数据索引与加速技术基础上,研究异质环境下设备/信道能力和绘制形态/质量间的关联关系,构建多感知数据分离与调度引擎,实现不同感知数据的识别、分离、调度与同步,针对在不同设备性能、网络带宽条件上可视化流畅性需求,自适应地调整输出内容、输出格式和绘制质量;最终实现专业虚拟现实环境、高性能工作站、移动设备以及三维显示器、三维鼠标、漫游/触感头盔等多感知设备的协同运作,实现沉浸式、多感知交互的虚拟地理环境表达与人机交互。

## 2.4.4 虚拟地理环境协同环境

地理协同是虚拟地理环境相对于 GIS 的一个显著特征,地理协同是指本地或异地人员在同一时间或不同时间内对地理空间现象的协作探索与认知的过程(石松等,2009;Lin 等,2010)。龚建华等(2002a)实现了"虚拟香港中文大学"系统,用户以"化身人"的方式进行社会活动,完成协作式的生存体验。地理学研究与应用需要不同领域专家与公众的普遍参与,协同环境既能模拟真实的现实世界,又能在其中进行交互与协作。虚拟地理环境应在电话会议、视频会议、可视电话、移动手机、视频聊天等技术基础上，建立协同会商的模式，为网络中分散的用户提供高效、灵活的沟通与协作的协同环境，支持人与人之间顺畅自如的沟通与交流，实现信息与资源共享。现有虚拟地理环境协同环境建设虽取得了较显著的进展，但仍存在以下问题：①不能有效支持 GIS 集成，难以实现图文表一体化流转；②难以在任意节点上进行会商协同；③在空间数据尤其是矢量数据并发操作和并发控制方面仍存不足。虚拟地理环境的协同环境关注虚拟环境中人与人、人与地理实体、地理实体与地理实体之间的虚拟交互，包括以下两种协同方式：①虚拟环境中的协同。该方式可向用户提供沉浸式体验，使不同地区的用户（协作者）产生身临其境的感觉，可以接受用户输入并产生相应的反馈信息，相互协作的成员间在虚拟共享空间中可通过 3D 化身进行协同感知与协同交互；②协同分析与决策。该方式不需要用户沉浸，但支持协商分析功能。如可通过提供虚拟会议系统，利用音/视频通信提供面对面的交流效果，提供文字交流工具、白板、文件传输分发、应用程序共享等功能。针对上述两类协同模式，面向地理分析协同环境的功能框架如图 2-6 所示。首先针对虚拟地理

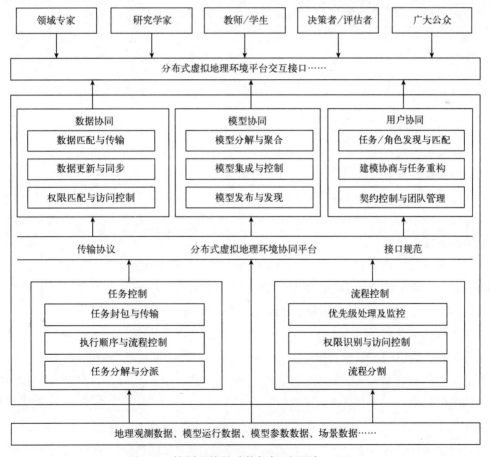

图 2-6　协同环境的功能框架（闾国年，2011）

环境平台的各类用户需求，对地理研究任务及其流程进行分解与控制，实现对地理分析任务的分解、分派、封包与传输，实现对模型运行的流程分割、权限及访问控制以及优先级监控；定义各类数据、模型以及用户交互指令的传输协议与接口规范，构建分布式虚拟地理环境协同平台，通过数据匹配/更新/同步、模型分解/综合/分派、任务与角色的发现/匹配/协同会商，进而建立合作契约，构建协作团队，在整体上实现数据、模型和用户三者间的协同。

## 2.5  虚拟流域环境技术框架

在数字流域体系框架内，将虚拟地理环境和流域科学相结合衍生出"虚拟流域环境"的概念，它以流域空间数据为依托，以虚拟现实技术为特征，以流域模型为驱动，构建流域对象，表达及其分析复杂的流域现象，这种不同以往二维图形的表达方式诱发出了三维可视化的新方法、新思想、新发展。虚拟流域环境是一个可进行流域实验的虚拟工作室或人与人交流研讨、协同工作的媒介平台，在虚拟流域环境中可以进行定性与定量的综合分析，解决复杂的流域综合管理问题、科学协同决策。

基于虚拟地理环境的功能框架，虚拟流域环境由流域数据环境、流域建模环境、流域表达环境和流域协同环境构成。以流域表达环境为核心的研究内容，可以称之为流域虚拟仿真(Zhang 等，2013；Zhang 等，2016)。

### 2.5.1  虚拟流域环境数据环境

数据环境负责数字流域中数据整合、组织及管理工作。数字流域是一个综合集成系统，其数据涉及多源海量信息(包括空间定位、几何形态、演化过程、时空关系、语义特征等信息)，用于表达这些信息的数据之间需要屏蔽其语义、结构等多方面的差异，进行高度整合，从而设计出统一、高效的虚拟流域环境数据模型，为虚拟流域环境的整体构建提供保障。

在三维建模软件工具中，最为流行的描述三维虚拟场景的数据模型是 Multigen-Paradigm 公司推出的 OpenFlight 模型(李宏宏等，2015)。OpenFlight 采用几何层次结构和节点(数据库头节点、组、物体、面等)属性来描述三维物体，数据节点种类很多，其常用的数据节点类型如表 2-1 所示。各类型的节点具有不同的属性信息，其中一些属性使用属性调色板索引号来描述，如颜色、材质、纹理等。在 OpenFlight 模型中，数据节点大致包括根节点、组节点、体节点、面节点和点节点五大类，这些节点按照树状结构组织起来。一个 OpenFlight 数据库的层次结构被作为一个文件存储在磁盘上。模型以 0 和 1 二进制代码存储，8 位为一字节，字节的存储顺序是按照正序方式存储的。所有的模型文件都是以 4 个字节开始记录。前 2 个字节代表记录类型，后 2 个字节代表文件长度。其中在相邻节点上，子节点隶属于父节点无论是在空间位置还是功能上，而兄弟节点之间则存在着一定的相关性。OpenFlight 的这种树状多层结构允许用户直接对树根节点和下属各节点进行操作，保证了对大型模型数据库每个顶点的精确控制（刘立嘉等，2009）。

表 2-1　OpenFlight 主要数据节点说明

| 节点类型 | 说明 |
| --- | --- |
| fltHeader | 数据库头节点标记数据库的根节点 |
| fltGroup | 组节点标记逻辑的数据库子集合，通常作为转换操作的对象 |
| fltObject | 对象节点标记多边形的逻辑集合，是低层次的组节点 |
| flMtesh | 网格节点标记一系列相关的多边形，这些相关的多边形共享通用的属性和顶点 |
| fltPolygon | 多边形节点标记多边形，通过顶点集的逆时针遍历形成几何多边形 fltVertex 顶点节点标记双精度的三维坐标点 |
| fltCurve | 曲线节点标记几何曲线，通过控制点可以表现为不同类型的几何曲线和曲线段 |
| fltText | 文本节点标记文本节点，将文本按照特定的字体画出来 |
| fltLod | 细节层次节点逻辑的数据库子集合，标记该集合基于视点范围的显示与否的切换 |
| fltDof | 自由度节点逻辑的数据库子集合，标记该集合的内部转换操作 |

## 2.5.2　虚拟流域环境建模环境

建模环境支持用户对特定的流域现象进行建模，并对相关的模型进行集成、共享与重用，从而对动态流域水循环过程进行模拟计算。流域模拟模型是流域管理重要的工具，对识别流域过程，了解流域发展动态起到重要作用。但随着大量流域模型的不断开发和模型应用的深入，流域模型的规模不断增大，结构不断复杂，结果是模型的开发效率降低、运行速度变慢，也愈加适用于单一物理过程和简单区域的传统建模方式难以解决大系统模拟问题。为解决这些问题，人们把不同的模型组合成一个有机整体，建立耦合模型，由此发挥各专业模型的优势，提高模型模拟和预报的精度，以解决复杂问题，即所谓模型的集成。与单一的专业模型相比，集成模型结构更为复杂，且由于引入了更多参数，模型参数率定变得更为困难。随着计算机计算能力的提高，多媒体技术、图像处理技术、大型关系数据库技术、组件技术、3S 技术、多语言混合编程技术等迅猛发展，它们与计算机技术的结合为流域模型集成技术的发展提供了新的机遇，对流域模拟模型的推广和应用具有重要意义。目前，流域模型集成技术主要集中在软件工程领域的基于组件（构件）的软件开发方法、决策支持系统领域的模型库系统和系统仿真领域的组合仿真理论三个方面（刘海燕等，2013）。

在流域模拟领域，组件化对集成模型系统应用较为广泛，其主要有以下优点：①模型组件化具有很强的移植性，对象或代码的复用变得很容易；②模型组件化不仅使系统具有较强的灵活性，也使得开发方式灵活，可以以工作组形式开发，也可以并行开发；③模型的组件化具有很好的扩展性，可以单独升级也可以随时对系统功能进行扩充，这是传统软件开发难以实现的；④模型组件化容易与前处理和后处理的第三方软件进行集成。

国际上较为知名的流域集成模型均是采用组件化技术，如丹麦水文研究所开发的 MIKE SHE 和 MIKE BASIN 等系列软件、美国农业部开发的 SWAT 模型以及在此基础上发展出的多种集成模型、美国环保署开发的平台式系统 BASINS、美国地质调查局在 MODFLOW 基础上发展的地表水与地下水耦合模型 GSFLOW、美国水文工程中心的 HEC-HMS 模型、美国 Brigham Young 大学环境模型研究实验室开发的专业水文模拟处理软件 WMS 模型系统、英国 Wallingfor 公司研发的 InfoWorksRS 以及 ParFlow 等。

模型组件化后需将这些组件集成在一起，为将这些模型更好地集成，2005 年欧洲的 OpenMI 系统提出了开放式模型接口(Open Model Inferface)和模型组件(Model Component)的概念。在这个标准框架下的各种软件之间有共同的接口协议。因此，在这个标准的平台上，各种模型可以以组件的形式相互耦合组成一个模型系统，可以多方位考察整个流域的模拟问题。目前，全球数十家水环境系统模型软件供应商都把自己的软件计算引擎不同程度地接入了 OpenMI 标准接口。

OpenMI 接口标准是水环境领域里模型软件计算引擎之间的接口协议，接入此标准接口的模型计算引擎不需要经过二次开发即可实现与其他模型耦合，其具体的工作原理如图 2-7 所示。

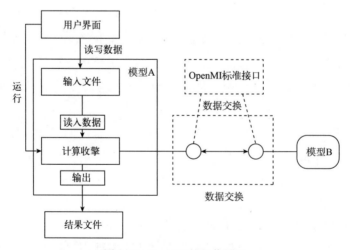

图 2-7　OpenMI 的工作原理

流域模型主要由用户界面、输入文件、计算引擎和结果文件四个部分组成(颜停霞等，2016)，用户首先通过用户界面定制模型运算所需要的参数，生成输入文件，模型计算引擎在读取输入文件的基础上启动运算并生成相应的结果文件。假如两个模型 A

和模型 B 的计算引擎都接入了 OpenMI 标准接口协议，则模型 A 在运行时，就可以通过指定的接口共享模型 B 的数据，真正地实现模型在运行时完成数据交互，达到动态链接的目的。

OpenMI 标准接口在交互数据描述和传递机制方面研究较为深入，涉及的模型数据交换实现的主要技术如下。

（1）交换数据的描述

模型在运行时若想实现数据交互，必须定义好交互数据内容、交互数据位置以及交互时间，主要包括三个方面：①是什么（what），模型必须定义交互数据的物理量、数值类型（Value type）、标识符（ID）、单位（Unit）等，如果交互的数据在单位不同情况下需要经过转换才能相互调用；②在哪里（where），数据值在何地通过 Elementset 类来表示，包含了有序要素集，每一要素可以通过节点序号或者具有坐标的地理位置表示；③在什么时间（when），数据类型是 Itime，采用改进后的儒略日（Julian）日期格式来表示时间，可以是瞬时值或时间周期。

（2）数据传递格式定义

一般情况下，一个或多个 OpenMI 标准组件的软件应用系统，通过标准接口可以连接与 OpenMI 标准接口兼容的模型，因此，OpenMI 系统必须具备三个方面的功能和信息：①系统必须清楚在哪里可以找到连接的组件；②系统必须知道连接组件之间存在何种连接；③系统必须能够实例化，且能分发并运行连接的组件。

（3）交互数据传递机制

OpenMI 中通过"请求响应"机制的方式实现数据传递，因而，采用 OpenMI 接口标准后，模型根据需要能够实时转换为能响应不同问题的组件或对象，通过执行有关属性和方法，组件之间可以建立有效连接。对已存在的模型，通过嵌入标准引擎代码实现，新模型或代码能直接作为方法接口组件开发。

为实现数据交换，采用请求响应机制连接组件，请求输入模型需要在固定位置或时间给出要素变量集，源模型需要计算后给出并返回变量集，这一机制的具体解释如下：

将多个组件连接形成复杂的相互连接的组件集，在每个连接中，"牵引"数据的组件需要从连接的另一端获取数据，牵引竞争处理办法是为数据请求指定输入点。通过交叉连接的数据是输出数据或模型计算后的结果，并成为接受模型的输入数据或者边界条件，同样，采用相同的机制也可从数据库中获取数据。OpenMI 能使得模型引擎计算和交换数据在自身的时间同步完成，而不需要外部机制来控制，通过禁止组件不返回数据提供了防死锁处理，当一个模型被请求数据，则需要详细说明如何提供给它，因为前一个方法模拟使得缓存中可能已经有模型数据，也可能使得其自行模拟计算，造成一个最好的估算被篡改，或者不能提供请求的数据，在运行时交换数据是自动完成，通过预先定义的连接驱动，而不需要人为干预处理。

### 2.5.3 虚拟流域环境表达环境

表达环境不仅用于设计使用者与虚拟流域环境的交互通道，还实现对流域模拟分析的表达。在这方面，虚拟现实、多媒体等技术的发展已经成为虚拟流域环境的交互手段、交互设备的设计提供了借鉴作用。除了常用的鼠标、键盘来操作化身人，还可以利用如支持立体显示的屏幕、感知头盔、数据手套等虚拟现实交互设备，真正享受多维、多通道感知所带来的真实感。虚拟流域环境中表达环境的建设也被称为流域虚拟仿真平台建设，主要研究大型地形场景实时生成和动态环境可视化仿真(王兴奎等，2006)。

#### 2.5.3.1 大型地形场景实时生成技术

交互式三维仿真系统应具有实时逼真精确的性能，但地表模型高精度影像三维几何模型等的数据处理和计算量很大，如何在这样一个庞大的数据库里提取模型，实时完成复杂的渲染和计算，是开发流域三维仿真系统的关键。

大地形的生成：为了兼顾数据资料的完备性和三维仿真的需要，对流域大范围地形，可采用各种不同比尺的资料生成，如全流域采用 1：250 000、重点河段采用 1：50 000、重要部位采用 1：10 000，工程枢纽区采用 1：(500~2 000)的生成三维立体地形。三维地形用不规则三角网模拟，在流域研究中，人们关心河流胜于高山，但在生成三维地形时如采用等间距平分高差的原则决定三角网密度，则陡峭的山峰模拟非常逼真而河谷水系将会模糊不清。所以在大地形生成时应将三角形数目按高差的等比序列分配，低谷河道分配的高差小而山峰分配的高差大，形成高山只具轮廓、河道细微表现的地形。

多重细节技术：在生成虚拟场景时，如果将场景中的所有模型都按建模的精细程度进行渲染和处理，则系统的计算量极大而难以实时演示。在虚拟流域环境大范围场景内，三维模型的数量很多，但大部分离视点很远，实际观察到的模型只是一个轮廓，即可以用粗略模型代替；而在小范围场景内采用精细的三维模型，其数量不多，总的计算量不大，这样就解决了视点在不同范围内模型计算量的不平衡问题。该方案的核心是实现多重细节的构造和切换，包括单独的三维模型、连续地形及高精度影像贴图的多重细节；采用不同精细程度的模型进行替换实现单独三维模型的多重细节；将地形分层分块构造来实现连续地形的多重细节以降低计算量；对于高精度的遥感影像，一般是通过构造 mipmap 来实现其多重细节。

#### 2.5.3.2 动态环境可视化仿真

对静态场景的模拟相对简单，而要科学直观地模拟流域内各种运动状态，则需要采用动态模拟技术，如对水流、河床冲淤、枢纽运行状态等的模拟。常用的动态可视化仿真技术主要有动作刚体运动技术，实体变形技术，材质、纹理和贴图技术，自定义的运动和变形，粒子系统。

刚体运动技术：通常采用空间变换或运动路径描述来实现刚体的运动。空间变换可以实现物体的移动、旋转、比例变化等运动，运动路径则可以使物体沿特定路线运动。对于物体本身各部分的运动则可以采用动作自由度描述的方法来实现复杂动作的描述。如工程模拟中机械的多自由度运动，闸门的启闭，水轮机的转动等均可用刚体运动技术实现。

实体变形技术：这是构造几何体形状变化动态效果的常用技术，它一般构造一系列关键形状，关键形状之间的变化采用插值技术来生成，这样就可以平滑地模拟出几何体的形状变化，如河床的冲淤变化等。

材质、纹理和贴图技术：该技术是将材质、纹理贴图与实体表面相关联，通过连续变换纹理或纹理错位的重叠面放映方式，表现由相应纹理所造成的动态效果。对于水流等流体的模拟常用纹理贴图技术加以表现，这样可以在系统消耗不大的情况下比较逼真地模拟水面的动态效果。另外通过透明材质和纹理的使用，也可模拟水体的透明性，表现出水下实体以及水体体积等特性。

自定义的运动和变形：要实现更加复杂的运动和变形，则要借助软件开发来实现，首先要设计出一个适用的几何体，然后通过模型计算和参数求解，生成需要的几何体并通过参数控制几何体的运动和变形（陈文辉等，2004）。如对水面起伏流动的模拟，可以根据河道的沿程水位生成由三角网组成的片状水面并粘贴水波纹理，三角网的平面坐标由最高水位的水边线确定，节点高程由测站水位实时动态内插。将生成的水面嵌于地形中，低于地形的部分消隐。通过节点高程的不断更新，形成水面流动的真实效果。

粒子系统：粒子系统（Particle System）是一种模拟不规则的模糊物体的方法，它能模拟物体随着时间变化的动态性和随机性。粒子系统的基本思想是将许多简单的微小粒子作为基本元素来表示不规则物体，这些粒子都赋予一定的"生命"，在生命期中它们的"出生""运动和生长"及"死亡"都通过随机过程进行控制。在流域模拟中的典型应用是模拟孔口出流等水流运动。

## 2.5.4 虚拟流域环境协同环境

协同环境的设计用于辅助实现用户对虚拟流域环境的协同操作与分析、在虚拟场景中的协同交流与感知。王兴奎等（2006）提出了实体模型试验、数学模型与虚拟流域环境平台相互交互的协同架构，可以作为虚拟流域环境中典型协同环境的构建方式。

在数据库支撑下，当实体模型、数学模型和虚拟仿真平台建设完成后（对应上述的数据环境、建模环境、表达环境），各个系统之间应有机地集成为一个整体，构建协同环境，形成虚拟流域环境平台开展联合研究，其框架结构如图2-8所示（图中数字和箭头代表时间进程的顺序和信息的流向）。

系统运行的起始条件：①经过检验率定的实体模型和数学模型；②具有完整体系的数据库；③根据流域的气象条件、降雨过程及地下水补给条件计算区间的产汇流过程，通过一维数学模型计算，得出研究河段进口的流量过程。

进程①：在相同边界和初始条件下，实体模型和数学模型同时启动。数学模型计算的阶段结果实时传输至虚拟仿真平台，经评估判断后提出运行预案，并即时向实体模型发送修改参数的指令。

进程②：当系统运行到 $T_1$ 时刻，数学模型的计算结果与实体模型的试验结果已存在明显差异时，终止数学模型进程，回到 $T_1$ 时刻按实体模型的结果修改参数后重新运行。

进程③：根据数学模型的阶段成果修改实体模型的运行参数。

进程④：当系统运行到 $T_2$ 时刻，实体模型和数学模型的结果与原型观测的数据存在明显差异，则需要终止两类模型，按原型观测的资料设定参数后重新运行。

进程⑤~⑦：是实体模型和数学模型相互配合，互为校正，进行耦合运行。为仿真平台根据系统进程，随时向实体模型和数学模型发出修改参数的指令。如实体模型和数学模型的预报结果与原型观测结果存在明显偏差，则有可能对两者进程中的参数进行适当修正。

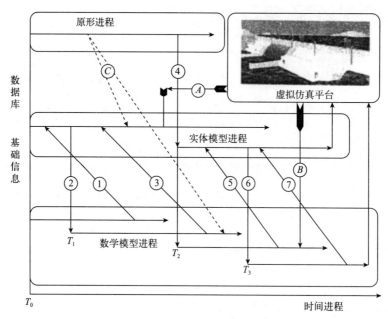

图 2-8  典型的虚拟流域环境协同环境框架结构

从图 2-8 中可以看出，实体模型和数学模型同时运行，数学模型为实体模型提供出口控制水位，实体模型的阶段结果(如沿程水位、河床断面冲淤形态等)反过来又为数学模型提供校正和修改的参数，数学模型随时校正自身的计算条件并将新的计算结果提供给实体模型作为出口控制的依据。实体模型和二维数学模型的结果再反馈给一维数学模型，调整其下边界的计算条件。虚拟仿真系统为数学模型和实体模型研究的基础条件和成果演示提供了平台。根据原型观测的实时数据、区间产汇流及一维数学模型的计算以及二维数模和实体模型的成果实时显示洪水演进过程，动态显示沿程站点的水位、流量、流态，预警区域提示。提供各个水文、水位和雨量站点资料的实时查询。

协同环境具有良好的交互功能，决策支持小组能实时动态地调整数学模型的计算参数，控制实体模型和数学模型的进程。例如，实体模型和数学模型都在根据调度预案运行，但在运行过程中决策支持小组发现下游某河段可能出现险情，需要立即关闭上游某枢纽的闸门，则协同环境将根据决策支持小组的指令立即向实体模型和数学模型发出指令，执行新条件下的运行方案。

# 第3章　虚拟流域环境仿真模拟技术

## 3.1　引言

三维可视化的目标就是将现实世界的实际物体通过模型化处理，转化为计算机能读取的格式，而后用计算机图形学方法将其投影到屏幕上，实现真实环境与物体的计算机虚拟表达。虚拟流域环境更高一层的要求则是在虚拟的三维空间模拟现实世界中事物的变化过程，达到预演事件和发现规律的目标。本章主要探索流域三维场景的可视化技术，研究基于三维虚拟环境的流域仿真模拟实现方法。

## 3.2　虚拟流域环境三维图形生成原理

### 3.2.1　三维图形生成流程

在计算机图形显示设备上生成一幅高度真实感三维图形，流程如图 3-1 所示。一般需要完成以下几步(李清泉等，2003)：

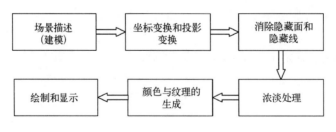

图 3-1　三维图形生成流程

(1) 场景描述(建模)

根据被描述对象的几何特征，使用适当的数学模型对被描述对象进行严格的函数描述，从而把被描述对象变成计算机可以接受的事物。

(2) 坐标变换和投影变换

坐标变换指对需要显示的对象进行平移、旋转或缩放等数学变换。投影变换指选取投影变换的方式，如透视投影或正射投影，对物体进行变换，完成从物方坐标到眼睛坐标的变换。其中，透视投影多用于动画模拟及产生较真实感的图形或图像，正射投影多用于建筑蓝图的绘制，其特点是物体的大小不随视点的远近而变化。

（3）消除隐藏面和隐藏线

在把描述对象显示在计算机屏幕上之前，首先判断该对象的可见面或可见线，对被遮盖的线或面不予显示，从而保证显示对象的正确性。

（4）浓淡处理

选取适当的光照模型，设置光源位置对物体进行光照和渲染，计算物体的光照程或阴影面，从而产生较强的立体感。

（5）颜色与纹理的生成

根据物体的材质或自然常识对物体设置一定的颜色或对其贴合一定的自然纹理，从而增强物体的真实感。

（6）绘制和显示

完成以上各个步骤后，即可选取适当的显示范围，通过一定的设备对物体进行显示或打印输出。

以上流程中，场景建模部分涉及内容比较广泛和复杂，在实际运用中应根据需要被描述对象的具体特征和需要描述的精确程度，确定具体的建模方法和数据结构，使其能够被计算机所接受。

## 3.2.2　坐标变换

在三维图形的显示和内部计算中，假定所有的顶点都用四维齐次坐标表示，即形如$(X, Y, Z, W)$，等价于$(X/W, Y/W, Z/W, W/W)$ $(W \neq 0)$。模型中使用的三维坐标$(X, Y, Z)$等价于四维齐次坐标$(X/W, Y/W, Z/W, 1.0)$。

在进行投影变换之前，必须完成从模型坐标到视点坐标的转换，即从物体空间坐标系到视点坐标系（眼睛坐标系）的转换。其中，物体空间坐标系是左手坐标系，视点坐标系是右手坐标系，如图3-2所示。

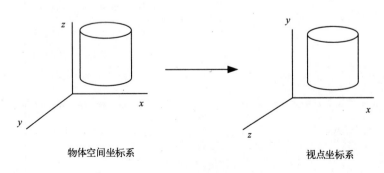

物体空间坐标系　　　　　　　　　　视点坐标系

图3-2　坐标系统示意

在对物体进行坐标变换时，可以使用平滑、旋转、缩放等各种数学变换，完成对模型各个顶点的坐标变换，即整个模型的坐标变换，从而实现从物体空间坐标系到视点坐标系的变换。对需要显示的三维模型进行模型变换，其变换后的结果可以用式(3-1)进行描述：

$$[x'\ y'\ z'\ 1] = [x\ y\ z\ 1] \times T \tag{3-1}$$

式中，$T$ 是一个 4×4 的变换矩阵，是模型坐标经过平移、旋转、缩放等各种变换后的结果。

对于平移、旋转变换其变换矩阵的内容如式(3-2)至式(3-6)所示。

平移：

$$[x'\ y'\ z'\ 1] = [x\ y\ z\ 1] \times \begin{bmatrix} 1 & 0 & 0 & 0 \\ 0 & 1 & 0 & 0 \\ 0 & 0 & 1 & 0 \\ Tx & Ty & Tz & 1 \end{bmatrix} \tag{3-2}$$

缩放：

$$[x'\ y'\ z'\ 1] = [x\ y\ z\ 1] \times \begin{bmatrix} Sx & 0 & 0 & 0 \\ 0 & Sy & 0 & 0 \\ 0 & 0 & Sz & 0 \\ 0 & 0 & 0 & 1 \end{bmatrix} \tag{3-3}$$

$Z$ 轴旋转：

$$[x'\ y'\ z'\ 1] = [x\ y\ z\ 1] \times \begin{bmatrix} \cos\alpha & \sin\alpha & 0 & 0 \\ -\sin\alpha & \cos\alpha & 0 & 0 \\ 0 & 0 & 1 & 0 \\ 0 & 0 & 0 & 1 \end{bmatrix} \tag{3-4}$$

$X$ 轴旋转：

$$[x'\ y'\ z'\ 1] = [x\ y\ z\ 1] \times \begin{bmatrix} 1 & 0 & 0 & 0 \\ 0 & \cos\alpha & \sin\alpha & 0 \\ 0 & -\sin\alpha & \cos\alpha & 0 \\ 0 & 0 & 0 & 1 \end{bmatrix} \tag{3-5}$$

$Y$ 轴旋转：

$$[x'\ y'\ z'\ 1] = [x\ y\ z\ 1] \times \begin{bmatrix} \cos\alpha & 0 & -\sin\alpha & 0 \\ 0 & 1 & 0 & 0 \\ \sin\alpha & 0 & \cos\alpha & 0 \\ 0 & 0 & 0 & 1 \end{bmatrix} \tag{3-6}$$

### 3.2.3　投影变换原理

#### 3.2.3.1　平行投影

平行投影分为正平行投影和斜平行投影两种。

（1）正平行投影

投影方向垂直于投影平面时称为正平行投影，如图3-3所示。通常所说的三视图（正视图、斜视图、俯视图）均属于正平行投影。

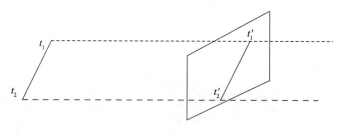

图3-3　平行投影

（2）斜平行投影

当投影方向和投影平面不垂直时，则称为斜平行投影，在斜平行投影中，投影面一般取坐标平面。图3-4描述了斜平行投影的示意图。

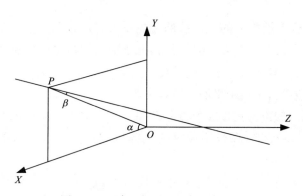

图3-4　观察坐标系下的斜平行投影

在斜平行投影方式下，假设投影方向与投影面的夹角为$\beta$，则任意一点$(x,y,z)$在上述投影方式下在投影面上的坐标为$(x_s,y_s)$，因为投影方向和投影线平行，且投影方程式为：

$$\left(\frac{z-z_s}{-1}\right)=\left(\frac{x-x_s}{l\cos\alpha}\right)=\left(\frac{y-y_s}{l\sin\alpha}\right),\ z_s=0 \tag{3-7}$$

因此，任意一点坐标在上述投影方式下可以描述为式（3-8）：

$$(x_s, \ y_s, \ z_s, \ 1) = (x, \ y, \ z, \ 1) \begin{bmatrix} 1 & 0 & 0 & 0 \\ 0 & 1 & 0 & 0 \\ l\cos\alpha & l\sin\alpha & 1 & 0 \\ 0 & 0 & 0 & 1 \end{bmatrix} \qquad (3-8)$$

### 3.2.3.2 透视投影

透视投影的视线(投影线)是从视点出发，视线不平行。透视投影按主灭点的个数分为一点透视、两点透视、三点透视。图3-5阐述了三种透视原理图(倪明田和吴良芝，1999)。

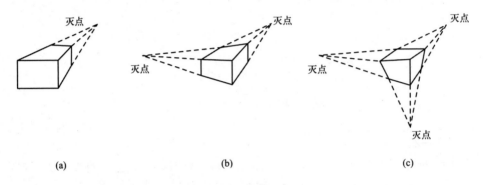

图 3-5  透视投影原理

任何一束不平行于投影面的平行线的透视投影将汇聚为一点，称之为灭点，在坐标轴上的灭点称为主灭点。主灭点的个数和投影平面切割坐标轴的数量对应。如投影平面仅切割 $z$ 轴，则 $z$ 轴是投影平面的法线，因而在 $z$ 轴上只有一个主灭点，而平行于 $x$ 轴或 $y$ 轴的直线也平行于投影平面，没有灭点。

如图3-6所示。假设透视投影中心为 $P_c(X_c, \ Y_c, \ Z_c)$ ，为了求得一点透视投影下，空间任意一点 $P(X, \ Y, \ Z)$ 在投影面上的坐标值 $P'(x_s, \ y_s)$ ，根据透视投影一般方程式：

$$\begin{cases} x_s = X_c + (x - X_c)t \\ y_s = Y_c + (y - Y_c)t \\ z_s = Z_c + (z - Z_c)t \end{cases} \qquad (3-9)$$

透视方程与 $XOY$ 平面相交于 $(x_s, \ y_s, \ z_s)$ ，而此时 $z_s = 0$ ，因此 $t = -Z_c/(z - Z_c)$ ，将 $t$ 代入上述方程，则一点透视投影方程式为

$$\begin{cases} x_s = \dfrac{X_c Z - x Z_c}{z - Z_c} \\ y_s = \dfrac{Y_c Z - y Z_c}{z - Z_c} \end{cases} \qquad (3-10)$$

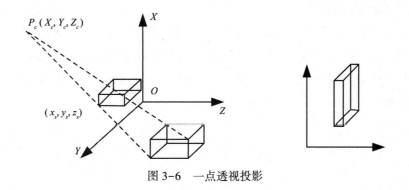

图 3-6　一点透视投影

上述变换可以用齐次变换矩阵变换式(3-11)描述：

$$(x_s w_s, \ y_s w_s, \ z_s w_s, \ w_s) = (xw, \ yw, \ zw, \ w) \begin{bmatrix} 1 & 0 & 0 & 0 \\ 0 & 1 & 0 & 0 \\ -X_c/Z_c & -Y_c/Z_c & 0 & -1/Z_c \\ 0 & 0 & 0 & 1 \end{bmatrix}$$

$$(3-11)$$

其中，$w_s = \dfrac{z - Z_c}{w}$。

## 3.2.4　投影空间和投影变换

与二维的窗口概念类似，三维的投影窗口称为投影空间。透视投影的空间为四棱台体，平行投影空间为四棱柱体。

### 3.2.4.1　透视投影和平行投影的概念

（1）透视投影的概念

透视投影的概念是在观察坐标系下定义，如图 3-7 所示。透视投影空间可以由以下参数定义：①投影中心，即观察点，改变投影中心的坐标可以从不同方位观察物体；②投影平面的法向量；③投影中心到观察空间前、后剪切面的距离，通过改变前、后剪切面的距离可以改变四棱台空间的大小；④投影平面上投影窗口的大小；⑤投影中心到投影平面的距离。

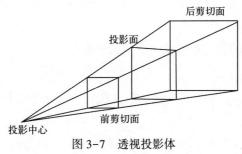

图 3-7　透视投影体

（2）平行投影的概念

如图 3-8 所示，平行投影空间形成的四棱柱可以由以下几个参数定义：①投影中心，即观察视点，改变投影中心的坐标可以从不同的方位观察物体；②投影平面的法向量；③投影中心到观察空间前、后剪切面的距离，通过改变前、后剪切面的距离可以改变四棱柱台空间的大小；④投影平面上窗口的大小。

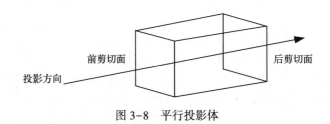

前剪切面 后剪切面

投影方向

图 3-8 平行投影体

无论对于透视投影或平行投影，一旦定义了投影平面上投影窗口和投影体的大小，只有落在投影体内的物体才能被显示在图形输出设备上，其他物体将被投影体剪切掉。当投影线不垂直于投影面时，对于平行投影，若投影线与投影面不垂直则投影体为斜平行投影体，对于透视投影，若投影线与投影面不垂直则投影体为斜透视投影体，如图 3-9 所示。

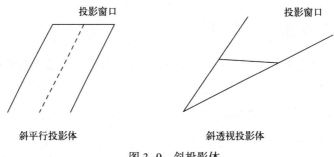

投影窗口　　　　　　　　　　投影窗口

斜平行投影体　　　　　　　　斜透视投影体

图 3-9 斜投影体

对于正平行投影而言，投影体一端到另外一端的大小没有改变，因此，观察视点距离投影面的远近不影响物体在投影面上的大小。对于投影而言，物体在投影面上的大小取决于观察点与投影面的距离大小，如果观察点与投影面的距离越远，则对象在投影面上的投影越小，反之越大。当观察视点与投影面的距离无限远时，其投影效果近似于平行投影。

### 3.2.4.2　一般的透视投影变换和平行投影变换

（1）一般的透视投影变换

对于一般的透视投影，其观察视点可以在观察坐标系中的任意位置，图 3-10 阐述了一般的透视投影示意图。

对于一般的透视投影变换，要完成透视投影变换，首先经过错切变换使斜透视投

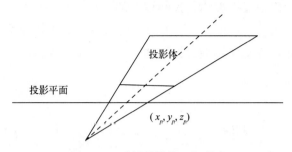

图 3-10　透视投影的一般形式

影变为正透视投影，然后使用相应的 $1/z$ 缩放因子缩放投影体。

使用错切矩阵变换可以把斜视投影体变为正透视投影体。显然经过错切变换以后，投影体的中心线将与投影面的法线方向一致（垂直于投影面），假设观察视点的坐标为 $(x_p,\ y_p,\ z_p)$，则错切矩阵的内容为

$$M = \begin{bmatrix} 1 & 0 & a & -az_p \\ 0 & 1 & 0 & -bz_p \\ 0 & 0 & 1 & 0 \\ 0 & 0 & 0 & 1 \end{bmatrix} \tag{3-12}$$

式中，$a = -\left[x_z - (xw_{\min} + xw_{\max})/2\right]/z_p$，$b = -\left[y_p - (yw_{\min} + yw_{\max})/2\right]/z_p$。

投影体中的点经过运算以后变为

$$\begin{cases} x' = x + a(z - z_p) \\ y' = y + b(z - z_p) \\ z' = z \end{cases} \tag{3-13}$$

经过上述变换后，可以将投影体中的点由 $(x,\ y,\ z)$ 变为正透视投影体中的 $(x',\ y',\ z')$，然后进行缩放变换，此变换如公式（3-14）：

$$M_{\text{scale}} = \begin{bmatrix} 1 & 0 & \dfrac{-x_p}{z_p - z_{vp}} & \dfrac{x_p z_{vp}}{z_p - z_{vp}} \\ 0 & 1 & \dfrac{-y_p}{z_p - z_{vp}} & \dfrac{y_p z_{zp}}{z_p - z_{vp}} \\ 0 & 0 & 1 & 0 \\ 0 & 0 & \dfrac{-1}{z_p - z_{vp}} & \dfrac{-z_p}{z_p - z_{vp}} \end{bmatrix} \tag{3-14}$$

因此，一般的透视投影变换可以描述为

$$M_{\text{perspective}} = M_{\text{scale}} \cdot M \tag{3-15}$$

（2）一般的平行投影变换

平行投影方向由从投影参考点到投影窗口中心点的投影向量定义。图 3-11 表示了

给定投影向量的一个斜平行投影体和投影窗口的大小。斜平行投影体在投影空间中面的表达方程不规范，因此，在求交、图形剪切的处理效率方面不高。使用某种错切变换可以把斜平行投影体变换到正平行投影体，其中孙家广等（2000）详细阐述了错切变换的矩阵推导过程。

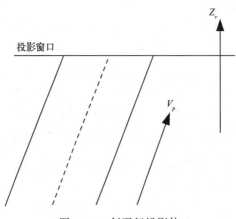

图 3-11　斜平行投影体

在定义投影体时，投影向量一般是在世界坐标系中给予定义，因此，需要把其变换到观察视点坐标系中。假设观察坐标系中投影向量元素为 $V_p = (p_x, p_y, p_z)$，如将向量元素 $V_p$ 变换到与投影窗口的法向量一致，则该变换矩阵可以描述为

$$V_p{'} = M \cdot V_p = \begin{bmatrix} 0 \\ 0 \\ p_z \\ 0 \end{bmatrix} \qquad (3-16)$$

式中，$M$ 是变换矩阵，显然将 $V_p$ 变为 $V_p{'}$ 需要确定 $M$ 中的各个元素，$M$ 矩阵的内容见式（3-17）：

$$M = \begin{bmatrix} 1 & 0 & a & 0 \\ 0 & 1 & b & 0 \\ 0 & 0 & 1 & 0 \\ 0 & 0 & 0 & 1 \end{bmatrix} \qquad (3-17)$$

根据上述两个变换可以得出方程

$$\begin{cases} 0 = p_x + a p_z \\ 0 = p_y + b p_z \end{cases} \qquad (3-18)$$

显然，可以得出 $a$ 和 $b$ 的大小为

$$\begin{cases} a = - p_x / p_z \\ b = - p_y / p_z \end{cases} \qquad (3-19)$$

因而一般平行投影的矩阵变换可以描述为

$$M = \begin{bmatrix} 1 & 0 & -p_x/p_z & 0 \\ 0 & 1 & -p_y/p_z & 0 \\ 0 & 0 & 1 & 0 \\ 0 & 0 & 0 & 1 \end{bmatrix} \qquad (3-20)$$

## 3.3 虚拟流域环境纹理映射

### 3.3.1 虚拟环境纹理映射技术

#### 3.3.1.1 纹理映射原理

所谓纹理(Texture)就是物理表面细节,纹理的数学定义为连续法和离散法两种(孙家广和杨长贵,2000),其中离散法在三维可视化领域最常用。它采用二维数组代表一个字符位图,而该字符位图可以是用程序生成的各种图形,也可以是扫描输入的数字化图像。

在虚拟流域系统中主要考虑两种纹理:颜色纹理和几何纹理。颜色纹理是指同一表面各处呈现出不同的花纹和色彩;几何纹理是指同一表面各处凹凸不平引起光照的明暗变化。在现有的纹理生成算法中,几何处理通过表面外法矢扰动(Normal vector pertubation)和分形细分(Fractal subdivision)方法生成(陈阵初和蔡宜平,1991),在实时图像生成系统中一般是先脱机用几何纹理生成算法生成几何纹理图像,然后再实时仿真时把该图像以颜色纹理的方式实时生成。

颜色纹理是通过纹理映射(Texture Mapping)生成,其基本工作分两部分:纹理建立和纹理映射,纹理建立是脱机生成,对计算机实时生成图像无影响,主要是纹理映射即纹理粘贴技术。纹理映射就是将给定的纹理图像映射到空间实体表面,是真实感生成的有效途径。从原理上说,纹理映射技术包括两个方面(Heckbert,1986):一是建立物体和纹理空间的映射关系;二是必要的过滤来消除走样。Blinn 提出的参数曲面纹理映射算法解决了参数曲面的纹理映射问题(Blinn 和 Newell,1976);Bier 等先使用中间表面,提出两次纹理映射技术(Bier 和 Sloan,1986),可以方便地建立景物表面和纹理空间的对应;此外还有 Perlin 和 Peachey 分别提出三维纹理映射技术(Perlin,1985;Peachey,1985)。纹理反走样技术目前常用的是 Crow 的求和面积表法(Crow,1984)和 Williams 的 mipmap 方法(Williams,1983),其基本特点均是预处理各种分辨率的纹理图像存储起来,从而能快速确定出不同大小区域内的纹理平均值。一般来说,如不借助硬件,纹理映射通用算法很难达到实时。

#### 3.3.1.2 纹理映射算法

纹理映射法研究主要是寻找一个函数将建立的纹理映射至三维物体表面来模拟

景物的表面细节。在研究过程中，考虑到算法的效率，运用逆透视过程（张祖勋和张剑清，1996），扫描屏幕上的每一像素，运用逆映射的方法寻找到物体空间上的一点，通过物体空间中的点再在纹理表中寻找相应像素点，取得纹理值显示该像素，如图 3-12 所示，即确定从屏幕空间坐标$(x, y)$到物体空间坐标$(x_\omega, y_\omega, z_\omega)$的映射关系 $f$ 和物体空间坐标$(x_\omega, y_\omega, z_\omega)$到纹理空间坐标$(u, v)$的映射关系 $m$。

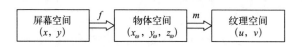

图 3-12  纹理映射实现思想

如图 3-13 所示，已知屏幕坐标系中的一个点$(x_B, y_B)$，如何求解它相应的物体空间坐标$(x_\omega, y_\omega, z_\omega)$。为研究方便，假设屏幕坐标系 与视点坐标系平行，且两坐标系原点的连线垂直于屏幕坐标平面。此时，设：视点在物体空间坐标系中的位置坐标为$(x_0, y_0, z_0)$，$z_B$为屏幕坐标点到视点的距离，$(x_B, y_B)$为屏幕坐标系中的一个二维点，$(x_e, y_e, z_e)$为此点对应的视点坐标系中的位置，$(x_\omega, y_\omega, z_\omega)$为该点在物体空间

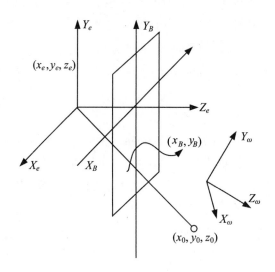

图 3-13  逆透视投影示意

坐标系中的坐标，从物体空间坐标系到视点坐标系的旋转矩阵（又称为方向余弦矩阵）为

$$C_\omega^e = \begin{bmatrix} l_1 & m_1 & n_1 \\ l_2 & m_2 & n_2 \\ l_3 & m_3 & n_3 \end{bmatrix} \quad\quad (3-21)$$

则

$$\begin{bmatrix} x_e \\ y_e \\ z_e \end{bmatrix} = \begin{bmatrix} l_1 & m_1 & n_1 \\ l_2 & m_2 & n_2 \\ l_3 & m_3 & n_3 \end{bmatrix} \begin{bmatrix} x_\omega & -x_0 \\ y_\omega & -y_0 \\ z_\omega & -z_0 \end{bmatrix} \tag{3-22}$$

又由透视投影关系，则有

$$\frac{x_B}{x_e} = \frac{y_B}{y_e} = \frac{z_B}{z_e} = \frac{1}{k} \tag{3-23}$$

将式(3-23)代入式(3-22)得

$$k\begin{bmatrix} x_B \\ y_B \\ z_B \end{bmatrix} = \begin{bmatrix} l_1 & m_1 & n_1 \\ l_2 & m_2 & n_2 \\ l_3 & m_3 & n_3 \end{bmatrix} \begin{bmatrix} x_\omega & -x_0 \\ y_\omega & -y_0 \\ z_\omega & -z_0 \end{bmatrix} \tag{3-24}$$

注意到方向余旋矩阵为正交矩阵，则有

$$\begin{bmatrix} x_\omega \\ y_\omega \\ z_\omega \end{bmatrix} = \begin{bmatrix} x_0 \\ y_0 \\ z_0 \end{bmatrix} + k\begin{bmatrix} l_1 & m_1 & n_1 \\ l_2 & m_2 & n_2 \\ l_3 & m_3 & n_3 \end{bmatrix} \begin{bmatrix} x_B \\ y_B \\ z_B \end{bmatrix} \tag{3-25}$$

令

$$\begin{bmatrix} x' \\ y' \\ z' \end{bmatrix} = k\begin{bmatrix} l_1 & m_1 & n_1 \\ l_2 & m_2 & n_2 \\ l_3 & m_3 & n_3 \end{bmatrix} \begin{bmatrix} x_B \\ y_B \\ z_B \end{bmatrix} \tag{3-26}$$

则

$$\begin{bmatrix} x_\omega \\ y_\omega \\ z_\omega \end{bmatrix} = \begin{bmatrix} x_0 \\ y_0 \\ z_0 \end{bmatrix} + \begin{bmatrix} x' \\ y' \\ z' \end{bmatrix} \tag{3-27}$$

设物体空间坐标点$(x_\omega, y_\omega, z_\omega)$所在平面为

$$Ax + By + Cz + D = 0 \tag{3-28}$$

则

$$Ax_\omega + By_\omega + Cz_\omega + D = 0 \tag{3-29}$$

式(3-27)和式(3-29)联立求解得到物理空间坐标为

$$x_\omega = x_0 - \frac{Ax_0 + By_0 + Cz_0 + D}{Ax' + By' + Cz'}x'$$

$$y_\omega = y_0 - \frac{Ax_0 + By_0 + Cz_0 + D}{Ax' + By' + Cz'}y' \tag{3-30}$$

$$z_\omega = z_0 - \frac{Ax_0 + By_0 + Cz_0 + D}{Ax' + By' + Cz'}z'$$

从式(3-26)和式(3-30)可以确定：扫描过程中，任意屏幕坐标点均可以找到一个

三维物体空间坐标点与之对应。

对于物体空间坐标系到纹理坐标系的映射关系是简单的二维线性关系。数字流域仿真中面对的是复杂的实际空间曲面，在仿真流域地形时结合非参数映射方法来实现这层关系(田宜平等，2000)。主要是利用相似变换原理，采用人为指定对应标志点的实物映射方法，即先在遥感遥测图像和建立的三维网格地形上找到几个对应的标志点，例如地形的高点和河流的交叉点等，在分别读取这些点的坐标后，以图形上的对应点坐标为准，改正图像上的对应点坐标以便使二者重合；然后根据对应点坐标对图形和纹理各部分的坐标进行插值，运用上述算法计算出图形上其他点的纹理坐标，使物体空间坐标$(x_\omega, y_\omega, z_\omega)$与纹理空间坐标$(u, v)$实现整体对应。网格点之间其他点的纹理值可以通过网格点的插值获得。

## 3.3.2 流域地形真实纹理的粘贴

### 3.3.2.1 流域三维地形的生成

显示三维地形景观图是一个把真实三维坐标$(X, Y, Z)$投影到二维显示平面上的过程，对应每一个 DEM 格网，通过透视变换(张祖勋和张剑清，1996)变成影像空间的四边形(有公共边的两个三角形)，连接所有相邻的投影点生成地形通视图，根据实际需要对已经生成的通视图四边形进行不同分辨率的光照渲染就得到了地形模拟景观图。在具体实施中，一是利用 GIS 软件矢量化模块，对相应比例尺的流域地形底图进行数字化，形成包含地形等高线信息的数字地图矢量数据文件，运用选定的 GIS 平台生成数字高程模型；二是直接采用遥感遥测影像进行立体相对、交互式地提取地形等高线，建立数字高程模型；将生成的流域 DEM 转换成系统自身定义的包括 X、Y、Z 三维数据信息的数据结构文件，进而编码代码将三维数据文件进行网格化处理，生成由许多小网格，即多边形构成的由高低起伏的曲面地形。据此，就可以生成流域地形起伏的 DEM 和带有高度信息的数字地图基础上，建立流域虚拟三维网格图形(袁艳斌等，2004)。

### 3.3.2.2 流域景观生成所需纹理数据

地形的纹理有很多种，如用地分类专题图、行政区划图、正射影像图(DOM)以及高分辨率的卫星影像等，这些纹理均为栅格数据，常用的格式为国际工业标准无压缩的 TIFF 或 BMP 格式(*.tiff，*.bmp)。在应用中，可以采用遥感图片(TM、SPOT)和航拍图片，经计算机图像处理后(如 TM 彩色合成)作为地貌纹理。流域景观真实纹理是通过仿射变换把 DOM 的像素 RGB 值赋予对应的地形模拟图像，由于大多数的纹理图像空间分辨率与 DEM 的空间分辨率不吻合，所以有必要通过多分辨率的数据组织模型匹配来将纹理像素与空间格网一一对应起来。

### 3.3.2.3 流域三维地形纹理粘贴

为建立流域真实生动的地貌景观，必须把上述所得的图像纹理数据粘贴到流域虚拟三维网格图形上。在纹理粘贴到空间实体之前，必须应用前述的纹理映射算法确定纹理怎样和地形匹配。在视线无俯仰（即视线水平：$y' = y_B$，$z' = z_B =$ 常数），大地有俯仰角时，大地的平面方程为：$By + Cz + D = 0$，而式（3-30）可以改写为（袁艳斌，王乘等，2002）

$$x_\omega = x_0 - \frac{By_0 + Cz_0 + D}{By' + Cz'}x'$$

$$y_\omega = y_0 - \frac{By_0 + Cz_0 + D}{By' + Cz'}y' \qquad (3-31)$$

$$z_\omega = z_0 - \frac{By_0 + Cz_0 + D}{By' + Cz'}z'$$

对屏幕中每一行来说，$y' = y_B$，又因 $z' = z_B =$ 常数，从式（3-31）可以得出：对每一行来说，屏幕坐标到物体坐标的映射关系式简单的二维线性关系，很容易建立映射关系 $f$。

对于映射关系 $m$，具体开发中根据 OpenGL 中定义所装入的二维纹理坐标在两个方向上都是从 0 到 1，即纹理式由 (0, 0)、(0, 1)、(1, 1)、(1, 0) 这样四个顶点的图形方块。具体做法如下：首先确定控制点，根据它们在图像上的相对位置分别求出各自的纹理坐标。由于这些点在矢量数据中有各自原有的坐标位置，网格地形内部各网格点的纹理坐标便可按照与控制点距离大小插值计算。其他点的纹理坐标均可用类似方法求出。

## 3.4　虚拟流域环境碰撞检测

在虚拟环境中，由于用户与物体的移动，物体之间经常会发生碰撞，为了保持虚拟环境的真实性，需要实时、准确地检测到这些碰撞的发生，发生的位置及更新发生碰撞后物体的位置形状的变化等（Brudea 和 Coiffet，1994；Earnshaw，1993）。碰撞问题涉及碰撞检测与碰撞响应两个方面，其中碰撞检测用来检测不同对象之间是否发生了碰撞。精确的碰撞检测对提高仿真的真实性、可信性，增强虚拟环境的沉浸感有着至关重要的作用，而虚拟环境自身的复杂性和实时性也对碰撞检测提出了更高的要求（Youn 和 Wohn，1993）。碰撞检测算法总体上可分为空间分解法和层次包围盒方法两大类，其中层次包围盒方法应用更为广泛，尤其适用于复杂环境中的碰撞检测（马登武等，2006）。

### 3.4.1　碰撞检测的基本原理

简单地讲，碰撞检测就是检测虚拟场景中不同对象之间是否发生了碰撞。从几何上来讲，碰撞检测表现为两个多面体的求交测试问题；按对象所处的空间可分为二维平面碰撞检测和三维空间碰撞检测。平面碰撞检测相对简单一些，已经有较为成熟的检测算法，而三维空间碰撞检测则要复杂得多（王志强和洪嘉振，1999；王兆其和汪成为，1998）。在虚拟流域环境系统中，主要是如何解决碰撞检测的实时性和精确性的矛盾。不同的应用场合，对实时性和精确性的要求不尽相同。由于碰撞检测问题在虚拟现实、计算机辅助设计与制造、机器人等领域有着广泛的应用，甚至成为关键技术，人们已经从不同角度对碰撞检测问题进行了广泛研究。

按照是否考虑时间参数，碰撞检测又可分为连续碰撞检测和离散碰撞检测。连续碰撞检测的定义如下（马登武等，2006）：设三维空间 $R$ 用三维几何坐标系统 $F_W$ 表示，其中有 $N$ 个运动模型，它们的空间位置和姿态随着时间而改变，$F_i$ 表示第 $i$ 个模型所占的空间。$F_W$ 时间变化形成四维坐标系统 $CW$，模型 $F_i$ 沿着一定轨迹运动形成四维坐标系统 $C_i$，碰撞检测就是判断 $C_1 \cap C_2 \cap C_3 \cdots \cap C_n = \Phi$ 是否成立。

碰撞检测问题用算法具体表示为图 3-14 的形式。在图 3-14 的表示当中有三层循环：首先是最外层的 for 循环，该循环中时间 $t$ 以步长 $\Delta t$ 递增。步长 $\Delta t$ 越大，检测速度越快，但检测精度会下降，且这种固定步长的检测算法不能根据具体情况调整步长和精度；其次是二、三两层 for 循环，它们要对所有"对象对"（$A_i$ 和 $A_j$）进行检测，使问题的时间复杂度变为 $O(N^2)$；第三是四、五两层表示的最内层的 for 循环，即对组成多面体的基本几何元素进行相交测试。如果虚拟场景中有 $N$ 个多面体，每个多面体有 $M$ 个顶点，则碰撞检测的时间复杂度为 $O(N^2M^2)$。

图 3-14　碰撞检测算法

图 3-14 表述的碰撞检测算法要遍历所有的基本几何元素，是最基本、也是速度最慢的碰撞检测算法。实际系统中为了提高检测速度，对图 3-14 所示的检测算法进行了简化，总体上分为空间分解法和层次包围盒法两大类。空间分解法是将虚拟空间分解为体积相等的小单元格，只对占据同一单元格或相邻单元格的几何对象进行相交测试。典型的空间分解法有八叉树法和二叉空间剖分法。空间分解法由于存储量大及灵活性不好，使用不如层次包围盒法广泛。

　　层次包围盒法是碰撞检测算法中广泛使用的一种方法，它在计算机图形学的许多应用领域(如光线跟踪等)得到深入研究。其基本思想是用体积略大而几何特性简单的包围盒来近似地描述复杂的几何对象，进而通过构造树状层次结构越来越逼近对象的几何模型，直到几乎完全获得对象的几何特性，在对物体进行碰撞检测时，先对包围盒求交，由于对包围盒求交比对物体求交简单，因此可以快速排除许多不相交的物体，若相交则只需对包围盒重叠的部分进一步相交测试，从而加速了算法。假设物体 A 和 B 要进行碰撞检测，则首先建立它们的包围盒树。包围盒树中，根节点为每个物体的包围盒，叶节点则为构成物体的基本几何元素(如三角片)，而中间节点则为对应于各级子部分的包围盒。包围盒层次法碰撞检测算法的核心就是通过有效的遍历这两棵树，以确定在当前位置下，对象 A 的某些部分是否与对象 B 的某些部分发生碰撞。

　　对于 A 和 B 包围盒树中的节点 VA 和 VB，设它们的包围盒分别为 b(VA) 和 b(VB)，A 和 B 包围盒树的双重遍历算法伪码如图 3-15 所示。

```
CollisionTrees(VA, VB)
{
        if b(VA)与 b(VB)的交不为空集 then
            if VA 是叶子 then
                if VB 是叶子 then
                    for VA 中的每个三角形 tA
                        for VB 中的每个三角形 tB
                            检测 tA 与 tB 的交点;
            else
                for VA 中的每个子节点 Va
                    CollisionTrees(Va, VB);
        else
            for VB 中的每个子节点 Vb
                CollisionTrees(VA, Vb);
        return;
}
```

图 3-15　基于包围盒的碰撞检测算法

　　对于不同的包围盒类型，评价其好坏的标准采用耗费函数来分析(马登武等，2006)：

$$T = Nv \times Cv + Np \times Cp + Nu \times Cu + Cd \tag{3-32}$$

式中，$T$ 为碰撞检测的总耗费；$Nv$ 为参与重叠测试的包围盒的对数；$Cv$ 为一对包围盒做重叠测试的耗费；$Np$ 为参与求交测试的几何元的对数；$Cp$ 为一对几何元作求交测试的耗费；$Nu$ 为物体运动后其层次包围盒中需要修改的节点的个数；$Cu$ 为修改一个节点的耗费；$Cd$ 为当对象发生变形后更新包围盒树所需的代价。

由以上耗费函数可以看出，包围盒的选择要求为：

（1）简单性好，包围盒应该是简单的几何体，至少应该比被包围的几何对象简单。简单性不仅表现为几何形状简单易于计算而且包括相交测试算法的快速简单。包围盒越简单，$Cv$ 越小。

（2）紧密性好，在各个层次上应尽量和原物体及其子部分逼近。紧密性可以用包围盒与被包围对象之间的 Hausdorff 距离 $\tau$ 来衡量，$\tau$ 越小，紧密性越好，可以减小 $Nv$ 和 $Np$。

（3）当物体平移或旋转时，支持对其包围盒层次中节点的快速修改，以减小 $Cu$。

由上可知，包围盒层次法的核心就是如何构造包围盒树及快速进行碰撞检测，算法种类主要有轴向包围盒 AABB、包围球、方向包围盒 OBB、离散方向多面体 K-DOP，下面将详细讲述其算法。

## 3.4.2　轴向包围盒 AABB

沿坐标轴的包围盒 AABB(axis-aligned bounding boxes)在碰撞检测的研究历史中使用时间最久，范围最广，一个物体的 AABB 被定义为包含该碰撞体，且边平行于坐标轴的最小六面体。对于给定的物体，它的 AABB 仅需六个标量描述，即组成物体基本几何元素顶点的 $x$、$y$、$z$ 坐标的最大值和最小值。

构造 AABB 树是基于 AABB 的二叉树，按照自顶向下的方法细分构造而成。将物体的 AABB 作为根节点，在每一次的细分过程中，下一节点将上一节点沿所需的剖分将物体分为两部分，将节点的原始几何元素分别归属到这两部分，依次剖分，直到每一个叶节点只包含物体的一个基本几何元素为止。具有 $n$ 个几何元素的 AABB 数包含有 $n-1$ 个非叶子节点和 $n$ 个叶子节点。

每个 AABB 间的相交检测很简单，采用投影区间测试的方法。当且仅当它们在三个坐标轴上的投影区间均重叠时，两个 AABB 才相交。由于 AABB 是由物体的六个最大或最小值确定，因此两个 AABB 之间的碰撞检测只需六次运算即可。对于 AABB 树之间的碰撞检测是在此基础上的一个双重遍历的过程。

## 3.4.3　包围球

包围球类似于 AABB，也是简单性好、紧密性差的一类包围盒，包围球被定义为包含该对象的最小球体。物体包围球首先计算物体中所有元素的顶点坐标均值以确定包围球的球心，然后由球心与三个最大值坐标所确定的点间的距离计算包围球的半径。包围球仅需两个标量描述，即球心和半径，但计算时间略多于 AABB。

两个包围球间的相交检测也很简单，如果两球心距离小于半径之和即相交。两物体之间的包围球树之间的碰撞检测也是一个双重遍历的过程。

相对于 AABB 来说，包围球的紧密性和简单性比较差，它除了适用于在三个坐标轴上分布得比较均匀的几何体外，几乎都会留下很大的空隙，通常需要花费大量的预处理时间以构造一个好的层次结构逼近对象。因此，它是使用得比较少的一种包围盒。但对于经常发生旋转运动的物体来说，由于物体旋转后，包围球不需要更新，因此在这种情况下，采用包围球能够取得较好的结果。当对象发生变形时，很难从子节点的包围球合成父节点的包围球，只能重新计算。

## 3.4.4　方向包围盒 OBB

　　一个给定对象的方向包围盒 OBB 被定义为包含该对象且相对于坐标轴方向任意的最小的长方体。OBB 最大的特点是它的方向的任意性，这使得它可以根据被包围对象的形状特点尽可能紧密地包围对象，但同时也使得它的相交测试变得复杂。在提出之时声称是最快的碰撞检测算法，曾一度作为评价碰撞检测算法的标准。OBB 的计算首先把所有多于三条边的多边形分割成三角片，设第 $i$ 个三角片的顶点分别为 $p^i$、$q^i$ 和 $r^i$，则有：

$$\mu = \frac{1}{3n}\sum_{i=0}^{n}(p^i + q^i + r^i) \tag{3-33}$$

$$C_{jk} = \frac{1}{3n}\sum_{i=0}^{n}(\bar{p}^i_j\bar{p}^i_k + \bar{q}^i_j\bar{q}^i_k + \bar{r}^i_j\bar{r}^i_k),\quad 1\leqslant j,\ k\leqslant 3 \tag{3-34}$$

式中，$n$ 为三角片个数，$\bar{p}^i = p^i - \mu$、$\bar{q}^i = q^i - \mu$ 和 $\bar{r}^i = r^i - \mu$ 为 3×1 矩阵；$\mu$ 为均值；$C_{jk}$ 为协方差矩阵；协方差矩阵 $C$ 的 3 个特征向量是正交的，规一化后可作为 1 个基底，它确定了 OBB 的方向，分别计算物体中各个元素的顶点在该基底的 3 个轴上的最大值和最小值，以确定该 OBB 的大小。存储 1 个 OBB 需要 15 个标量（表示方向的 3 个基底向量共 9 个标量和表示范围的 6 个标量）。OBB 树的构造也采用自顶向下的方法。首先将包围盒的最长轴用一个垂直于该轴的平面来剖分，剖分的位置选为包围盒中所有顶点的均值位置。然后根据多边形的中点在平面的哪一边来对包围盒中的多边形进行分类，采用此方法对包围盒进行剖分，直到不能再分为止，作为 OBB 树的叶节点。构造 OBB 树的时间为：若采用凸包方法为 $\mathrm{O}(n\lg^2 n)$，若不采用凸包方法为 $\mathrm{O}(n\lg n)$。OBB 间的相交测试基于分离轴理论。若两个 OBB 在一条轴线上（不一定是坐标轴）上的投影不重叠，则这条轴称为分离轴。若一对 OBB 间存在一条分离轴，则可以判定这两个 OBB 不相交。如图 3-16 所示，在轴 $L$ 上，两个 OBB 投影区间不重叠说明两个物体不相交。

　　对任何两个不相交的凸多面体，其分离轴要么垂直于多面体的某一个面，要么同时垂直于多面体的某一条边。因此，对 1 对 OBB，只需测试 15 条可能是分离轴的轴（每个 OBB 的 3 个面方向再加上每个 OBB 的 3 个边方向的两两组合），只要找到 1 条这样的分离轴，就可以判定这 2 个 OBB 是不相交的，如果这 15 条轴都不能将这 2 个 OBB 分离，则它们相交。OBB 树之间的碰撞检测采用的是与 AABB 相同的双重遍历的方法。

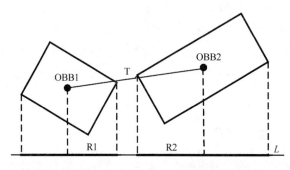

图 3-16　两个 OBB 包围盒的分离轴

### 3.4.5　离散方向多面体 *K*-DOP

由于 AABB 和包围球的紧密性相对差，而 OBB 的重叠测试和节点修改耗费相对较高，*K*-DOP 算法提出了一种折中方案。*K*-DOP 是一种凸多面体，它的面由一些平行平面所确定，平面的外法向是从空间中 *K* 个固定方向中选取的，利用这些平面来包裹物体。由于是采用空间中的固定方向作为包围平面的法向量，*K*-DOP 也称为固定方向凸包 FDH（fixed direction hull）。在实际应用中，可以合理地选择法向量的方向，例如取集合｛-1，0，1｝中的整数，以简化平行平面对的计算。当 *K* = 6 时，6-DOP 的 6 个面的法向分别由 3 个坐标轴的正负轴向确定，就转化为 AABB 包围盒。当 *K* 值足够大时，*K*-DOP 就发展为物体的凸包（Convex Hull）。当 *K* 取值越大，包围盒与所包围物体的贴近程度越好，可以减少 $Nv$、$Np$ 和 $Nu$，但同时也增大了重叠测试的耗费 $Cv$ 和节点修改的耗费 $Cu$。因此，*K* 值的选择要根据碰撞检测的不同需要而定，在碰撞检测的简单性和包裹物体的紧密性之间平衡。*K*-DOP 树采用自顶向下的构造方法，可以采用二叉树的方法，二叉树计算速度快，因为把一个树节点分裂为两部分要比把它分裂成三部分或更多部分要简单，而且树形结构简单。*K*-DOP 树利用分割平面将整个空间分为两个半闭空间，根据节点的几何元素分属于哪半个闭空间来归类，划分为两个子集，分裂为两个子节点，依此类推，直到分裂到基本几何元素为止，基本几何元素构成树的叶节点。当物体在空间中的位置发生变化时，需要实时更新 *K*-DOP 树，如果重新计算 *K*-DOP 树耗费很大，爬山法、近似法和线性规划的方法可以很好地解决这个问题。

### 3.4.6　包围盒法的比较分析

包围盒法是目前应用最为广泛的一类碰撞检测方法。由于实时性的要求，在虚拟场景中遍历所有基本几何元素的两个凸多面体的碰撞检测很难应用。一般是用相对简单的包围盒包裹虚拟对象，并用包围盒代替虚拟对象进行碰撞检测。包围盒的简单性和它包裹虚拟对象的紧密性是一对矛盾，包围盒越简单，它对虚拟对象的包裹紧密性越差。所以，如何更好地兼顾简单性和紧密性成为包围盒法的关键。各种包围盒相交测试的复杂度与包围盒数量的关系如图 3-17 所示。

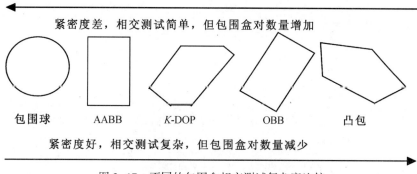

图 3-17 不同的包围盒相交测试复杂度比较

由此可知，AABB 法紧密性差，但 AABB 之间相交测试简单。AABB 法另一个突出优点是适应于变形对象的碰撞检测。OBB 法紧密性好，但由于 OBB 的方向任意性，使得 OBB 间的相交测试复杂。凸包是包裹对象最紧密的包围盒，但相交测试最复杂。$K$-DOP 是介于 AABB 和凸包之间的包围盒，它的突出特点是只要合理地选取平行平面对的个数和方向，就可以在碰撞检测的简单性和包裹物体的紧密性之间灵活取舍，即紧密性优于 AABB，而相交测试复杂度小于 OBB。分析表明（马登武等，2006），两个 $K$-DOP 相交测试只需 $K$ 次比较运算，而两个 OBB 的相交测试则需 15 次比较运算、60 次加法运算、81 次乘法运算和 24 次绝对值运算。显然，$K$-DOP 相交测试的算法复杂度远低于 OBB。

## 3.5 虚拟流域环境交互漫游

三维可视化过程通过构造出有关可视化对象的虚拟场景，并提供良好的人机交互能力，使观察者从不同角度和详略程度观察这些可视化对象，辅助分析、综合信息及其信息之间的关系，减少理解和认知它们所需要的努力。而在所有交互手段中交互式漫游是一种重要的虚拟观测手段。

图 3-18 描述的是一个交互漫游系统的框架（尚建嘎等，2003），其中渲染引擎是用来渲染三维场景的一个系统模块，可接受视点控制的输出结果即视点运动参数（包括视点位置、视线方向等）并渲染场景，另外渲染引擎还可输出场景视频（图像），以供录制场景动画文件。视点控制用来控制漫游系统中视点的运动，在视点运动的过程中将根据视点运动参数完成碰撞检测与响应。外部输入是指键盘、鼠标、游戏杆等输入设备的输入，经输入解释后将变成一系列控制命令。引起视点运动的动因除了外部输入以外，还包括由用户指定漫游路径来进行漫游。历史记录文件中存放的是有关键盘漫游过程的历史记录，通过重播可再现漫游过程。

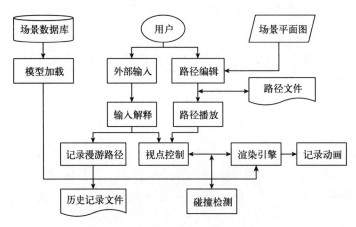

图 3-18　三维场景交互漫游系统框架

漫游系统中，视点即为人眼的"化身"，其功能与现实世界的照相机类似。漫游过程其实就是一种通过不断移动视点或改变视线方向而产生的三维动画过程，视线方向可由观察点(也称参考点)位置确定(观察点位置减去视点位置得到视线方向向量)，因此实际上系统是通过不断改变视点和观察点的位置来实现这种动画的。下面介绍两种常用的漫游方式，其他漫游方式可参照实现。

## 3.5.1　键盘漫游

键盘漫游就是用户通过操纵键盘来实现在三维场景中的任意漫游。通过键盘漫游用户可以灵活、准确地对场景进行全方位观察。键盘漫游的过程就是一个根据键盘漫游命令连续不断改变视点位置或视线方向并渲染场景的过程。

### 3.5.1.1　漫游命令处理

通常键盘漫游命令包括：左转、右转、前进、后退、上升、下降、仰视、俯视、左移、右移。若系统使用的是 $Z$ 轴朝上的左手坐标系，$Z$ 值代表场景的高度，则响应左转、右转、仰视、俯视命令时视点均保持不变，只改变视线方向，对左转、右转视线分别绕 $Z$ 轴逆、顺时针旋转一定角度，对仰视、俯视则增、减视线与 $XY$ 平面的夹角(仰角)；前进、后退时将视点分别沿视线方向、视线反方向移动一定距离(行进速度)；上升、下降时则只增、减视点高度值($Z$ 坐标值)；左移、右移时将视点进行平移，视线方向保持不变。按照这种响应方法，通过空间向量分解运算，即可计算出新的视点、观察点坐标。例如，当响应前进(后退)命令时视点与观察点坐标的计算公式：

（1）视点坐标($SPEED$ 表示行进速度，$angz$ 表示视线绕 $Z$ 轴旋转的角度)

$$vEyePt.x = vEyePt.x + (-)SPEED \cdot \sin(angz)$$

$$vEyePt.y = vEyePt.y + (-)SPEED \cdot \cos(angz) \tag{3-35}$$

$$vEyePt.z = vEyePt.z$$

（2）观察点坐标（$updown\_ang$ 表示视线与 $XY$ 平面的夹角即仰角）

$$vLookAtPt.x = vEyePt.x + 100 \cdot \sin(angz)$$
$$vLookAt.y = vEyePt.y + 100 \cdot \cos(angz) \qquad (3-36)$$
$$vLookAt.z = vEyePt.z + 100 \cdot \sin(updown\_ang)$$

式（3-36）中常数 100 是为了使视点和观察点之间保持一定距离而设置的。

### 3.5.1.2　记录漫游路径

通过键盘操作实现对三维场景实时漫游虽然灵活、方便，但用户必须不断地按下键盘，显得有些烦琐。特别是当用户需要重复前一漫游过程时更是如此。为此系统可设计一种对键盘漫游过程进行记录的功能（记录漫游路径）。所记录的键盘漫游过程叫作历史记录，通过重新播放这种历史记录便可实现对键盘漫游过程的再现。

记录键盘漫游过程的处理如下（坐标系同上）：首先，记录初始视点、观察点、视线绕 $Z$ 轴旋转的角度、仰角，然后对每种连续的键盘操作命令按"动作类型，执行次数"的格式进行记录，其中动作类型为上述的 10 种键盘漫游命令之一。总之，就是将键盘漫游的整个过程解释为漫游命令的序列。至于这种历史记录的播放则是一个相反的过程，需从文件中读取上述初始化参数并按照这些参数对系统进行设置，然后读取键盘操作命令的序列并调用相应的命令处理函数进行处理。

## 3.5.2　路径漫游

路径漫游就是通过预先设置漫游路径，然后再播放漫游路径的方式来实现在三维场景中的任意漫游。关于漫游路径的设置可以有很多种方式，这里介绍的是基于场景平面图通过鼠标点取控制点进行设置的方式。路径设置过程如下：首先将场景的平面图显示在一个窗口中，然后由用户使用鼠标在平面图上点取一系列控制点，并指定每个控制点的高程（相对于平面）及飞行速度（平面图逻辑坐标值/秒），然后通过设备坐标到逻辑坐标的转换将鼠标在窗口中的设备坐标转换成平面图上的逻辑坐标，这样便得到了一个逻辑坐标空间中的控制点序列，如果逻辑坐标与场景坐标不一致还需将控制点的逻辑坐标转换成与场景一致的坐标。

一条漫游路径就是三维空间中的一条曲线，这条曲线由控制点按一定的插值方式确定。曲线有许多类型，可以根据其数学和几何特性分类，如线性样条、基本样条、B样条等。一个线性样条看起来就像一系列连接控制点的直线段组成的折线；一个基本样条看起来就像一条穿过所有控制点的曲线；B 样条看起来就像一条很少通过控制点的曲线。这里仅介绍线性样条路径，因为其他样条曲线表示的路径通过插值能转化为折线表示的路径，可以采用与线性样条路径类似的处理方式。

### 3.5.2.1　线性样条路径漫游

图 3-19 表示的就是一条线性样条曲线。

控制点

图 3-19　线性样条曲线

　　线性样条路径可以看作是由控制点连接起来的一条折线，相邻两个控制点之间的插值点都位于两点之间的连线上。实现线性样条路径播放的过程如下：从第一个控制点开始，依次在当前控制点和其下一个控制点之间进行等间隔线性插值，插值点的计算过程如图 3-20 所示。

```
const SPEED 24//每秒钟播放的帧数
VECTOR3 p1, p2, p; //p1, p2 为控制点，p 为 p1、p2 之间的插值点
float d, t, v; //d 飞行距离，t 飞行时间，v 飞行速度
int n; //p1, p2 之间插值点的个数
d = [(p2.x - p1.x)² +(p2.y- p1.y)² +(p2.z-p1.z)²]^{1/2};
t=d/v;
n = t * SPEED;
for( int i=1; i<n; i++)//插值点计数
{
  p.x = p1.x +i * (p2.x - p1.x) /(n-1);
  p.y = p1.y +i * (p2.y - p1.y) /(n-1);
  p.z = p1.z +i * (p2.z - p1.z) /(n-1);
  …
}
```

图 3-20　等间隔线性插值代码实现

　　每计算出一个插值点就将该点作为新的视点，总是将当前直线段的第二个控制点作为观察点，并渲染场景。如此处理直到处理完所有控制点为止，则整个路径播放完毕。

## 3.5.2.2　转角平滑处理

　　采用线性样条表示路径的好处是：用户可以设置任意直线路径到达场景的任何位置；路径可以由控制点准确、直观地加以确定；插值点计算简单。但这种路径表示也有一个缺点，就是当播放路径时在转角处视线会按转角大小突然偏转，反映到漫游动画中就是在转角处相邻的两帧很不连续，以至于观察者会感觉到画面有明显抖动。不消除转角处产生的抖动问题势必影响动画质量，这里提出了一种消除转角处抖动的方法。

这种方法的基本思想就是将转角按一定大小进行平分，视线每转过一个平分角度就根据当前视点和视线方向插入一个动画帧，使视线平滑过渡到下一视线方向，与人眼扫过某一场景类似，从而使得观察者看到的动画很平滑。

如图 3-21 所示，$P_1$、$P_2$ 和 $P_3$ 表示路径上的三个控制点，当前视点位置在 $P_2$ 点处，视线方向沿空间向量 $P_1P_2$ 所指方向。视线欲从当前方向 $P_1P_2$ 转到 $P_2P_3$，转角大小为 $\theta=180°-\angle P_1P_2P_3$。实现视线从 $P_1P_2$ 方向平滑过渡到 $P_2P_3$ 方向的计算过程为：①根据 $P_1$、$P_2$ 和 $P_3$ 三点确定一个空间平面；②确定过 $P_2$ 点的平面法线 $P_2P_2'$；③确定转角平分的度数：若将转角 $\theta$ 平分为 $n$ 份，则平分后每份度数为 $\theta/n$；④旋转观察点：由于视线方向是由观察点来确定的，问题就归结为观察点绕平面法线 $P_2P_2'$ 旋转的问题，旋转角度依次为 $i\cdot\theta/n(i=0，1，\cdots，n-1)$。而三维空间中的点绕任意轴旋转可以通过一系列坐标变换实现。

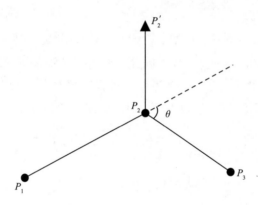

图 3-21　视点在 $P_2$ 处时视线从 $P_1P_2$ 转向 $P_2P_3$

### 3.5.3　实时碰撞检测

三维场景中有些物体可以穿越，而有些物体却不能穿越，例如在虚拟环境漫游系统中山和草地就不能穿越。在漫游时对那些不能穿越的物体需进行碰撞检测。碰撞检测是指对漫游视点与物体之间的几何位置关系进行限制，通过检测视点与物体的距离，一旦小于某个阈值，则认为发生了碰撞，此时需要给出合理的碰撞响应如可使视点略微后退、改变视线方向、使视点与物体保持一定的距离或使视点向左或右平移而视线方向不变等。常用的碰撞检测算法为基于包围盒的碰撞检测算法(周云波等，2006)。

### 3.5.4　记录场景动画

上述实时漫游过程其实就是一种场景动画过程，这种场景动画是通过不断改变 3D 环境的视点和视线方向并重新渲染场景来实现的。但由于每次渲染场景时系统都要进行大量的计算和处理，要做到实时快速动画就取决于场景数据规模和机器配置。有时用户也许只是想将浏览场景的结果记录下来，然后进行演示而无须启动三维可视化系统进行重放。为此，系统可提供将场景动画输出为视频文件的功能，这样的视频文件如位图文件、AVI 文件、MPG 文件等。方法是先设置或选择漫游路径或历史记录，然后进行播放，在播放过程中每次场景渲染完毕后，就将位于系统渲染表面缓冲区中的每帧画面保存为位图文件或直接保存到 AVI 文件、MPG 文件中。动画文件 *.avi 和 *.mpg 等可快速播放，还可将需要的每个画面打印输出。

# 3.6　虚拟流域环境海量数据组织

## 3.6.1　瓦片金字塔模型构建

金字塔是一种多分辨率层次模型。在地形场景绘制时，在保证显示精度的前提下，为提高显示速度，不同区域通常需要不同分辨率的数字高程模型数据和纹理影像数据。数字高程模型金字塔和影像金字塔则可以直接提供这些数据而无须进行实时重采样。尽管金字塔模型增加了数据的存储空间，但能够减少完成地形绘制所需的总机时。分块的瓦片金塔模型还能够进一步减少数据访问量，提高系统的输入/输出执行效率，从而提升系统的整体性能。当地形显示窗口大小固定时，采用瓦片金字塔模型可以使数据访问量基本保持不变。瓦片金字塔模型的这一特性对海量地形实时可视化是非常重要的(戴晨光等，2005)。

在构建地形金字塔时，首先把原始地形数据作为金字塔的底层，即第 0 层，并对其进行分块，形成第 0 层瓦片矩阵。在第 0 层的基础上，按每 2×2 个像素合成为一个像素的方法生成第 1 层，并对其进行分块，形成第 1 层瓦片矩阵。如此下去，构成整个瓦片金字塔。图 3-22 为瓦片金字塔构建示意图。

以影像为例，设第 $l$ 层的像素矩阵大小为 $irl×icl$，分辨率为 $resl$，瓦片大小为 $is×is$，则瓦片矩阵的大小 $trl×tcl$ 为：

$$trl = \lfloor irl/is \rfloor, \quad tcl = \lfloor icl/is \rfloor \tag{3-37}$$

式中，"$\lfloor$"为向下取整符，下同。

按每 2×2 个像素合成为 1 个像素后生成的第 $l+1$ 层的像素矩阵大小 $irl+1×icl+1$ 为：

$$irl + 1 = \lfloor irl/2 \rfloor, \quad icl + 1 = \lfloor icl/2 \rfloor \tag{3-38}$$

其分辨率 $resl+1$ 为：

$$resl + 1 = resl × 2 \tag{3-39}$$

不失一般性，规定像素合成从像素矩阵的左下角开始，从左至右，从下到上依次进行。同时规定瓦片分块也从左下角开始，从左至右从下到上依次进行。在上述规定

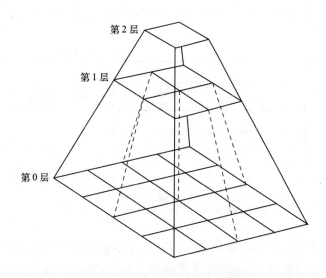

图 3-22　瓦片金字塔构建示意

的约束下，影像与其瓦片金字塔模型是互逆的。同时，影像的瓦片金字塔模型也便于转换成具有更明确拓扑关系的四叉树结构。

## 3.6.2　线性四叉树瓦片索引

四叉树是一种每个非叶子节点最多只有四个分支的树型结构，也是一种层次数据结构，其特性是能够实现空间递归分解。图 3-23 是瓦片金字塔模型的四叉树结构示意图，其中矩形符号代表叶子节点，圆形符号代表非叶子节点。

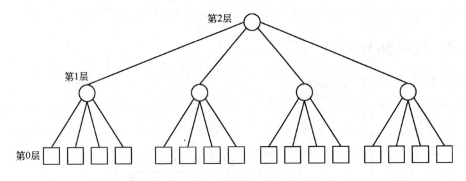

图 3-23　瓦片金字塔模型的四叉树结构

采用四叉树来构建瓦片索引和管理瓦片数据。在瓦片金字塔基础上构建线性四叉树瓦片索引分三步：即逻辑分块、节点编码和物理分块。

（1）逻辑分块

与构建瓦片金字塔对应，规定块划分从地形数据左下角开始，从左至右，从下到上依次进行。同时规定四叉树的层编码与金字塔的层编码保持一致，即四叉树的底层对应金字塔的底层。

设($ix$, $iy$)为像素坐标，$is$ 为瓦片大小，$io$ 为相邻瓦片重叠度，以像素为单位；($tx$, $ty$)为瓦片坐标，以块为单位；$l$ 为层号。

若瓦片坐标($tx$, $ty$)已知，则瓦片左下角的像素坐标($ixlb$, $iylb$)为

$$ixlb = tx \times is, \quad iylb = ty \times is \tag{3-40}$$

瓦片右上角的像素坐标($ixrt$, $iyrt$)为

$$ixrt = (tx + 1) \times is + io - 1, \quad iyrt = (ty + 1) \times is + io - 1 \tag{3-41}$$

如果像素坐标($ix$, $iy$)已知，则像素所属瓦片的坐标为

$$tx = \lfloor ix/is \rfloor, \quad ty = \lfloor iy/is \rfloor \tag{3-42}$$

由像素矩阵行数和列数以及瓦片大小，可以计算出瓦片矩阵的行数和列数，然后按从左至右，从下到上的顺序依次生成逻辑瓦片，逻辑瓦片由[($ixlb$, $iylb$)，($ixrt$, $iyrt$)，($tx$, $ty$)，$l$]唯一标识。

（2）节点编码

假定用一维数组来存储瓦片索引，瓦片排序从底层开始，按从左至右，从下到上的顺序依次进行，瓦片在数组中的偏移量即为节点编码。为了提取瓦片($tx$, $ty$, $l$)，必须计算出其偏移量。采用一个一维数组来存储每层瓦片的起始偏移量，设为 $osl$。若第 $l$ 层瓦片矩阵的列数为 $tcl$，则瓦片($tx$, $ty$, $l$)的偏移量 $offset$ 为

$$offset = ty \times tcl + tx + osl \tag{3-43}$$

（3）物理分块

在逻辑分块基础上，对地形数据进行物理分块，生成地形数据子块。对上边界和右边界瓦片中的多余部分用无效像素值填充。物理分块完毕，按瓦片编号顺序存储。

## 3.6.3 瓦片拓扑关系

瓦片拓扑关系包括同一层内邻接关系和上下层之间的双亲与孩子关系两个方面。邻接关系分别为东（E）、西（W）、南（S）、北（N）四个邻接瓦片，如图3-24(a)所示；与下层四个孩子的关系分别为西南（SW）、东南（SE）、西北（NW）、东北（NE）四个孩子瓦片，如图3-24(b)所示；与上层双亲的关系是一个双亲瓦片，如图3-24(c)所示。若已知瓦片坐标为($tx$, $ty$, $l$)，则该瓦片相关的拓扑关系可表示为：

（1）东、西、南、北四个邻接瓦片的坐标分别为：($tx+1$, $ty$, $l$)、($tx-1$, $ty$, $l$)、($tx$, $ty-1$, $l$)、($tx$, $ty+1$, $l$)；

（2）西南、东南、西北、东北四个孩子瓦片的坐标分别为($2tx$, $2ty$, $l-1$)、($2tx+1$, $2ty$, $l-1$)、($2tx$, $2ty+1$, $l-1$)、($2tx+1$, $2ty+1$, $l-1$)；

（3）双亲瓦片的坐标为($\lfloor tx/2 \rfloor$, $\lfloor ty/2 \rfloor$, $l+1$)。

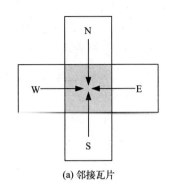

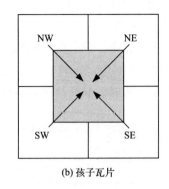

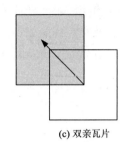

(a) 邻接瓦片　　　　　　　　(b) 孩子瓦片　　　　　　　　(c) 双亲瓦片

图 3-24　瓦片拓扑关系示意

## 3.7　虚拟流域环境数据实时调度

海量三维地形已在战场仿真、三维网络游戏、地理信息系统以及飞行驾驶模拟等领域中的应用越来越广泛。但是，海量地形的渲染数据量非常惊人，这就需要对庞大的地形数据进行合适的调度，改变以往一次性将全部地形数据资源加载到内存的方法。一次性加载大量数据会在程序初始化时极大地增加加载响应时间，并在程序运行中占用大部分内存资源。由于外总线传输速率与内总线速率相比非常缓慢，数据在内、外存之间复制的效率与外总线速率密切相关。CPU 的等待时间可能会随着数据量的增大而增加。分页加载模式极大地减少了等待时间，采取使用"谁"就加载"谁"的方法，加载一次只占用少量的 I/O 时间；同时采用预加载策略，把那些可能马上会被使用的页面数据也部分加载至内存，这样既能满足提高效率，又实现了漫游不同页面之间的平滑过渡。

采用分页调度管理模式，只将当前(或未来短时间内)需要的页面加载到内存中。经分割处理后的地形高度数据图被放入地形分页数组中，与经过分割的地形纹理等资源数组绑定。这时，以单个页面为单位的资源组的加载方式将比之前一次性资源加载方式更节省内存资源，也减少了等待时间。

本书使用的分页调度策略实现了动态加载地形页面和基于几何纹理贴图的 LOD (Level of Detail, 层次细节)的结合，大大优化了一次性调度策略并显著提高了渲染帧率。理论上，本方法可以实现海量地形数据的实时渲染。

### 3.7.1　分页调度策略

本节使用的策略方法的核心思想是对海量地形数据进行空间页面(page)划分(周珂等, 2009)，将地形网格顶点数据划分为多个 page，每个 page 又包含若干地形块。page

是地形数据调度的基本单位，每一个地形页面对应一个材质（material），并定义了纹理的大小和多重纹理的混合方式。tile 则是地形 LOD 的基本单位，它负责管理几何 LOD。page 和 tile 是一种抽象的层次逻辑关系，它们的实际顶点信息和索引顶点信息则保存在可渲染体（renderable）中。可渲染体包含实际的 vertex/index 信息，它实际上是地形 tile 的几何表示，与 tile 是对应关系。地形数据的结构划分见图 3-25 所示。

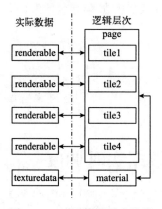

图 3-25　地形数据层次结构

在程序的运行过程中，通过场景摄像机在地形场景中漫游，能看见场景中的哪一部分是由当前场景的摄像机提供的位置和可视范围等信息决定的。系统根据当前摄像机参数，在每帧作出是否加载或卸载地形页面的决策（图 3-26）：加载那些将要进入可视区的页面数据，卸载那些远离观察者视点的页面数据。对于使用过的地形纹理图片则根据时间就近原则，保存那些可能被重复使用的数据。

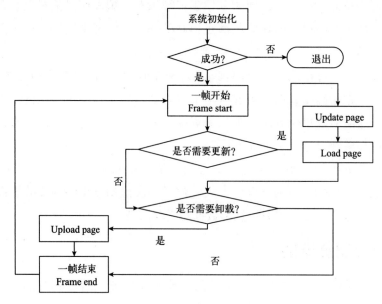

图 3-26　系统每帧执行流程

### 3.7.1.1 数据结构划分

整个地形数据被划分成若干 page，每一个 page 都是场景树的一个节点，它们的索引值被保存于一个地形页面二维索引数组（terrapage table）中，每一个 page 将会保存自己的 $x$、$z$ 方向索引值：tablex、tablez。page 还会保存自己的上、下、左、右四个邻居索引，这些索引存储在邻居数组（pageNeighbors）里面。

同时，page 还将知道自己包含了多少个 tile，所以它会维护一个整型变量（numberTiles）用来存储 tile 的个数。另外，由于需要被实时调度，page 的状态信息也是必不可少的，主要有 inited（已初始化）、preloaded（就绪）、textureload（已纹理化）、loaded（已加载）、unloaded（已卸载）。

根据以上几种状态，创建四个用于方便调度的地形页面队列：加载队列（qPageLoad）、就绪队列（qPagePreLoad）、纹理化队列（qTextureLoad）和卸载队列（qUnLoad）。相应的地形块 tile 也有自己的队列，即加载队列（qTileLoad）、就绪队列（qTilePreLoad）和卸载队列（qTileUnLoad）。

### 3.7.1.2 动态加载的算法描述

整个地形 page 的调度就是基于以上队列。当应用程序启动，场景初始化完成后，首先加载第一个 page。可以通过当前场景摄像机的位置 cameraPos 来获取当前 page 在二维索引数组中的索引值和 page 本身的渲染数据并立即显示，同时将页面加入 qPageLoad 队列中。当加载首个 page 完成后，开始加载视点周围的 page，并填充 qPageLoad 和 qPagePreLoad 队列。填充队列的操作每一帧进行一次，这样可以避免单帧加载过多数据而导致的帧冲击。根据当前场景摄像机位置，判断视点周围 page 的状态，从而进行相应队列操作的算法描述如下：

（1）确定一个相机最远视距阈值 cameraThreshold。上一帧摄像机位置为 lastPos，当前位置为 pos。如果 cameraThreshold < ∣ lastPos. x − pos. x ∣ 或 cameraThreshold < ∣ lastPos. x−pos. x ∣ 并且 lastPos 不等于 pos，表明视点发生了改变，并且在阈值之内，此时需要进行 page 更新。

① 获取当前 page 以及属于该 page 的 tiles，并获取 page 的索引值。

② 如果 page 在 qTextureLoad 中，则将之移除，并加入到 qPageLoad。

③ 更新场景相机位置。

（2）如果这一帧摄像机移动出上一帧所在的范围及 oldPage 不等于 page，则需要通知 page 的邻居们，以确定它们应该属于 qPageLoad 还是 qPagePreLoad。定义场景中 $x$、$z$ 方向 page 的初始加载数目和最终加载数目分别为 iniX(iniZ)、finX(finZ)，初始预加载数目和最终预加载数目为 preiniX(preiniZ)、prefinX(prefinZ)。

① 在 preini 到 prefin 的范围内逐个取出 page，再获取每个 page 的索引值。

② 判断该 page 是否在 qPageLoad 中，如没有则再判断该 page 的索引是否介于 iniX

（iniZ）与 finX（finZ）之间，如是则加入到 qPageLoad 队列中。

③ 否则判断是否在 qTextureLoad 或 qPagePreLoad 中，如果都没有，则将其加入到就绪队列 qPagePreLoad 中。

（3）更新所有已加载的 page。

① 更新摄像机视锥体，以便重新获取摄像机位置（cameraPos）。通过当前索引与 ini 和 fin 比较，通知在范围内的 page 进行更新。判断光照、纹理等是否需要更新，是则更新。

② 范围外的 page 不再更新。

（4）根据当前相机位置来加载与 page 相应的顶点数据 renderables 的集合。

① 根据当前的 cameraPos，对 qTileLoad 队列中的 tile 进行视点-tile 由近及远排序。

② 依次取出每一个 tile 作为地形场景子节点，并与它的实际顶点信息体 renderable 绑定。

③ 设置当前 tile 的邻居索引值。

基于漫游视点的地形页面动态加载如图 3-27 所示。

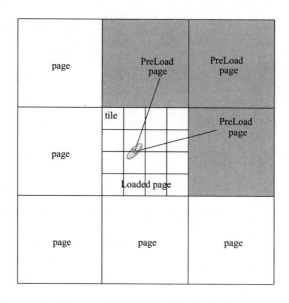

图 3-27　基于视点的动态页面加载

### 3.7.1.3　垃圾回收算法

以上算法模型包含了整个页面加载的全部过程，即填充加载队列、就绪队列和纹理化队列的全过程。下面要实现的就是页面卸载算法。

（1）检查 qPageLoad 队列中的 page 是否应该被卸载。在本算法模型中，设置一个计数器 timeUntouched。当计数器大于 0 时，表明该 page 在最近几帧被使用过；当计数器小于等于 0 时，表明 page 使用过期，应该被收回。同时设置一个 touch 操作，每进行一次 touch( )，就是把 timeUntouched 计数器重置为初始值。当系统初始化，进行就绪队列和纹理化队列加载，加载 qPageLoad 队列时都要进行一次计数器重置，而每进行一次 untouch( )操作则将计数器减一。检查 page 是否应该被卸载，就是检查计数器的值，将计数器值小于等于 0 的 page 卸载。

（2）同样检查 qPagePreLoad 和 qTextureLoad，卸载那些需要被回收的 page。上述回收算法采用的计数器方法有效地对加载/卸载的执行次数进行了限制，只加载/卸载那些应该被执行该操作的 page，这样就把数据操作对程序性能的影响降至最低，使显示帧率大幅提高。

### 3.7.1.4　调度策略的实现价值

（1）对庞大的地形数据进行分割，便于实现分批加载。

（2）page、tile 和 renderable 三个逻辑层次结构使地形页面的索引值与实际的顶点信息和顶点索引信息分离开来，极大地减少了无谓的数据加载，可以节省很多 CPU 时间和内存容量。

（3）加载 page 以帧为单位分批进行。以不同的 page、tile 状态为依据，执行不同队列的填充，只加载那些应该被加载的 page，从而构成了一条数据调度流水线，使地形渲染平稳进行，减少了对帧率的冲击。

（4）使用智能垃圾回收机制，最近最少使用(Least Recently Used，LRU)算法使状态转换和无谓卸载减到最低，节省了 CPU 时间。

## 3.7.2　分块实时渲染

地形块 tile 是对地形网格更细级别的划分，一个地形 page 就是由一个 $N×N$ 的 tile 矩阵构成的。lile 同时是地形 LOD 的基本单位。

在 page 被加载的同时，它包含的 tile 和与之对应的 renderable 也同时被加载到内存当中。此时内存中的地形数据仍然比较庞大。如果图形显卡直接对所有细节进行渲染，三维数据几何复杂度仍然太高，这就需要在不影响视觉效果的前提下降低数据的几何复杂度，减少图形系统实时处理的图形数量，提高渲染效率。当前，LOD 模型是业界广泛采用的地形几何数据简化方法，GeoMipMap 算法就是其中一种 LOD 模型。本章在 tile 层次上实施 GeoMipMap（几何纹理贴图）LOD 算法。GeoMipMap 算法是 Willem de Boer 根据纹理 Mip 贴图的概念提出的。纹理 Mip 贴图预先计算一系列缩小的纹理图（1/2、1/4 等），称为 Mip 贴图。在生成纹理时，不同距离的三角形用最接近屏幕尺寸的 Mip 图贴图。根据这个概念，Willem H. de Boer（2000）把整个地形场景在 $xz$ 平面上进行分块（block），如用 65×65 的 block 把 1 025×1 025 的地形表示为 16×16 个 block。每个分块可用不同分辨率的网格模型来描述，在同一分块内网格模型的分辨率相同，采用隔行采样的方式生成不同分辨率的网格。

利用此算法要解决的一个问题是：两个不同分辨率 tile 相邻接时会产生几何裂纹和间隙，这样会破坏地形连续性。最好的解决方案是改变高细节网格的连接，使其与低细节网格无缝地混合。简单地说，已经有高细节网格和低细节网格[图 3-28(a)]，只需要重构高细节网格，使其与低细节网格整齐连接即可。只要在高细节网格中跳过一个顶点，就可以保证两个网格无缝连接不会有间隔，即高细节网格中有一些顶点不用，但结果不会有很明显差别。

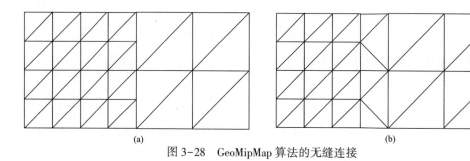

(a)　　　　　　　　　　　　　　　　(b)

图 3-28　GeoMipMap 算法的无缝连接

# 3.8　虚拟流域环境系统开发框架

## 3.8.1　基于 OpenGVS 的系统开发框架

OpenGVS 是 Quatum3D 公司提供的视景开发软件包，该软件提供了构建虚拟场景的总体框架和大量的 C 函数接口，本身实现了许多图形显示的经典算法，从而避免了重复的开发工作，对视景开发的效率很高。

OpenGVS 提供了构建虚拟场景的多个三维场景的驱动接口，主要有 Frame、Channel、Scene、Camera、Object、Light、Fog 等（Quantum3D Inc.，2001）。这些接口正如一个实景拍摄现场，场景（Scene）中加入了多个实体模型（Object）以及一些光照（Light）和雾化（Fog）效果，连接到 3D 图像通道（Channel），通过多台摄像机（Camera）位置角度移动变换，渲染出不同的视景视觉效果，最终在一个屏幕窗体（Frame）中显示出来。程序的设计主要就是在这个框架下对每个接口加入相应的控制模块，模拟特定的场景，实现所需的专用功能。

程序设计分为程序初始化、图形处理循环和程序退出三部分。初始化是对场景三维可视化所涉及的各种实体进行初始化赋值并载入的过程，主要包括：创建图像通道并定义透视投影视图体的大小；载入地形地物实体模型，将其置于特定的空间位置；设定光照和雾化效果的具体参数，加入场景；初始化摄像机的位置和视角。通过初始化工作，程序具备了图像渲染的数据基础，可渲染出最初场景的静态效果图。而要实时生成图形进行动态交互仿真，就需要根据交互操作实时改变绘图参数，并根据参数的改变渲染出相应的图形，这正是程序的图形处理循环部分所要完成的任务，也是三维交互系统设计的核心所在。实时系统的图形处理是按帧循环的，每帧中首先根据交互操作的要求进行实体状态的实时更新，如改变摄像机的位置视角、各种地物的运动状态、光照雾化的效果参数等，然后按照更新后的实体状态绘制输出。其中对实体的更新变化过程的控制正是三维仿真模拟的实现接口，如场景的漫游是通过更新摄像机位置和视角来实现的，基于科学计算的三维交互仿真也是通过对相应实体运动变化控制函数设计而完成的。系统运行过程中需要占用大量的计算机资源，所以在退出时需将全部占用资源卸载。

## 3.8.2　基于 OSG 的系统开发框架

OSG 全称是 Open Scene Graph，它基于修改的 LGPL 协议，作为一个开源的三维图形引擎，拥有比较高的性能。它以 OpenGL 为底层平台，以 OpenGL Performer 作为其整体架构思想来源，整个引擎使用 C++编写，可以运行于 Solaris、Mac OSX、IRIX、Windows、HP-UX、Unix/Linux、Free BSD 和 AIX 等操作系统之上。它支持 GPU 编程方法和延迟着色等先进的渲染理念，含有分页支持和多线程功能，适合大规模场景渲染，支持各种文件格式以及对于 Java、Perl、Python 等脚本语言的封装，用于实时视景仿真、虚拟现实、图形特效、可视化计算等方面的研究。该技术主要由两部分组成，一部分是场景的组织、管理和遍历技术；另一部分是对场景的渲染技术以及实现不可见面的剔除和场景模型的连续层次细节(张丽娟，2013)。

OSG 对场景的组织和管理采用了一个非常重要的数据结构–场景图 Scene Graph，通过场景图把各场景及其属性组织成图。场景图用于场景设计安排和管理，它用层次结构来表示场景，场景中的节点是构成场景图的基本单元。

OSG 开发库的特点如下：首先，从性能上看，OSG 提供了一个能优化场景绘制性能的非常优秀的框架，它提供了场景的分层有效组织，同时也提供了一些常用的模型浏览方式；其次，从开发效率来看。完成了许多原来用户需自己完成的琐碎而复杂的工作，它为用户管理所有图形、场景，使原来成百上千的 OpenGL 命令变成几个简单的 OSG API 调用。从可移植性来看，因为诸如绘制渲染和数据读写等底层功能由 OSG 完成，而用户通过调用 OSG 库的 API 来设计自己的应用程序，所以只要 OSG 是可移植的，那么基于 OSG 的应用程序只需在新的平台上重新编译一次就可以实现在另一个平台上的运行。OSG 能够读取各种格式的模型数据，提供各种数据格式之间的转化，降低数据获取成本。同时它还支持立体模式，从而在漫游过程中使用户更能体验出沉浸感。立体模式与非立体模式之间的切换非常方便。

### 3.8.2.1　三维场景的组织与管理

(1) 场景图技术

OSG 采用一种自顶向下的、分层的树状结构(场景树)来实现空间数据的组织，称为场景图技术。如图 3-29 所示，图形树结构的顶部即根节点，表示整个三维场景；以组节点(osg：Group)表示物体属性信息。在实现过程中，又以组节点为基类派生出开关节点(osg：Switch)、变换节点(osg：Transform)、细节层次节点(osg：LOD)等类，而叶子节点(osg：Geode)则代表物理对象本身或实际几何信息。根节点和各个组节点都可以有零个或多个子成员。这种结构既反映了场景的空间结构，也反映了对象的状态，便于提取数据节点之间的共有行为和属性。

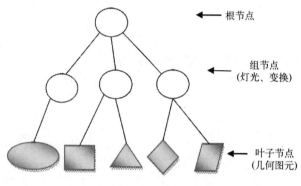

图 3-29　场景树结构

（2）包围体层次

包围体层次(Bounding Volume Hierarchy，BVH)是一种实现场景图形管理的比较好的方式。"包围体"是指用一个比较简单的空间形体封闭一组物体，并且是全部封闭，从而提高各种检测的运算速度。常见的三维空间中的包围体有包围球、包围圆柱、包围盒、$K$-DOP 等。一棵场景树，拥有唯一一个根节点，多个内部的枝子节点，多个最末端的叶子节。节点包围体将所有子节点的包围体紧密包围起来，而每个子节点同样将其下一级子树紧密包围，依此类推，构成一系列清晰分明的层次。这种场景图形 BVH 树可以清晰地表达场景图形中各个信息的基本组成，并且在加速场景对象的相交测试、裁减、碰撞检测等方面可以进行不同的操作。

（3）OSG 的内存管理

在 OSG 中，程序只保存一个指针指向根节点，并不保存场景中其他图形节点的指针。根节点"引用"场景图形中其他的节点。当程序不再需要场景图形时，应释放场景中所有的图形节点指针以避免内存泄露。

OSG 提供了一种自动内存释放的机制，对于派生自 Referenced 的类，OSG 使用了智能指针来实现场景图形节点的管理。智能指针的概念是指对 Referenced 类及其派生类构建的一种类的模板，智能指针的使用为用户提供了一种自动内存释放的机制，它采用内存引用计数器的方式，自动收集需要释放的占用内存，当计数的数值减为 0，该对象将被自动释放。如果用户希望删除整个场景图形的节点，则只需要删除根节点，根节点场景图以下的所有图形节点指针将被一一释放。OSG 内存管理系统包括以下两个部分：一是通用的基类 osg：：Referenced，OSG 所有的节点均继承自 osg：：Referenced 类，需要注意的是用户的类必须派生自 Referenced 类，它内部包含了一个整型的引用计数器；二是智能指针模板类 ref_ptr<>。每当程序中一个 Referenced 对象指针赋予指针模板类 ref_ptr<>时，Referenced 类中的引用计数器的数值自动加 1。删除根节点，计数的数值减为 0，就会释放场景图中所有关联的节点指针。

### 3.8.2.2　三维场景的渲染

三维场景的渲染流水线通常工作流程包括：数据填充→变换、顶点光照→裁剪、光栅化→像素处理→ALPHA 测试、全局混合和输出等，下面就 OSG 独具特色、不同于其他流水线的内容进行研究。

（1）着色器

OSG 使用着色器（shader）来替代固定渲染管线实现渲染过程，流程如图 3-30 所示。着色器是可编辑程序，分为顶点着色器、像素着色器等，顶点着色器负责顶点的几何关系等的运算，像素着色器主要负责片源颜色等的计算。

OSG 支持 OpenGL 中 Blending 融合、剪切平面、颜色蒙板、面拣选（face culling）、Alpha 检验、深度和模板检验、光栅化等绝大部分固定功能，它的渲染状态也允许应用程序指定顶点着色和像素着色。

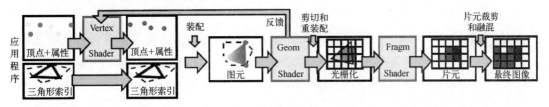

图 3-30　着色器程序

（2）延迟着色

延迟着色的目的正是为了避免隐藏片元的计算，并且在不包含实际几何体的前提下在屏幕空间内完成照明的计算。延迟着色是一种对 3D 场景进行后期照明的技术，这种技术突破了以往渲染系统支持多重动态光源时，效率以及各种性能急剧下降的限制。从而使得一个 3D 场景可以支持成百上千个动态光源的效果。它的技术思路主要将 3D 场景的几何光照信息（位置、法线、材质信息）渲染到一帧（render target）上，把它们从世界的三维空间转变成屏幕的颜色空间，作为光照计算时的输入，接着对每一个光源，使用这些信息输入来进行计算生成一帧，然后把这样的一帧合成到结果的帧缓存上，这样当遍历完所有的光源后计算完毕，帧缓存上的图像就是最后的渲染结果，即首先渲染场景，但是只输出材质的数字符号，而不是颜色，这样只有这幅图像中的像素才会真正执行着色器代码并且输出最终图像。

（3）场景的裁剪

三维场景的裁剪是三维场景可视化的核心技术。OSG 中支持以下几种裁剪技术：①背面裁剪：当物体为不透明时，过滤掉观察者看不见的数据；②视锥体裁剪：将人的视线范围看成一个近似的锥体，在这个锥体之外的物体将被裁剪掉；③细节裁剪：当场景中的物体小到不影响观察者的视觉感受时，将这些数据裁剪掉；④遮挡裁剪：裁剪掉被遮挡的物体。OSG 中通过裁剪访问器（osg Util：：Cull Vistor 类）来实现整个场景的裁剪功能，它的作用是遍历节点树，基于以上四种裁剪技术，过滤不用显示的节点和分枝，并将节点树转换成状态树，并按照 OpenGL 渲染状态排序完成裁剪。

（4）渲染状态的管理

在 OSG 遍历整个场景图时，需确定几何体的渲染状态，这些信息存在状态节点（osg：State Set）中，用户可以将状态信息关联到场景图形中的任意一个节点，形成一个映射关系，此时只是记录了用户请求，并不实际向 OpenGL 发送命令，在绘图遍历时，OSG 再将状态信息发送到 OpenGL 进行渲染。

在预渲染的遍历中，状态信息从根节点到叶子节点不断累积，每个子节点可以自然继承父节点的渲染状态，也可以改变自身的状态参数，这主要由用户设置的继承特性来决定。这种渲染机制可以实现状态相同的渲染对象同时渲染，同时，也可以尽量少地在多个不同状态间切换。

（5）运动物体的实时更新

一个场景图形系统允许场景保存几何体并执行绘图遍历，此时所有保存于场景图形中的几何体以 OpenGL 指令的形式发送到硬件设备上。为了实现动态的几何体更新、拣选、排序和高效渲染，场景图形需要提供的不仅仅是简单的绘图遍历，事实上，有三种需要遍历的操作。

更新：更新遍历允许程序修改场景图形，以实现动态场景。更新操作由程序或者场景图形中节点对应的回调函数完成。

拣选：在拣选遍历中，场景图形库检查场景里所有节点的包围体。如果一个叶节点在视口内，场景图形库将在最终的渲染列表中添加该节点的一个引用。此列表按照不透明体与透明体的方式排序，透明体还要按照深度再次排序。

绘制：在绘制遍历中，场景图形将遍历由拣选遍历过程生成的几何体列表，并调用底层 API，实现几何体的渲染。

（6）并行渲染技术

基于图形处理单元的并行渲染技术：借助 GPU（Graphic Processing Unit）用并行处理的方法对图形运算能力进行加速，可以成百倍地提高计算机的图形渲染能力，能快速处理大规模仿真模型的运算速度、显示速度和传输速度。GPU 图形处理及渲染技术，它能够对大规模图形数据更快、更精确的处理，使大规模图形数据的数据处理、快速显示成为现实，使之前只能在集群服务器中进行运算处理的计算工作转移到普通个人计算机中进行。

并行渲染设计：OSG 将场景的裁减和绘制过程从用户更新过程中依次分离出来，实现系统的"分离并行化"；同时将分开的多个图形渲染的任务分配给各个图形子系统，从而实现系统的"集成并行化"。OSG 平台主要支持四种不同的并行渲染模型，即多观察者绘制模型、多设备绘制模型、多设备裁减/绘制模型、单线程模型。根据用户系统性能区别和具体任务要求，可以在这四种模型中自由选择。

### 3.8.2.3　系统开发流程

OSG 虚拟仿真系统开发流程如图 3-31 所示。首先，根据来自外部的数据资料、实地采集的贴图资料，以此采用参数化或者直接读取模型的方式来构建场景；其次，基于 Visual Studio 和 OSG 实现系统虚拟场景的导入、保存等功能以及三维模型的添加、删除、缩放、旋转、移动等虚拟场景编辑功能，同时基于 ODBC 实现数据信息导入和应用功能，并基于系统仿真和数值模拟算法实现计算机仿真，然后根据系统数据信息

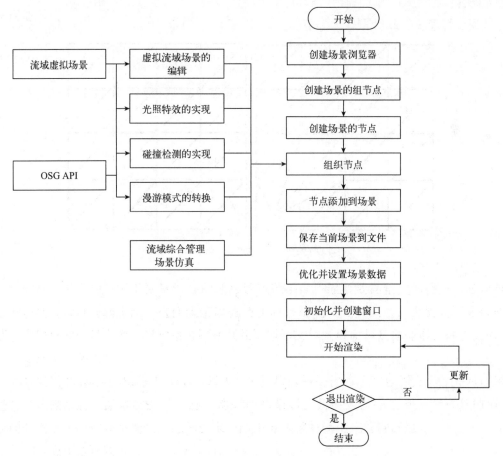

图 3-31　系统开发流程

并基于粒子系统、SPH、Multi-Agent 等方法模拟流域场景；最后为系统添加漫游转换、关键参数调整以及指示信息等交互功能，并加入光照、LOD、碰撞、声音等特效使模拟更加真实。

## 3.8.3　基于 Vega Prime 的系统开发框架

Vega Prime 是美国 MultiGen-Paradigm 公司开发的一套虚拟现实实时仿真渲染引擎系统，通过提供真正跨平台、可扩展的开发环境，高效创建和配置视景仿真、城市仿真、基于仿真的训练、通用可视化应用。它既具有强大的功能来满足当今最为复杂的应用要求，又具备高度的易用性来提高效率(童小念等，2008)。

Vega Prime 基于 VSG(Vega Scene Graph)——MPI 公司先进的跨平台场景图形 API，底层(OpenGL)，同时包括 LynxPrime GUI(用户图形界面)工具，让用户既可以用图形化的工具进行快速配置，又可以用底层场景图形 API 来进行应用特定功能的创建。它将先进的功能和良好的易用性结合在一起，帮助用户快速、准确地开发实时三维应用，加速成果发布。针对用户特定要求，Vega Prime 还设计了多种功能增强模块，很容易满足特殊模拟要求，例如航海、红外线、雷达、高级照明系统、动画人物、大面积地形数据库管理、CAD 数据输入和 DIS 分布应用等，和 Vega Prime 结合在一起，更进一步提升了应用开发的效率和适用性。同时，Vega Prime 支持虚拟纹理(Virtual Texture)、自动异步数据库载入/相交矢量处理、基于 OpenGL 的声音功能、可扩展的文件载入机制、平面/圆形地球坐标系统、星历表模型/环境效果等成为当今最为先进的商用实时三维应用开发环境。

### 3.8.3.1　虚拟纹理技术

为了将大规模、高精度的纹理数据高效实时地显示出来，常用的方法就是把大规模纹理数据进行分块处理，并根据离视点位置的远近调用不同的纹理，对于离视点近的部分调入高精度纹理，而对于离视点远的部分则依次调用较低精度纹理。常用的大规模纹理调用方法有纹理压缩、虚拟纹理等方法。在 Vega Prime 中采用虚拟纹理技术。

虚拟纹理的基本工作原理是将大块的纹理贴图加以分割，以小块的形式进行传输和应用。虚拟纹理是以层和瓦片的结构组织的，如图 3-32(童小念等，2008)。层级从 1×1 的纹理开始，逐层 2 倍增加，一直到顶层，每层均覆盖整个地形。从第 1 层到第 9 层均为 1 张纹理覆盖整个地形，尺寸为 512 像素×512 像素。从第 10 层开始，按照 512 像素×512 像素大小进行分块，即第 10 层有 4 张 512 像素×512 像素的纹理，第 11 层有 16 张 512 像素×512 像素的纹理……一直到顶层。

在大规模地形场景实时运行过程中 Vega Prime 会自动根据当前摄像机视点的位置，在虚拟纹理的各层中，选出和当前视点位置最为接近的 1 张虚拟纹理并进行显示。采用式(3-44)对纹理内存使用量进行计算，虚拟纹理内存使用量(黄健熙等，2006)：

$$SizeX \times SizeY \times (R + G + B + A) \times ColorDepth \times (N + 1.3)/8\,192\,000$$

$$(3-44)$$

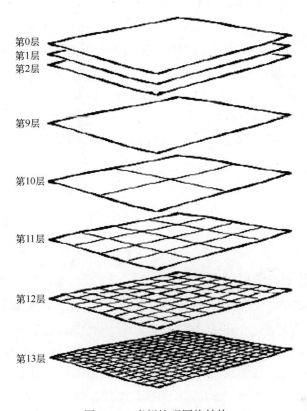

第0层
第1层
第2层

第9层

第10层

第11层

第12层

第13层

图 3-32　虚拟纹理网格结构

式中，$N$ 为从最高层到第 10 层的层数。

　　通过将大块纹理分割成对称的小块，当需要对地形表面进行贴图时，通过显存传输的就是小块的纹理数据，不会对整体性能造成影响，使大体积纹理的处理具有更高的可行性。并且，当需要在显存中清空纹理数据时，所需要处理的数据量也相应要小得多，由此可以节约大量显存带宽，有效提升显卡在数据传输方面的执行效率。虚拟纹理技术已经很好地解决了大面积高精度纹理应用的问题。

### 3.8.3.2　多层 LOD 技术

　　在大地形制作时，使用网格法绘制地形时需要处理大量的三角形网格数据，故不能满足实时性的需求。LOD(Level of Detail)技术就是一种比较简单的大规模地形的绘制方法。

　　LOD 是指在不影响场景视觉效果的基础上，通过逐级简化地形的表面细节来减少地形场景的几何复杂性，从而提高绘制算法的效率。对于地形场景而言，层次细节的选择依据主要有：视点与地形之间的距离、视线方向、地表特征以及地形高低起伏特征。常用的地形绘制 LOD 方法有四叉树、GeoMipmapping、ROAM 等。

　　在 Vega Prime 中动态地形四叉树层次结构的建立主要由 LOD 模块负责完成。LOD

模块根据数字高程数据建立地形网格，每一个正方形地形瓦片可视为四叉树的一个节点，每一个节点保存了中心点的高度信息，然后根据地形的地势特点以递归方式把地形不断地分割成相等的四个区域，分割的深度越大地形的分辨率越高，直到生产满足地形显示需求的地形四叉树。初始化时，将所有地形分块的 LOD 值都设置为初始 3。在每一帧的绘制之前对每个分块的 LOD 进行更新，LOD 模块依据分块地形中心离观察者视点的距离来判定地形的细节层次。但是，由于不同的分块在绘制时的细节层次等级不同，绘制时会产生裂缝，在 Vega Prime 中 LOD 模块可以通过忽略接缝点的绘制来消除网格间的裂缝，通过该分块周围的 LOD 等级来决定是否忽略接缝点。而对于地形块从一个细节层次变换到另一个细节层次时产生的突变现象，Vega Prime 的 LOD 模块通过插值变换，消除了突变带来的视觉影响。Vega Prime 的 LOD 模块主要完成对地形场景的组织与管理操作，还负责协调动态地形处理模块与大规模地形调度模块之间的关系。

### 3.8.3.3　大地形分块调度及算法

Vega Prime LADBM(大规模数据库管理)模块专为应用大规模和复杂的地形场景数据库创建与调度提供跨平台、扩展性良好的开发环境(姚凡凡等，2012)。高性能的 Vega Prime LADBM 模块能够在动态页面调用和用户自定义页面调用时确保大规模数据库装载与组织的最优化。该模块还提供最佳的渲染性能，充分满足定制与扩展性需求，最大化利用现有资源。基于 XML MetaFlight 文件规格和数据库格式，Vega Prime LADBM 确保大规模数据库组成和关联以一种最有效的新型方式进行通信。MetaFlight 文件的分级式数据结构确保运行时场景图像得到最佳性能。LADBM 为大面积地形虚拟仿真提供了一个优化可靠的解决方案。

Vega Prime LADBM 的核心是多层网格结构(Geometry Grid Datasets)。多层网格结构实际上是地形每一层都被划分为独立的地形瓦片，相同区域的不同细节层次用不同的层次表示，低细节层次的部分被包含较高的细节层次中，例如第 3 层的 4 个瓦片就被第 2 层的同一区域的 1 个瓦片所覆盖。子层总是被完全包含父层中，而且子层绝不会跨越父层瓦片的边界。图 3-33 描述了多层网格结构。

对于大规模地形动态调度的策略有数据集调度策略和点调度策略。数据集调度策略是指简单地将整个数据集全部一次性调度进来，它适用于小型数据集(规模不大的地形、数据量少的地形)，而点调度策略则是在地形场景的坐标中定义一个位置，以这个位置为中心进行拣选瓦片。Vega Prime LADBM 则是采用点调度策略。

在点调度策略中如果地形场景的坐标系与网格的坐标系不一致时，点调度策略先要将地形场景的位置坐标转换为网格坐标，同时计算每层网格的各个细胞与策略位置点的距离，如果网格细胞在策略位置点的调度范围内则将这个范围内的瓦片调进地形场景。当策略位置点的位置发生移动时，将不在调度范围内的瓦片调出地形场景，与此同时将调度策略范围内的新瓦片调入。

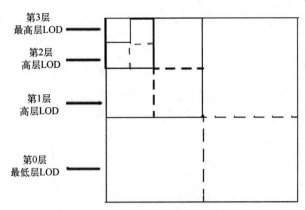

图 3-33　Geometry Grid Datasets 层次结构

　　大规模数据库管理模块的调度中心点可以依附到 Vega Prime 的任何物体上，而且调度中心点不一定是跟随视点的，它能被移动到地形场景中的任何位置。在一个地形场景中使用多个调度策略，例如在地形场景中设置两个通道，各通道可以有自己的调度策略。这样的调度策略在 Vega Prime 中同样被支持，只是必须保证地形场景调度策略的所有数据集在同一坐标系下。

　　Vega Prime 中大规模数据库管理模块的工作流程(黄健熙等，2006)如图 3-34 所示。

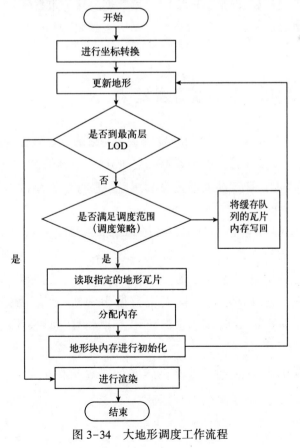

图 3-34　大地形调度工作流程

（1）判断网格坐标系统与数据坐标系统是否一致，如果不一致则将策略位置坐标转换到网格坐标；

（2）从 LOD 的最低层次开始，判断每一层各个瓦片与策略位置点的距离关系。如果最接近策略位置点的瓦片不在策略范围内，则提交一个调度该瓦片的请求；

（3）判断所有相邻瓦片是否满足调度范围直到超出调度范围，提交调度所有满足条件的瓦片的请求；

（4）调出那些不再满足调度范围的瓦片；

（5）读取指定的地形瓦片并分配内存进行初始化；

（6）进入 LOD 的下一个层次，重复第(2) ~(4)步，直到所有层次都被处理。

### 3.8.3.4 系统实现框架

在 Vega Prime 中，大地形换页策略模块负责管理 MFT 文件动态换片功能。LADBM 模块中根据当前相机视点的位置，计算出各个地形瓦片数据与当前视点的位置关系，确定可视范围内的地形数据，并系统地将地形网格和地表纹理细节层次等数据加载到内存，以便于显示。当视点的位置发生变化时，再次确定可视范围内的地形数据，加载显示区域的数据，释放之前显示区域的地形数据。这个过程实际上是根据地形数据块划分和纹理细节层次层级之间的关系，动态地实现硬盘和内存之间、内存和显卡之间的数据交换。

## 3.8.4 基于 Skyline 的系统开发框架

Skyline Globe 是美国 Skyline 公司开发的基于网络的全球领先的三维 GIS 软件系列之一，具有精确的定位查询、浏览、编辑、空间分析、VR 技术、基于 COM 的二次开发以及网络发布等功能。该产品能够充分利用航空影像、卫星数据、数字高程模型和其他 2D 或 3D 多源数据。

Skyline Terra Suite 平台是一套完全基于网络的三维空间数据交互式可视化解决方案平台，它是利用航空影像、卫星数据、数字高程模型和其他二维或三维信息源，包括地理信息数据集层等创建的一个交互式环境。它能够允许用户快速融合数据、更新数据库，并且有效地支持大型数据库和实时信息流通信技术。Skyline 可以支持网络发布城市三维地理信息的应用，并且对三维模型的属性管理也比较完善。

在 Skyline 软件体系下，三维场景建设流程如图 3-35 所示。

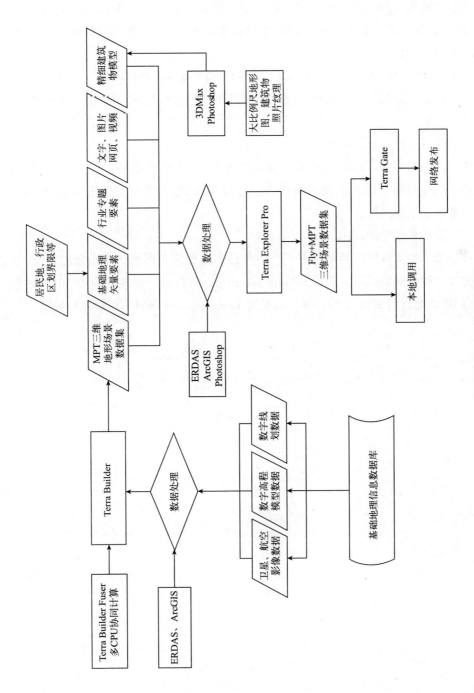

图3-35　skyline实现流程

（1）三维地形模型文件 MPT 的生成

利用航空或高分辨率的遥感影像、数字高程模型数据，通过 Terra Builder Fuser 的多 CPU 协同计算，加工生成全省的 MPT 地形模型文件，作为三维场景的基底。

（2）基础数据处理

利用 ERDAS、ArcGIS、Photoshop 等 GIS 软件和图形图像处理软件，对将要加载到三维场景中的影像数据、矢量数据、图片和建筑物纹理进行处理。同时，基于 3DMAX 构建建筑物模型。

（3）矢量及专题要素的集成

在 Terra Explorer Pro 环境下，首先调用生成的三维地形模型文件 MPT，然后将矢量数据、属性数据、图片、视频等各类信息与 MPT 地形模型文件进行整合，形成".Fly"三维场景工程文件。

（4）三维地形模型的调用

三维地形模型文件的两种调用方式：一种是本底调用，即通过本地路径访问 MPT 文件；另外一种是网络调用，通过 Skyline Terra Gate 软件将三维地形模型 MPT 文件发布，通过 IP 地址访问 MPT 文件，客户端安装 Terra Explorer 插件后可以进行浏览。

# 第4章　虚拟流域环境三维建模技术

## 4.1　引言

　　流域是自然地理系统的基本功能单元和独立的水文单元,采用多途径、多方案对流域进行综合研究已成共识。流域三维虚拟仿真是将流域地形地貌、工程设施、建筑景观等空间信息进行建模与可视化集成,在计算机上构建出高逼真度的流域虚拟空间,实现流域综合管理和流域事件的仿真模拟。从系统构建的角度,流域虚拟仿真模拟包括三维地形地物建模和实时仿真两大部分,其中流域场景模拟的逼真程度和显示速度均与三维虚拟环境的建模直接相关,如何快速、直接、智能地生成能够实时渲染的逼真三维场景,是流域虚拟仿真系统实现的关键环节(张尚弘,易雨君,夏忠喜,2011)。

　　流域虚拟仿真建模中,三维建模的工作量占整个系统开发工作的很大一部分,如何智能、快速地生成仿真模拟所需的地形地物三维模型,是提高开发效率的关键。流域虚拟空间建模分为面相动画制作的建模和面向实时绘制的建模两大类。流域虚拟仿真系统需要采用实时建模技术进行场景模型的构建,由于科学论证和模拟的需要,流域三维建模是以真实数据为基础,因此以基于几何结构的建模技术为主,同时为优化实体模型,保证流域场景的真实性和实时性,需要充分利用纹理映射、多层细节等相关技术。在流域大范围地形建模方面,已有一些商业软件达到了较好的自动建模效果,如基于 Terra Vista 的建模方法,基于 CTS 的大范围地形建模方法等。自动的建模方式对大范围流域模拟非常重要,但在局部区域细致模拟时,基于上述软件自动建立的模型则显得过于粗糙,需要采用结合人工建模与修正的方法。

　　三维建模技术包括基于图形和基于图像两类,由于科学论证和模拟的需要,流域三维建模是以真实数据为基础的,因此以基于图形建模技术为主,同时优化实体模型,保证流域场景的真实性和实时性,特殊部位以基于图像的建模技术为辅。

　　三维建模包括地形建模和地物建模两个方面,在地形建模中由于受到数据资料的限制,不同地域的地形分辨率不同,且流域建模的一般范围都很大。场景模拟的逼真程度和显示速度均与三维虚拟环境的建模直接相关,如何快速、直接、智能地生成能够实时渲染的逼真三维场景，是三维虚拟仿真实现的关键环节。

## 4.2 虚拟流域环境建模平台

### 4.2.1 Terra Vista

Terra Vista 是地形三维建模中应用最广泛的软件工具之一，是基于 Windows 平台的实时三维地形数据库生成软件，适合大数据量的地形生成，支持多种数据格式导入和多种数据库格式输出，西部欧洲和整个美国的地形三维建模曾用该软件生成。该软件主要特点有(田君良等，2013)：①导入数据操作向导化，即建立新数据库工程后，通过界面向导导入源数据，导入过程中还可以根据需要设置投影方式、地形块尺寸、输出地形格式、LOD 等；②文化特征数据编辑复杂，包括线条和线路选型、复杂河流/护道造型、自动桥梁设计等，并可方便进行编辑修改，这些矢量数据共分为三种类型：点类型、线类型和面类型，根据需要进行添加和修改。③自动生成功能，即在输入各种数据源并设置好数据库参数后，Terra Vista 能自动将所需的各种数据元素合并生成内容丰富的三维地形数据库，输出的地形数据能直接为用户使用，大大降低了手工劳动强度，提高了建模速度。

### 4.2.2 Multigen Creator

Multigen Creator(简称"Creator")是美国 Multigen-Paradigm 公司推出的专业实时三维建模软件，其支持大面积地形的精确生成和纹理映射以及光点建模、多层次细节建模和模型的实例化等先进功能，特有的 OpenFlight 文件格式采用了树状层次结构的数据库组织形式，便于对其中的各类模型数据进行管理，利用其生成的视景数据库在保持逼真度的前提下极大地减少了多边形数据，优化了数据结构，减少了系统开销，保证了仿真系统的实时性，并成为仿真领域的行业标准。基于以上特点，Creator 已成为视景仿真领域应用最广的建模工具。

采用 Creator 工具完成三维建模与传统的 CAD、3DMax 建模方法具有很大不同，它采用更少的多边形搭建三维模型，更多地考虑运行的实时性，采用纹理、光照等技术来提高逼真度，寻求在真实感和实时性间的平衡。

三维模型包含了大量点、线、面数据信息，这些信息的不同组合构成了各种三维模型，Creator 就是管理这些信息的数据库。它利用先进的数据库存储结构，将数据列为树形结构进行管理。由"树根"向下依次细化，各节点所处位置一目了然，结构分明、管理方便，可以大大提高建模效率。

### 4.2.3 Terra Builder

Terra Builder 是一款三维地形数据集创建管理工具,它采用 Multi-Processor 扩展模块,通过叠加航片、卫星影像、数字高程模型以及各种矢量地理数据等方式,高效处理海量数据,迅速方便地创建海量三维地形数据库,并能生成真实详细的任意大小的场景。它可以快速创建、编辑和获取 Skyline 3D 地形数据集,数据格式为 Oracle 10g Database。

Terra Builder 能够创建如同真实照片般的地理精准的三维地球模型。它可以对数据以其本身格式的方式进行融合来创建基于三维的地形模型,并提供给 Terra Explorer Pro 进行数据层和其他内容的叠加。Terra Builder 通过叠加航片、卫星影像、数字高程模型以及各种矢量地理数据,迅速方便地创建海量三维地形数据库。Terra Builder 支持多种数据格式,能够将不同分辨率、不同大小的数据进行融合、投影变换,构成一个公共的参考投影。软件有强大的编辑工具,如颜色调整、区域选择和裁切等。Terra Builder 能够生成真实详细的任意大小的场景。当创建完成后,可以在上面继续添加二维和三维动态或静态对象,然后通过网络进行流传输或打包传送给未联机终端用户。

### 4.2.4 3D Studio Max

3D Studio Max,常简称为 3D Max 或 3DS MAX,是 Discreet 公司开发的(后被 Autodesk 公司合并)基于 PC 系统的三维动画渲染和制作软件。其前身是基于 DOS 操作系统的 3D Studio 系列软件。在 Windows NT 出现以前,工业级的 CG 制作被 SGI 图形工作站所垄断。3D Studio Max + Windows NT 组合的出现一下子降低了 CG 制作的门槛,首先开始运用在计算机游戏中的动画制作,后更进一步开始参与影视片的特效制作,例如《X 战警 II》《最后的武士》等。在 Discreet 3DS MAX 7 后,正式更名为 Autodesk 3DS Max,最新版本是 3DS MAX 2018。突出特点:①基于 PC 系统的低配置要求;②安装插件(plugins)可提供 3D Studio Max 所没有的功能(比如 3DS Max 6 版本以前不提供毛发功能)以及增强原本的功能;③强大的角色(Character)动画制作能力;④可堆叠的建模步骤,使制作模型有非常大的弹性。

### 4.2.5 Sketchup

Sketchup 是一套直接面向设计方案创作过程的设计工具,其创作过程不仅能够充分表达设计师的思想,而且完全满足与客户即时交流的需要,它使得设计师可以直接在计算机上进行十分直观的构思,是三维建筑设计方案创作的优秀工具。

Sketchup 是一个极受欢迎并且易于使用的 3D 设计软件,官方网站将它比作电子设计中的"铅笔"。它的主要卖点就是使用简便,人人都可以快速上手。并且用户可以将使用 Sketchup 创建的 3D 模型直接输出至 Google Earth 里。最突破性的变化是加入了最新 Sketchup 专用渲染器 Podium。这不仅提高了 Sketchup 对 CAD 图纸的处理效率，也使建筑、规划、园林和景观甚至室内等专业设计师在使用 Sketchup 时，面临的快速建立复杂曲面模型、快速利用等高线建立地形等问题时有了更为便捷的工具。而高级渲染器 Podium 的加入更为设计师提供了一个简单方便的途径以取得设计概念的照片级表现效果。

## 4.3  虚拟流域环境地形建模技术

### 4.3.1  基于 Terra Vista 的地形建模技术

#### 4.3.1.1  流域三维虚拟环境自动建模

地形地物建模是流域三维可视化的基础。地形地物建模主要采用的是 Terra Vista 和 Creator 软件平台。Creator 软件具有强大的编辑功能，通常用来建模典型地物，然后定位到地形上。已有学者将 Creator 软件的英文版使用手册翻译成中文版（王乘等，2005；杨丽等，2007），而且现今发表的期刊论文将 Creator 在各个领域使用中的应用方法进行研究，更拓宽了该软件在虚拟仿真领域的应用范围（吴晓君等，2005；胡少军等，2007；王晓东等，2007）。Terra Vista 在海量数据地形生成方面功能强大，在输入各种相关数据源并设置好数据库参数后，能自动将各种数据元素合并生成内容丰富的三维地形库，输出的地形直接能够被使用，大大降低了手工劳动的强度，提高了建模速度，已经应用于西部欧洲、整个美国等大型地形数据库的生成。其主要建模过程包括数据转换、地形参数设置、矢量赋值与修正、生成地形四个步骤（Terrain Experts Inc.，2001）。

（1）数据转换。流域大范围地形采用 1∶250 000 DEM 数据，对于特殊部位采用更高精度的数据。为地形处理方便并适合 Terra Vista 载入地形数据，需要将地形等高线数据转换为 ArcGIS 的网格文本".grd"格式。为逼真模拟地形综合信息，仅靠 DEM 进行结构建模是不够的，大量的信息需要通过遥感影像提供，如地表植被、河流形态等，另外遥感影像也可以为细部的矢量线建模提供平面校准信息。地形 DEM 和遥感影像从宏观上模拟了流域地形，矢量数据则是从微观细部反映地形状况，因此除了地形网格与表面纹理外，为使生成的地形能够逼真地表现真实场景的效果，地表的各种道路、桥梁、建筑、植被等地物建模是必不可少的。矢量数据总体分为点、线、面三种类型，流域建模中采用全图层矢量数据和个别区域 CAD 矢量数据相结合的方式，将水系、道路、街区、植被、标志性建筑等矢量数据转换为 Terra Vista 可以读取的 GIS 类型的文件格式".shp"。

（2）地形参数设置。在 Terra Vista 中新建项目，导入上面转换的基础数据，将投影方式统一为高斯–克力格投影，并根据研究区域选择合适的投影带的中央经线，从而可以减小投影变形；为生成适合硬件渲染能力的地形模型，需要在 Terra Vista 中设置地形生成参数，主要包括细节层次（LOD）的数量、可视距离、网格的大小和每个网格中的三角网密度。

（3）矢量赋值与修正。为在三维场景下将已导入 Terra Vista 项目中的矢量数据表现为实际的三维实体，需要进行实例化操作，将这些矢量数据赋予特定的信息。由于数据资料有时候不容易匹配，矢量数据的更新速度往往没有影像速度快，因此对一些平面位置与地形和影像存在偏差的矢量线，需要在编辑器中以遥感图为底图进行手动修正处理，以保证位置的准确性。

（4）生成地形。选定所要生成的目标区域，设定输出纹理图片的格式与分辨率，确定输出模型文件的格式，就可以按划分的地形网格逐块生成地形和纹理了。地形纹理的分辨率表现了纹理重采样的精度，在生成地形时应该考虑纹理的细致性与渲染量两方面的因素。

由于地形参数的设置都停留在数字上，最终的模型效果只有模型生成完才能测试，因此在生成大范围地形时，可预先生成一小块地形观察该设置下的三角网疏密、纹理及矢量生成情况，等调整好合适的参数后再生成整块地形，生成的地形以划分网格为单元存储在模型文件中，文件名以前缀加行列号确定，有利于索引查找，最后通过外部引用节点将网格文件集成在文件"master.flt"中。生成的长江支流香溪河流域的地形如图 4-1 所示。

图 4-1　香溪河流域三维地形（峡口镇）

### 4.3.1.2 天然河道精细化建模

不规则三角网能够避免规则三角网在平坦地区造成大的三角形冗余量不足，在流域建模中得到广泛使用。

河道是流域研究中重点关注的对象，与高山相比，两者高差悬殊，不规则三角网过程中常常突出山体而将河道地形湮没，达不到预期建模的目的，因此，需要在建模中对河道部分进行加密处理。

Terra Vista 中提供的网格加密工具解决了河道加密的问题。为改变河道区域三角形数量，需要在该区域添加面状矢量实体，并将该实体赋值为 High Polygon Buget Insert，将其属性项 Triangle Budget 设置为该网格区域所需要的三角形数量。这样在生成地形时，该区域地形会自动加密，且自动与周围网格无缝连接。

### 4.3.1.3 基于 OpenFlight API 的辅助建模

商业建模软件虽然功能强大，但针对性不强，对流域建模中一些数据的读取和处理方面有些局限。如在河道建模中，为了模拟河道演变的规律，河道模型的网格需要与数学模型计算网格一致，按照一定的规则划分网格，但在 Terra Vista 中地形网格的生成规则在软件中已经有所定义，无法随意调整。

Multigen Creator 提供了对 OpenFlight 格式模型进行处理的二次开发接口，即 OpenFlight API，它由一系列 C 语言的头文件和相应函数库组成。OpenFlight API 是一个包含头文件和链接库的 C 语言库，它提供了访问 OpenFlight 数据库和 Creator 模型系统的接口。通过 API 可以进行 OpenFlight 模型的转换、实时的模拟仿真、自动建模以及通过插件的形式对 Creator 进行功能扩展。在辅助建模方面，使用 OpenFlight API 能够帮助用户以编程的形式方便和准确地完成手工难以完成的建模任务，如对河道三维模型的创建。具体使用方法可以参考软件平台附带的 OpenFlight API 使用指南。

## 4.3.2 基于 Creator Pro 的地形建模技术

地形三维可视化，可将已有数据中的地表形态和地理要素转化为具有三维交互特征的地表形态景观，使用户有进入真实环境之感，并且便于观察和分析，提高认知效果。地形三维可视化的主要方法是将高低起伏的地形剖分为若干三角形，三角形之间通过法向量进行平滑处理，然后映射纹理、添加地形特征，使其更具真实感（姚本君等，2009）。

Creator Pro 的三维地形建模流程如图 4-2 所示。下文将通过建立飞行视景仿真中的三维大地形模型，介绍基于 Creator Pro 的大地形的生成方法及技术，提出应用方案。

本章采用我国部分读取的 DEM 数据块及其航拍照片作为原始数据。原始地形数据文件的收集是在 Creator 中进行地形生成的必要条件。

考虑到地形模型数据库的生成是一个需要反复试验的过程，花费时间也较长，并

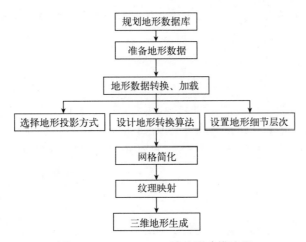

图 4-2　Creator Pro 三维地形建模流程

且用于飞行视景仿真的地形范围一般都很大，在单机上一次性处理所有地形数据并不现实。所以，在正式转换之前可以先从目标区域中选择一块具有代表性的较小地形区域进行测试，以确定参数设置，获得最好的效果。下面先从创建测试地形入手，再介绍大地形的生成实现。

### 4.3.2.1　创建测试地形模型

（1）地形源数据的转换与加载

首先用 Creator 的地形文件格式转换工具，将测试区域的 DEM 文件转换为 Creator 的 DED 数据格式，该数据格式采用标杆重新构建地形，如图 4-3 所示。DED 文件在每一纬度上大约有 1 201 个高程点，即大约每隔 3 弧秒(92.43 m)就分布着一个高程点，根据纬度的高低，分布间距会有所不同，以保证取样的连续性。通常标杆间隔是原始数据格网的间隔，这就保证了创建的地形能够保持原有地形数据的精度。然后将 DED 文件加载到 Creator 的地形窗口进行地形生成测试。

图 4-3　Creator 地形构建

（2）选择地形投影方式

我国地处中纬度地区，适于采用斜轴方位投影，可以选择 Trapezoidal 地图投影方式，较好地保持地形的轮廓形状和地理位置，使等变形线与制图区域的轮廓基本一致，减少了变形，提高了精度。投影过程中使用的地球椭球模型可以选择美国的 WGS-84 地球椭球模型。

（3）设置地形 LOD

对于飞行视景，应描绘从低空到高空的整个飞行范围的地形特征，地形模型通常需要设置两个以上的 LOD。高一级的 LOD 模型，一般应用于飞机从低空到中空的飞行过程，可采用数量较多的三角形数目描绘地面精度较高的起伏状态，模型也应选用分辨率足够高的纹理图片；低一级的 LOD 模型则相应减少地形模型的三角形数目和纹理图片的分辨率，主要用于表现飞机在中空以上飞行时的地面状况。本节中地形模型的 LOD 数目设为 3，切换范围如图 4-4 所示。

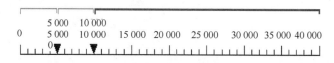

图 4-4　测试地形 LOD 设置

（4）地形转换算法设计、网格简化及地形分块

地形转换算法和网格简化是三维地形生成中最重要的方法和技术，二者必须综合考虑才能生成理想的三维地形。Creator 支持的地形转换算法及其特点（舒娱琴等，2003）如表 4-1。

表 4-1　Creator 地形转换算法表

| 地形转换算法 | 算法特点 |
| --- | --- |
| Polymesh | 多边形网格算法。三角形带化好，但会出现过度网格化平地 |
| Delaunay | 适用于创建多边形数目较少的地形，但有多边形限制 |
| CAT | 生成连续的自适应地形，但只能运行于 SGI 图形处理系统 |
| TCT | 适用于处理地形特征数据，但不到设置 LOD |

考虑到用于可视化仿真的地形模型要求较高的实时性和精确性的特点，多边形数目不应受限制，并且模型必须设置 LOD，初步选用 Polymesh 地形转换算法。而采样型网格简化算法与 Polymesh 算法配合，可以提高地形生成的处理速度。但是，由于 Polymesh 算法可能会出现过度网格化平地，增加大量的冗余三角形，因此可以选用 Polymesh/Irregular Mesh（多边形网格/不规则网格）算法与采样型网格简化算法结合的方案：① 先用 Polymesh 算法生成多边形；② 再用 Irregular Mesh 算法优化多边形以提高精度（减少平地的过度网格化，但地形生成速度会较慢）；③ 调整采样型算法的核心参数采样率（采样率越大实时性越高，但会影响精度）。

Polymesh 算法的基本思想是，通过在原始数字高程数据地形文件中对高程信息进行有规律的采样来获取地形多边形的顶点坐标，进而创建矩形网格状的地形模型数据库。两个共享斜边的地形多边形形成一个多边形对，每个地形多边形对在地形模型数据库的层级视图中对应一个体节点。Post Sample Rate（高程采样率）设置为 $n$ 时，每 $n$ 个高程点采样一次。若 $n=6$，则 $x$、$y$ 方向各采样第 1、6 点，其余点舍弃，采样的相邻点连线构成多边形网格。

　　Irregular Mesh 算法对采样率的应用有些不同，它建立的是非矩形多边形，在该多边形内按照最大距离原则采样，然后将非矩形多边形的中点移到新的位置，如图 4-5 所示。这样，在多边形数目相同的情况下，地形描述比 Polymesh 算法更为精确。用不规则三角网表示数字高程模型既能减少规则格网方法带来的数据冗余，计算坡度时的效率又较高，而且能更加有效地用于各类以 DTM 为基础的计算。这种表示法利用所有采样点取得的离散数据，按照优化组合的原则，把这些离散点（各三角形的顶点）连接成相互连续的三角面（连接时会尽可能地确保每个三角形都是锐角三角形或三边长度近似相等的三角形）。三角形面的大小取决于不规则分布的测量点或节点的位置和密度，它可以根据地形起伏变化的复杂程度改变采样点的密度并且决定采样点的位置，因而既能减少地形平坦区域的数据冗余，又能按地形特征，如山脊、山谷和地形变化线等表现地形。

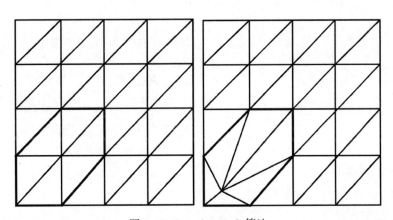

图 4-5　Irregular Mesh 算法

　　同时，考虑到应用于视景仿真的地形区域范围广，地形数据量大的特点，必须对地形模型进行批处理操作。这样既可以方便实时系统进行分页调度，也提高了运行速度。在地形调度过程中，当观察范围在某几个地形文件区域而与其他地形文件无关时，无关文件不会调入。

　　当采用 Polymesh/Irregular Mesh 算法与采样型网格简化算法配合的方案，并对地形进行分块操作后，经多次测试，确定地表面片数目，并使采样率达到一个合理的值，能同时满足实时性和精确性的应用要求。图 4-6 为该算法生成的测试地形。

　　（5）应用地形纹理

　　在地形可视化中，纹理映射技术有着广泛的应用。例如，在已有地形表面叠加图

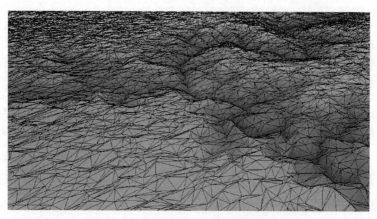

图 4-6 wire/solid 模式显示的测试地形

像纹理，在硬件条件许可的情况下，利用纹理映射与图像融合技术，实现地形纹理的多分辨率渐变来模拟地形表面随时间变化的效果（靳文忠等，2004）。纹理映射一般要完成如下步骤：定义纹理、纹理控制、定义映射方式、绘制场景、给出顶点的纹理坐标和几何坐标。Creator 中应用地形纹理有等高线带粘贴纹理、使用地形纹理和间接纹理三种方式。

先用 Photoshop 将测试地形对应的航拍照片进行色彩、对比度校正后，再处理成对应于每个地块的".rgb"格式图片，此时应注意保证图片的边界可以无缝对接；然后将每张图片调整为 512 像素×512 像素、256 像素×256 像素、64 像素×64 像素 3 种分辨率，将它们加载到 Creator 的纹理调板，并定义为地形纹理，设置纹理图片的纹理坐标和地图投影方式。纹理坐标必须对应于地形模型的面积范围和坐标位置，地图投影方式则必须和对应地形模型的设置一致。然后通过 Terrain/Batch Geoput 菜单命令，为对应的 LOD 地块模型映射纹理，该操作可以通过离线方式完成，因而会大大提高使用纹理的效率。最后对场景进行着色处理，以增强真实感。

（6）添加地形特征

Creator 集成有地形特征建模模块，支持数字特征分析数据（DFAD），但该数据一般都不易得到。因此，进行手动建模添加地形特征，先建立地物模型，再将它们添加到地块模型的适当位置，之后将地物模型作为外部引用的模型数据加入主控地形文件。

## 4.3.2.2 三维大地形生成

测试地形完成后，便可用相同的方法处理其他 DEM 数据文件。此时需要注意，每个地形模型必须设置相同的参数如地形生成算法、LOD 切换范围、地图投影方式及椭球模型的选取等。完成后便可进行大地形的生成。将各个模型导入同一场景进行拼接，由于原始 DEM 文件为同一生产规范下的地形数据，有着相同的精度，并且在 Creator 中进行地形生成时的参数设置相同，所以拼接时接合处没有出现裂缝，地形纹理也实现了无缝对接，效果比较理想。最后调整数据库的层级结构，使之仅有一个 Group 节点，子节点为作为外部引用的所有地块，机场和地形特征模型文件。生成的三维地形模型的范围约为$(400×400)\,km^2$，可以满足应用需求。最后将整个场景模型保存为一个主控地形模型文件。

## 4.3.3 基于 CTS 的地形建模技术

大地形场景通常包含海量地形多边形和纹理数据，远远超出了内存容量，所以其数据的组织和装载方法对于实时视景仿真来讲就显得格外重要。Creator Terrain Studio (CTS)作为 Multigen-Paradigm 系列产品中的一员，主要用于创建、编辑和预览地形视景仿真数据库，它为大地形数据库的组织提供了一种有效的方法。

CTS 不但具有处理海量数据的能力，而且其生成的地形视景数据库能够充分满足大型实时视景仿真系统的需要。原始数据经过 CTS 处理后，可以形成一个包括虚拟纹理、LOD 地形和文化特征层的 MetaFlight 三维视景仿真数据库。通过使用简单的向导、过程和工作流，CTS 提供了一个有序的工作环境，用于生产或再生产任何大小和细节的地形。利用 CTS 不但能够方便快速地生成三维大地形数据库，而且能够根据需要控制数据生成操作的每个细节。

### 4.3.3.1 创建视景数据库流程

CTS 创建地形视景数据库一般分为五个步骤：向数据集中转入和装载数据→按照需要的顺序创建数据处理工作流→运行工作流来处理数据→在 IG 或 Viewer 中浏览和验证数据库→把数据发布成 MetaFlight 数据库。

CTS 创建地形视景数据库的流程如图 4-7 所示。整个数据库由三类数据集组成，它们分别是虚拟纹理数据集、地形网格数据集和文化特征数据集，创建时以地形网格为主导，虚拟纹理和文化特征通过映射关系附加到地形网格上形成完整的地形视景数据库。通常是首先生成虚拟纹理；再生成地形网格，并在地形网格生成过程中指定使用的虚拟纹理；最后把人文特征层映射到地形网格之上。

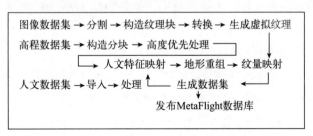

图 4-7 CTS 创建视景数据库的流程

### 4.3.3.2 虚拟纹理的创建

（1）虚拟纹理的概念

虚拟纹理是目前大型视景仿真系统中一种高效的纹理管理方法，其基本工作原理是将大块的纹理贴图加以分割，以小块的形式进行存储、传输和应用。虚拟纹理很好地解决了 mipmap 的尺寸限制问题，它根据裁剪区域的大小将各个级别的 mipmap 纹理进行裁剪。一个 mipmap 包含一定级别层次的纹理，相邻两个级别的纹理中较高级别的纹理尺寸是较低级别纹理尺寸的 4 倍，即形成大小为 1×1、2×2、4×4、8×8……的金字塔结构纹理层。CTS 中纹理分割所使用的裁剪区域通常为正方形，大小以纹素为单位，如果裁剪区域比 mipmap 某级别的整个纹理层的尺寸大，将不进行裁剪；而尺寸大于裁剪区域的 mipmap 纹理层将被分割为裁剪区域大小的纹理块。例如，若裁剪区域大小为 512 像素×512 像素，则 0～9 级的 mipmap 纹理将不进行裁剪，9 级以上的纹理将被裁剪成大小为 512 像素×512 像素的纹理块。

（2）纹理坐标

为了保证生成的虚拟纹理能够自动映射到地形网格上，CTS 使用两类带有地理坐标的原始图像：一类是 GeoTIF 图像，其数据本身就包含了地理坐标，它们往往是由 GIS 软件系统生成的；另一类是普通图像文件加上"＊. attr"属性文件，其中属性文件包含了地理坐标，这类文件可以由 Creator 生成，也可以由 CTS 的纹理属性工具生成，或通过其他专用工具如"TAM. exe"等生成。原始纹理坐标将被带入生成的虚拟纹理属性文件中，用于指导所有虚拟纹理块与地形网格块的对应关系。

（3）纹理层数和纹理块大小

Mipmap 纹理的层数通常由 CTS 自动计算并指定。对于单一分辨率纹理，当覆盖范围的较长边界大小刚好等于 2 的幂时，这个 2 的幂数就是层数；当较长边界不是 2 的幂时，找出大于该边界的最近的 2 的幂，该幂数即可作为层数。例如，某一纹理的大小为（4 000×3 000）纹素，其较长边为 4 000 纹素，与之最近且大于它的 2 的幂是 $4\ 096 = 2^{12}$，所以该纹理的层数是 12。CTS 也允许自己定义层数，这将影响 mipmap 最高级别纹理的分辨率。

CTS 支持纹理块大小为 256 像素、512 像素和 1 024 像素的纹理分割方法，鉴于目前大多数显卡都支持大小 1 024 像素的纹理，纹理块的大小通常就取 1 024 像素，这样在生成虚拟纹理时可以节约大量时间。

（4）纹理边界羽化和纹理混合

边界羽化技术可以使高分辨率纹理的边界柔化地同低分辨率纹理相融合，消除不同分辨率纹理之间的明显边缘，达到不同分辨率纹理之间平滑过渡的目的。

不同分辨率纹理的混合技术，可以减少实时视景仿真在放大缩小时出现的纹理跳变现象，达到不同纹理层之间无缝转换的目的。一般用混合百分比来表示较高分辨率的纹理应用到较低分辨率纹理上的比例。在 CTS 中通常使用三种混合策略（王晓东等，2007）：第一种称为 100%混合策略，即每层指定混合率为 100%，其结果是高分辨率纹理以 100%的比例插入低分辨率纹理中，这样从很远的观察点就能看出放有高分辨率纹理的区域，这种策略常用于高分辨率纹理与低分辨率纹理颜色差异不是很大的情况；

第二种称为 5 层渐隐策略，即让高分辨率的纹理在 5 层内逐渐褪色隐藏，其结果是视点较远时看不见高分辨率的纹理。由于混合机制是累积形成的，一般指定 5 层的混合率分别是 80%、75%、66%、50%、50%，因为 80 的 75% 就是 60，60 的 66% 是 40，40 的 50% 是 20，所以这样可以达到每层渐隐 20% 的目的，其中最后一个混合率的作用不大，可以任意指定；第三种称为两过程策略，主要应用于有 3 种分辨率纹理的情况，即在虚拟纹理工作流中建立两个混合处理过程，一个过程用于处理最高分辨率纹理到次级分辨纹理的混合，另一过程用于处理次级分辨率纹理到最低分辨率纹理的混合。

### 4.3.3.3　地形数据库的生成

（1）原始数据及其转换

CTS 不具有建立三维地形模型的能力，它的主要作用是对大地形数据进行 LOD 重组，使其适应大型实时视景仿真的需要。CTS 可以导入数据格式有 USGSDEM、GTOPO、DTED、SDTS 和 CreatorDED 等。实际工作中所能得到的原始数据往往是等高线矢量数据，这时就要借助 GIS 软件来生成数字地形模型，然后通过一定的转换步骤导入 CTS。以 ARCGIS 的等高线 shape 文件为例，可以通过下列五个步骤将其转换并导入 CTS：第一步，在 ARCGIS 中建立 TIN 文件；第二步，将 TIN 转换为 Grid；第三步，将 Grid 转换为 ASCII 文件；第四步，在 Creator 中把 ASCII 文件转换为 DED 文件；第五步，在 CTS 中导入 DED。

对于不同格式的数字地形模型文件，可以同时导入 CTS。可以选择把它们都转换为 DED 文件，并在 Creator 中生成 OpenFlight 格式的文件来检验这些数据。Creator 用于转换地形数据的工具有：readdma、readusgs、float2ded、image2ded、catdma 等。

（2）地形块设计

地形块设计的内容包括：整个地形如何分割为小的地形块；地形的 LOD 层次以及层次之间的转换范围；每一层次地形块的多边形数量；多边形网格的构造方法。CTS 提供了四种常用的地形块设计样式，可以使用它们的缺省设置或在它们的基础上进行修改。

第一种是 PC 飞行样式：这种样式生成的地形适用于 90 km 高空的飞行观察。它假定所使用的是支持 1 024 像素纹理块的普通图形卡，并生成 7 层 LOD，其最高分辨率纹理块覆盖范围约为 500 m，能够满足 0.5 m 精度虚拟纹理的仿真需要。

第二种是 Onyx 飞行样式：这种样式生成的地形也是针对 90 km 高空的飞行观察。它基于 SGI Onyx 系统，生成 4 层 LOD，最高分辨率纹理块覆盖范围可达 4 000 m。

第三种是地面样式：这种样式适用于地面行走或近地面飞行观察。它使用两层 LOD 以满足 6 000 m 距离内的地面观察，另建一个背景 LOD 层。

第四种是单 LOD 层样式：它适用于小型地形数据库。这种样式只有一层 LOD，其中每个地形块的覆盖范围也只有 100 m。

（3）高度优先处理

高度优先处理利用边界匹配技术来消除地形块边界上的奇异点。实时场景中，前景与纵深地形块根据预定义的转换范围分别调用高分辨率地形块和低分辨率地形块，这时在不同分辨率地形块的交界处可能出现某种不连贯性。高度优先处理就是为了解决这种不连贯性，其方法是把低分辨率地形块边界上的顶点的高度降低，使它们隐藏到高分辨率地形块边界的后面。有时低分辨率地形块也可能置于前景，这时高分辨率的边界可以自动融合到低分辨率地形块的边界。CST 高度优先处理操作有三种选择（贾连兴等，2006）：①探裂缝，这种模式主要用于不同分辨率地形块之间无明显裂缝时的检验；②消除裂缝，这种模式调用高度优先处理主函数来消除不同分辨率地形块之间的裂缝；③消除裂缝并验证，这种模式先消除不同分辨率地形块之间的裂缝，再验证是否还有未消除干净的裂缝。这三种模式所需要的处理时间是逐次增加的。

（4）状态图操作

CTS 中使用状态图记录网格状态信息，它在编辑、修正、处理数据过程中有着十分重要的作用。分层分块的地形可能产生大量文件，但并不是所有的小块都包含着有用的信息，通过使用状态图，可以控制哪些块需要处理。CTS 中有设计状态图、选择状态图、处理状态图和错误状态图四类状态图。

这里以编辑地形块处理为例，假定最高分辨率纹理在虚拟纹理和 LOD 地形中的覆盖范围为 Cov，那么它在最高分辨率地形 LOD 层上所占的范围很小，如果只在最高 LOD 层生成覆盖范围 Cov 的地形网格，不但可以节约地形处理所需要的时间，还能适当缩减地形数据库的大小，同时对最终生成的地形数据库质量也没有很大影响。

实现途径：首先把原始纹理图像和原始地形网格调入空间视图，然后在地形设计状态图上选择需要处理的网格，最后保存状态图并更新地形处理工作流的后续过程，这样就能够达到只处理相关区域的目的。

### 4.3.3.4　人文特征数据的叠加

（1）人文特征及其类型

三维地形视景数据库中的人文特征是指诸如河流、道路、桥梁、建筑物、树木以及其他类似的天然或人工景观物体，通常可以分为点状特征、线状特征和面状特征三大类，把它们加载到地表上可以迅速提升仿真地形的应用价值，所以其应用相当广泛。由于局部人文特征的数据收集与重建需要耗费大量的人力和物力，实际应用中往往只是在最高分辨率地形上建立部分重点地区的人文特征景观，而且往往只追求仿真景观与实地景观在视觉效果上的相似性，一般使用 CTS 模型库中的指定替代模型来表示各种人文特征。对于真实度要求较高的地形景观仿真系统，用户可以构造自己的 CTS 模型库。

（2）DFD 与 shape 文件

数字特征数据（Digital Feature Data，DFD）是 Creator 生成的矢量格式数据，它是一种结构优化的人文数据。在 Creator 中可以直接把 DFAD 转换为 DFD，也可以通过 Asfe Company 的 FME 来完成这项转换工作。在 CTS 中经常导入的原始数据就是 DFD，这是因为 DFD 在 Creator 中能够进行可视化编辑与验证。但 CTS 目前使用 ESRI 的 shape 文件格式作为其内在的矢量数据格式，CTS 人文数据处理时直接支持的只有 shape 文件，CTS 直接读入"∗.shp"文件到网格化的矢量数据集。其他文件格式，包括 DFD 格式，必须经过单独转换或通过工作流中的转换过程来处理。

### 4.3.4　基于 Terra Builder 的地形建模技术

Terra Builder 可以利用 DOM、DEM 数据，为用户创建一个现实影像地、带地理参考的精确三维地形模型 MPT 文件，作为三维场景的地理基底使用。新建 Terra Builder 工程文件时，首先对工程文件的投影和其他信息进行设置，然后加载基础地理信息数据。

将基础地理信息数据加入 Terra Builder 之前，必须对其进行预处理，包括影像拼接、裁剪、投影变换、金字塔生成等。再将 DEM、DOM 数据加载到 Terra Builder 中，运算之前要对数据进行去黑边(无效值)处理。

考虑到基础测绘成果数据以标准图幅存储，为避免单个图幅太多造成去除无效值工作量大的问题，需要将单幅 DEM、DOM 影像数据进行拼接处理。根据 Skyline 软件对单幅栅格数据的承载能力，拼接后单幅栅格数据的数据量应不超过 20 GB。

Terra Builder 支持多种格式的影像及 DEM 格式，支持多级比例尺数据与分辨率影像无缝分级显示。它处理海量数据的步骤如下。

(1) 建立属于自己的工程。Terra Builder 的工程文件为".tbp"格式，工程分 Global 和 Planar 两种模式，前一种为统一的全球地理坐标模式，适用于制作大范围三维场景，后一种为局部坐标系模式，可以建立自定义的投影坐标系统，适用于制作局部范围的三维虚拟环境。

(2) 添加影像数据。第一次添加进去的影像根据投标坐标系进行重投影，然后创建金字塔。

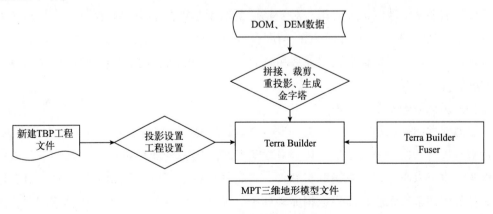

图 4-8　三维地形模型制作流程

（3）叠加 DEM 数据。DEM 的投影坐标信息应与影像保持一致。与（2）中相似，设置完投影信息之后，同样创建金字塔。

（4）范围裁剪、影像调色和 DEM 缩放。

（5）打包生成工程文件。将所有资源打包为 MPT 格式。

（6）通过 Terra Gate 发布。

## 4.3.5　基于 VPB 的地形建模技术

OSG 在地形创建方面提供了 Virtual Planet Builder（简称 VPB）工具。VPB 是 OSG 中提供的专门用于创建地形的工具，它使用著名的 GDAL 库读取各种地理图像和高程数据，不仅可以建立一个小面积的地形数据库，甚至可以建立整个地球的大型分页数据库（张尚弘，乐世华等，2012）。它能够很好地支持地形数据的动态载入（数据动态分页 PagedLOD），因此在 OSG 中能非常流畅地运行。

同其他开源软件一样，利用 VPB 进行大规模场景创建同样也存在编译过程复杂、相关资料稀缺等问题。对于 VPB 的编译可按如下几个步骤进行（姚崇等，2015）：①获取 VPB 源代码。获取 VPB 源代码的地址为：http：//www. openscenegraph. org/projects/VirtualPlanetBuilder/。在下载 VPB 源代码时，还需要注意 VPB 版本所对应的 OSG 版本；② 获取 GDAL 插件，GDAL 插件可以从 GDAL 的官方网站 http：//www. gdal. org 上下载；③使用 CMake 完成配置，并生成解决方案；④利用编译器（如 VS2010）编译 VPB，最终生成 VPB 的可执行文件。

### 4.3.5.1　高程数据和影像数据预处理

（1）高程数据获取与处理

DEM 是用一组有序数值阵列形式表示地面高程的一种实体地面模型。其数据源及采集方式主要是地面测量和航空航天测绘。获取高程数据的途径很多，对于高精度的高程数据需要从当地测绘院申请，对于精度要求不是很高的高程数据可以直接从国家地理信息网站下载。目前可以获取的精度有 30 m 和 90 m。对于下载的数据还需作进一步处理，如重新设定坐标系统、分割和融合、锐化增强等。这些操作都可以采用专业的 GIS 软件来实现。

（2）影像数据获取与处理

影像数据（地表纹理）获取与处理要比高程数据复杂得多，首先需要采集影像数据，然后对其进行拼接、坐标校正和切割分块等处理。影像的获取可以向专业的卫片提供商购买，也可以通过相关公司购买软件，自行从网络上下载。但无论从何种渠道获取的影像数据通常都无法和高程数据完美匹配，尤其是国内的卫片还存在偏移问题，因此还需进行一项极其重要和烦琐的工作——坐标校正。通常坐标校正也是通过 GIS 软件来实现。

#### 4.3.5.2　大规模地形文件构建

（1）基于 VPB 的地形构建

在完成以上两步后，对处理好的高程数据和影像数据使用 osgdem 命令行，并配置好详细参数，即可生成 OSG 所支持的".ive"或".osga"格式。可以采用的命令行如下：osgdem -t T.tif -geocentric -d D.tif -l 8 -v 10 -o T.ive，其中"-t"指定要处理的纹理文件，"-d"指定要处理的高程图，"-l"指定生成模型的 LOD 等级，"-v"指定垂直比率，"-geocentric"设置以地心为坐标的坐标系，"-o"指定所产生的数据页的输出文件名。由 VPB 生成地形文件的过程会根据高程数据和影像数据的大小以及生成层级的不同而耗时不同，最后会在"-o"参数所指定的目录中产生一系列按照四叉树结构命名的".ive"文件，这些就是用于地形仿真的地形数据库文件。最后还可以采用 osgarchive 工具将生成的各地形文件打包为一个单独文件。

（2）地形文件组织结构分析

由 VPB 生成的地形文件中每个节点代表一块地形，每个节点的影像数据大小为 256 像素×256 像素。在组织结构中，最顶端为"T_L0_X0_Y0_subtile.ive"文件，它是四叉树的根节点，该节点相当于整个地形的缩略图，同时也是所有地形文件的头文件，在调用该地形数据库时只需调用该文件即可；其次是跟节点的下一级节点"T_L1_X0_Y0_subtile.ive""T_L1_X0_Y1_subtile.ive""T_L1_X1_Y0_subtile.ive"和"T_L1_X1_Y1_subtile.ive"节点，它们所表示的面积总和与上一级节点相同，但地形表现的精度为上一级的 2 倍。每个"*.ive"文件在存储了地形信息的同时还存储了该地形文件的下一级 4 个子地形块的结构信息，地形文件用四叉树结构组织。由于 VPB 生成的地形数据文件采用了四叉树结构进行组织，因此将该格式用于 OSG 的场景渲染，可以直接由 OSG 引擎本身进行拣选，从而有效、合理地进行渲染。在 OSG 进行渲染的过程中会根据摄像机所在位置，调用不同位置和级别的地形文件进行渲染，而其他不可视的地形文件则不会被渲染到显示器中，从而大大减少计算机的资源消耗，实现了对任意级别和任何规模的真实地形的高精度渲染，同时也保证了渲染的流畅性，这就是 OSG 地形渲染算法（PagedLOD）的基本原理。

## 4.4　虚拟流域环境地物建模技术

对模拟中的一些关键地物，需要从多个角度对其进行观察，而且在仿真平台中要显示其运行状态，表现其功能，因此对这些关键地物的建模必须按照实际的结构尺寸和本身的纹理进行细致建模。如对三峡枢纽的三维模拟，因为需要从各个不同的角度观察枢纽建筑物不同的部位，还需要动态模拟船闸、升船机等的运行状况，因此只采用一张静态贴图远不能达到上述目标，需要按照具体尺寸数据细致建模，如图 4-9 所示。

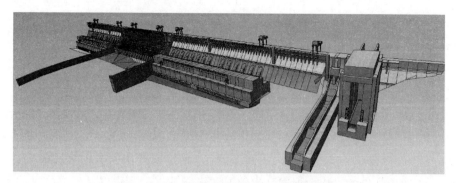

图 4-9　基于图形建模技术的三峡枢纽模型

　　Multigen Creator 中提供了功能较强的运动链分析支持，通过调整模型的结构树层次关系，将需要运动的实体部件按照相互关系分别置于不同的运动自由度（DOF）节点下，而后通过控制 DOF 节点实现部件的运动模拟。由于各 DOF 节点的运动是基于其本身的局部坐标系的，因此这些节点的运动可不考虑整体的坐标变换情况，只需提供局部坐标运动方程即可。某 DOF 节点位置的变化会牵动下一级 DOF 节点，以继承上一级节点的运动，同时下一级节点也可在自身局部坐标系下运动，整个运动的合成效果则是两种运动的叠加。

　　模拟范围的各种地物数量庞大，种类繁多，有工程建筑、居民设施，也有花草树木等自然景观。若一一按照实际情况建模，硬件、时间和投资方面都会出现很多问题，因此需要根据具体模拟的需求，根据不同的地物特点区别对待。在区域地物建模中，对重要的建筑物根据实际结构尺寸进行基于图形的建模；对大量的一般性建筑和自然景观，多采用基于图像的技术，通过纹理贴图的方式建模；实际使用中常常两者结合，以简单的几何模型为外部骨架，映射相应的纹理图像反映细节构造。另外，由于流域地物模型并不只用于视觉浏览，一些模型尚需表现其结构和运行情况，因此需要在建模中考虑其结构特点。

　　流域中地物数量庞大，且实体的几何结构往往比较复杂，如果都采用基于图形的建模方法进行模型重建，固然可以获得真实感较强的三维模型，可复杂的结构、巨大的数据量所带来的巨额绘制开销，会严重影响三维场景绘制的实时性。而且由于是普通地物，受关注的程度较小，系统本身的模拟效果并没有得以提升。比如对天空和远景群山都按照基于图形的数据构建，建模和渲染量将会很大，而用基于图像的建模技术，仅用几个面添加相应实景图片即可完成。因为是远景模拟，模拟效果与实景数据建模差别不大。因此，对大量不关心具体构造的普通地物，可以通过拍摄照片，获取纹理数据，然后利用纹理贴图的方式构造模型。

　　基于图像方式构建的实体，根据其本身的对称性和可动性分为两大类：有向物体和无向物体（周扬，2002）。对于有向物体如栅栏、围墙等，必须根据地物的空间坐标按其原始方向进行绘制，不能对其进行旋转。而对于花草树木等点状物体，可近似将其作为异向同性地物，对这些地物可采用简单交叉面纹理贴图的方法进行建模，也可以采用目前流行的 Billboard 技术。

图 4-10 为利用纹理图像生成静态地理环境中树木模型的实例。树是一种很不规则的物体，利用大量的多边形所构造树木的模型在实时系统中是不现实的。利用纹理映射技术，在两个或三个交叉面上贴上树木的透明纹理，由于 Alpha 的融合作用，实体面上只显示树木纹理，不显示实体面的其他部分，因此当视线转动的时候，将产生比较真实的视觉效果，在三维场景中就可以较好地模拟单棵树木。建筑门窗、围墙、栅栏等的建模也可以采用类似的纹理贴图与 Alpha 融合技术既达到生动逼真，又减少建模量和系统开销的目的。

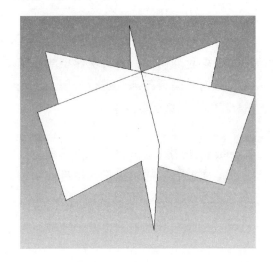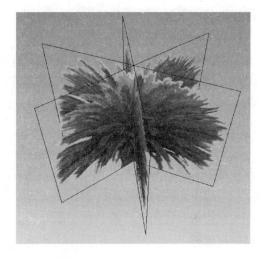

图 4-10　运用交叉面映射树的纹理模拟树木

Billboard 也是基于图像建模中常用的技术，首先将一幅静态图像作为纹理映射到简单的几何平面上，然后根据视点的位置变换平移或围绕物体本身旋转该平面，使视线始终与该平面正交，从而在视觉上纹理图像的正面总是朝向观察者，另外通过透明纹理的 Alpha 融合技术，仅让表示实体本身的图像显示出来。在模型模拟控制时，可以通过限制实体平面的转动视线模拟效果。如对天空、云、烟等近似球面对称的物体而言，对 Billboard 的旋转可以绕任意轴线；而对树木近似柱面对称的物体，则要限制 Billboard 的旋转方向，即只能绕 $y$ 轴旋转。

## 4.4.1　基于 Creator 的地物建模实现技术

张尚弘、易雨君和夏忠喜(2011)结合都江堰工程区域建模研究了流域虚拟环境重点实体和普通环境实体的建模方法与流程，重点建模以基于几何建模的建模方法为主，采用纹理映射技术和细节层次技术解决模型建模量与渲染量之间的矛盾。普通环境实体建模以基于纹理图像的建模方法为主，结合模型实例化技术解决建模量与内存占用的问题。

### 4.4.1.1　重要实体建模技术

对一些关键地物，需要从多个角度对其进行观察，而且在仿真平台中要显示其运行状态，表现其功能，因此主要运用几何建模技术进行模型构建，按照实际的结构尺寸和本身的纹理从形状和外观上对实体进行模拟，同时大量采用纹理映射等辅助技术手段，以减低模型的复杂度。重要实体建模通常分以下 4 个步骤（张尚弘，易雨君，夏忠喜等，2011）。

（1）获得建模数据

模型几何形状数据主要来自设计图，包括模型三视图、剖面图等结构尺寸数据。模型纹理数据主要来自实体的三视角正向照片或各部分正向照片，同时高精度的航拍影像也会为模型提供顶部纹理和准确的定位信息。

（2）确定模型的层次结构

Creator 建模工具提供了优秀的树状层次结构来组织管理模型，为实现模型的特定结构，优化模型渲染效率，建模时需要按树状层次结构对模型各部分进行分解。首先按空间位置划分几个部分，然后每个部分再分解为若干组，直至基本单元。

（3）模型建立

根据模型结构尺寸和设计的层次结构，在 Creator 中采用几何法建立三维模型。按照系统渲染量的要求规划所建模型的总面数，在满足模拟效果的前提下，尽量使用较少的多边形，能合并的面应该尽量合并。同时删除场景浏览时不可见的面（冗余面），如建筑物的底座面、内墙面及建筑物内部的连接面等，以降低整个场景的复杂度，提高响应速度。

（4）使用纹理映射

为显示模型的细节，提高模型逼真度，一般采取纹理映射的方法，在对应位置的多边形面上"贴"上相应的纹理图片，来代替详细模型。这样不但可以极大地减少模型的多边形数目和模型复杂度，而且可以有效提升模拟效果，提高图像输出时的显示速度（柴毅等，2006）。

纹理映射技术和细节层次技术的应用是实现优化模型的关键技术。巧妙使用纹理不仅可以增加场景的真实感，也是提高系统实时性的有效方法。例如在建筑物建模中，门、窗、阳台栏杆等结构细节丰富，如果过分强调细节部位的几何建模，则会使建模工作量和模型复杂度骤然增大，导致整个系统实时运行速度下降。因此对细致建模一般采用纹理映射的方法，在对应位置的多边形表面"贴"上纹理图片，用来代替详细模型。对于距离远的物体和整个大的场景系统，用一幅贴图代替几何模型，其渲染速度要比渲染有几百上千个多边形模型的速度快得多。纹理映射不但不会降低场景的逼真程度，还可以极大地减少模型的多边形数目和场景复杂程度，提高图像绘制输出时的显示速度。

在纹理图片的选用方面，为减小计算机显存的占用量，提高场景渲染速度，在获得预想效果的前提下应尽可能使用较小分辨率的纹理图片。对于内容比较简单的纹理用 256 像素×256 像素与用 32 像素×32 像素看起来区别并不明显，但文件大小却差了几十倍。另外在纹理贴图的使用技巧方面，单分量纹理(灰度图)每一个字节用一个十六进制数就可以表示，而一个三分量纹理(彩色图)的像素有红绿蓝三个成分，需要三个十六进制数表示，如果应用得当，单分量的纹理可以比三分量纹理更为有效，把简单分量纹理与物体的基本材质颜色综合起来会产生一种非常真实的表面效果(翟丽平和白娟，2008)。

细节层次技术(LOD)的应用能够在提高场景可视效果的前提下保持实时漫游时场景中多边形的数目，保证渲染帧频的稳定性。当视点连续变化时，在两个不同层次的模型之间切换时往往存在明显的跳跃，影响了视景的真实性，因此有必要在相邻层次的模型之间形成光滑的视觉过渡，即几何形状过渡，使生成的真实感图像序列是视觉平滑的。在 Creator 中采用 Morphing 方法来平滑过渡相邻层的 LOD 模型(MultiGen-Paradigm，2003)。

具有运动部件实体的建模首先要构造运动对象，Creator 中提供了功能较强的运动链分析支持，通过调整模型的结构树层次关系，将需要运动的实体部件按照相互关系分别置于不同的运动自由度(DOF)节点下，而后通过控制 DOF 节点实现部件的运动模拟。因为各 DOF 节点的运动是基于其本身的局部坐标系，因此这些节点的运动可不考虑整体的坐标变换情况，只需提供局部坐标运动方程即可。某 DOF 节点位置变化会牵动下一级 DOF 节点，以继承上一级节点的运动，同时下一级节点也可在自身局部坐标系下运动，整个运动的合成效果是两种运动的叠加。

### 4.4.1.2　普通实体建模技术

环境实体是指相对重要实体而言比较普通，不需要过分关注实体结构的模型，如天空、草地、树木、路灯、树篱、花坛等。有了这些环境景观的修饰，可极大地增强场景真实感和逼真度。如果采用基于几何结构的建模方法进行模型构建，固然可获取真实感较强的三维模型，可复杂的结构、巨大数据量所带来的巨额绘制开销，会严重影响三维场景绘制的实时性。而且由于是普通地物，受关注的程度小，系统本身的模拟效果并没有得到显著提升。因此，对大量不关心具体构造的普通地物，可通过拍摄照片获取其纹理数据，然后利用纹理贴图方法构造模型。天空、树木等流域模拟中常见的环境实体建模方法如下。

(1) 天空与远景构建

天空及远景模型的构建是基础场景中的重要内容。在环境仿真中，往往要求天空呈现晴、多云、阴、多雾、清晨、黄昏等效果，而视线尽头的远景则常呈现诸如海洋、山脉、平原、城市等效果。这种模型具有的公共特征是：与视点距离很远，没有细节要求，只强调表现效果。对天空的模拟常用方法是采用加盖一个笼罩整个地形的半球面或棱柱作为"顶"，在其内表面上映射相应天气效果的纹理来实现。这样，当视点在由地形和天空"顶篷"组成的内空间中移动时，加上适当的光照效果，可以使人感到远景、天空所产生的强烈的纵深感。为了增加动态效果，还可以采用纹理变换的方法来实现动态移动的天空云彩。对远景的建模也是一样，可以在场区地形的边缘构造一四周闭合、由若干四边形面组成的"围墙"，通过在"围墙"面上映射相应的纹理，来实现该方向上远景的模拟。

（2）树木模型的构建

树木的添加极大地改善了场景的逼真程度和真实感。可以说绿色植被越多，场景的视觉感观效果越好。由于树是一种很不规则的物体，利用大量多边形来构造树木的模型在实时系统中是不现实的。实时系统中常用的树木建模方法有十字交叉法、Billboard 法等。

十字交叉法指用两个或多个交叉面来构造树木模型的方法。在两个互相垂直的平面，分别映射相同的树木透明纹理，利用人的视觉差异，在水平面不同角度总可以看到相同树的图像。缺点是阴影效果不好，且树的包围盒太大，不利于碰撞检测 Billboard 是采用多边形面模拟，当视点改变时，此多边形会绕指定的轴旋转从而保证始终面向视点。只要时刻保持二维纹理树木图像的法线矢量指向观察者，就可以造成一种能够使观察者满意的三维树木的假象。另外通过透明纹理的 Alpha 融合技术，仅让表示实体本身的图像显示出来。Billboard 的优点是能够生成使观察者满意的三维树木假象，缺点是由于视点改变时实体要旋转，而实体的旋转变换是一个矩阵相乘运算，运算量大，且实体每做一次旋转就必须重新进行一次消隐面和阴影计算，这两者的计算量都很大。所以当场景中的树木过多时，会因为计算量过大而导致帧速变得很慢，从而影响实时响应速度。因此，在流域建模中，对远处的树可以用十字交叉法，对近处的采用 Billboard 法。

在环境实体建模中，实例化技术的应用对场景模型渲染意义重大。当三维复杂模型中具有多个几何形状相同但位置不同的物体时，可以采用实例化技术。实例化是对数据库中已存在模型的引用，外观上的效果与复制相同，但实例并不是数据库中真实存在的几何体，而只是指向其父对象的指针。实例如同一个模型的众多的影子，而实际物体只有一个，其他的通过平移、旋转、缩放之后得到。如果同一物体在场景中多次被使用，除了空间位置不同之外，其他的属性都一样，则可以只建立一个模型，在以后的使用过程中只要通过运用实例的方法来引用该模型，通过坐标变换在不同的位置显示同一个模型。由于实例在内存中只装入一次，因此采用实例化技术可以节省大量的硬盘和内存空间，另外对某一实例的几何特征、颜色、纹理等属性的编辑，也将改变所有实例的属性。采用实例化技术的主要目标是节省内存，从这个意义上说内存占用少，显示速度会加快，但同时由于物体的几何位置要通过几何变换得到，所以当实例对象增多时，系统的运算量将明显增大，过多的计算也会导致系统运行速度的降低，影响系统实时性。

### 4.4.1.3  模型的集成与存储

（1）模型层次结构的调整

三维场景模型以场景数据库的方式进行管理和操作，场景数据库反映了真实环境对应到虚拟场景的一切细节，是一个逼真的三维环境。因此，在建立这个庞大的场景模型之前，应该根据虚拟场景中每个实体的几何空间位置以及模型之间和模型内部的结构关系，确定虚拟场景中所有实体模型的层次结构。对场景进行层次结构划分后，可以方便场景建模的分工和实体模型的组织与管理，而实体模型内部的层次结构划分能将复杂模型自顶向下分解成若干基本单元，明确模型构建目标，减轻建模的工作量。场景模型层次结构组织通常遵循以下原则：

①构建有层次结构的模型文件。一个物体可能由多个形体构成，一定规模物体的各部分形体（Object）应归并在一起，放在一个共同的组节点（Group）之下。由于系统拣选和渲染的需要，对于有层次结构的文件，执行效率要比没有层次结构的文件高。

②视觉上相邻的形体在层次结构上也应相邻。同一等级的数据节点依次从左至右排列；当节点存在而物体不可见时，调整显示节点位置。

③尽量避免创建在空间上跨度较大的物体。虽然只有落在视野内的部分物体才会被绘制显示，但却不得不对其不可见部分进行计算。

④创建各种节点的原则。需要考虑三点：一是建立模型的最终目的：即要达到什么程度（如不同的 LOD 定义模型复杂度不同），需要用到什么技术（如定义物体运动部位时的 DOF 技术，需要在建模时预先定义自由度）；二是实现模型系统的限制：软硬件平台、颜色、多边形数目、材质、光源和纹理；三是整个模型系统的特殊要求等。

（2）场景模型的集成存储

场景实体模型的构建按照场景层次结构的划分来进行，各层次实体模型构建完后需要进行组合集成，最终形成虚拟场景的整体模型。在 Creator 中，模型的集成可以通过外部参考（External Reference）来实现。外部参考是指在一个模型中可以设置外部参考节点，在节点下能够调用另一模型的部分或者全部，并可以重新定义被调用模型的空间位置。应用外部参考的优点如下：①便于场景的组织管理。对场景的构建可按照其层次结构先划分若干区块，然后分别在各区块中建模；各小区中的模型甚至也可以单独进行建模，大到一栋建筑，小至一棵树都可以独立建模，然后通过外部调用进行集成；②可以节省内存空间，提高响应速度。在 Creator 中可以通过参数设置，使得默认情况下，外部参考节点不被显示。这既能节省计算机内存，又减少了模型的显示和刷新时间，提高了建模时的响应速度；③便于模型替换。只需将外部调用的路径改变即可实现模型的替换；用外部参考调用新模型而不改变其位置，则新模型自动覆盖旧模型，方便模型的更新；④便于模型的添加。通过外部参考，无须进行剪切和粘贴操作即可将一个场景数据库文件的整个内容加入当前场景中。使用外部参考也有缺点：它是只读的，不能直接被编辑，只能改变位置、方向和大小比例。如果要对被引用模型进行修改必须打开本身的模型文件，修改后还需对调用模型进行刷新。总体而言，对于复杂场景数据库来说，利用外部参考能够极大地便利对场景模型的集成和对整个场景的组织管理。

## 4.4.2 基于3DSMAX的地物建模实现技术

### 4.4.2.1 基础建模技术

基础建模是指内置模型建模、二维形体建模、车削建模、挤压建模、复合物体建模和放样建模六方面内容(郑付联，2010)。

（1）内置模型建模

内置模型建模是3DSMAX建模技术当中最基础的建模方法，属于自带的一些模型，是把系统提供的扩展几何体跟标准几何体搭配一下，把它们组合成为三维模型，然后对其进行编辑处理，可以制作出较为复杂的模型。快捷简单是使用内置模型来建模的优点，一般使用基本几何形体和扩展几何形体来建模只调节参数和摆放位置，就能够轻松完成模型的创建，但是这种建模方法只适合制作一些精度较低且结构较为规则的物体模型。

（2）二维形体建模

二维形体建模时由有样条曲线、坐标值所组成的图形，其在3DSMAX建模技术中的作用非常关键。一般情况下，二维物体在三维世界中是看不见的，但是二维形体通过修改器是可以转化为三维模型的。

（3）车削建模

车削建模是二维图形转变为三维模型的重要方法，利用旋转轴向与旋转角度的控制，进行中心轴旋转，以此来生成三维模型。从二维图像上来说，具有对称的物体的共同点是可以轴对称；从三维图像上来说，可以绕这些物体的二维图像上的中心，朝一个方向旋转，可以得到它们的三维图像。车削建模的具体建模思路是先有一个可以轴对称物体的横截面，然后绘制一半的横截面，在对绘制了一半的横截面用曲线编辑器进行修改或选择布尔运算，最后设置好物体旋转的角度跟轴向，让曲线沿着中心轴旋转即可。

（4）挤压建模

挤压建模则是对截面曲线进行模型绘制，然后使用编辑器对图形修改处理，通过一定的方向挤压，生成三维形体模型。有很多横截面相同的物体，比如管道、渠道等。这些物体都可以先绘制出它们的截面曲线，再使用挤压建模技术就能做出满意的结果。挤压建模技术的原理是以二维的平面形体为轮廓，可以制作出厚度可调整且横截面相同的三维模型。一般来说，有二维或三维物体的横截面就可以使用挤压建模技术来制作。

（5）复合物体建模

复合物体建模则主要是将各种建模混合在一起，又称之为组合形体。复合物体生成的方法有：连接、变形、布尔、形体合并、包裹、地形、离散、水滴网格等。

（6）放样建模

放样建模也是将二维图形转变为二维模型的一种操作方法，但是它的应用范围比上述几种基础建模都要广，通过改变截面与路径，然后能生成较为复杂的模型。放样建模一般来说是把两个或是多个二维图形组合成一个三维物体，是通过制作一个路径然后对各个截面进行组合而创建出三维模型。放样至少需要两个或两个以上的二维曲线：一个是用于放样的路径，用来定义放样的物体高度；另一个是用于放样的截面，用来定义放样的物体形状。路径可以是各种各样的图形，但必须只有一个线段。截面也可以是各种各样的曲线，它在数量上就没有任何数量限制。

### 4.4.2.2　高级建模技术

高级建模的主要内容有多边形建模、面片建模、NURBS 建模。多边形建模的主要命令有 Editable Mesh（支持编辑网络）跟 Editable Poly（支持编辑多边形），在这两个命令的协调作用下，建模能够实现多边形曲面建模以及网格方式建模等多种类型建模。在多边形建模的原料划分中，能够将多边形换分为三角面，采用网格编辑的方式，进行大量的点、线、面编辑操作，多用于复杂的建模。由多边形建模而发展出了面片建模，对于多边形表面不容易进行弹性编辑的问题能够很好地解决，所使用的顶点不多，最适合用在生物模型的创建上。NURBS 建模的原理是数学公式，是一种非常特殊的样条曲线，适合对有机曲面的描述，主要是对飞机等具有流畅线型表面物体进行建模。

（1）多边形建模

多边形建模技术一般都是用于对规则形状的创建和对无曲面的对象的模型制作。这个建模技术可以用来创建基本集合。在多边形建模技术的基础上可使用修改编辑器对物体进行不同要求的标准修改，或者可以通过放样或者布尔运算等操作将基本集合组合成物体对象。操作简单是多边形建模技术的最大特点。难度较大的操作，比如处理光滑的表面或曲面，建议使用多边形建模技术创造的物体对象，一般使用了多边形建模技术创造的物体对象可以很容易地通过对建模的参数的调整获得不同分辨率的模型，能方便满足作者对不同虚拟场景显示的要求。

（2）面片建模

面片建模是在多边形建模的基础上发展而来的，但它是一种独立的模型类型，面片建模解决了多边形表面不易被弹性编辑的难题，可以使用类似于编辑 BEZIER 曲线的方法去编辑曲面。面片与样条曲线的原理是相同的，同属 BEZIER 方式，而且可通过调整表面的控制句柄去改变面片的曲率。面片与样条曲线的不同之处在于：面片是三维的，所以控制句柄有 $X$、$Y$、$Z$ 三个方向。编辑的顶点较少是面片建模的优点，可用较少的细节来做出模型上很光滑的表面或者有褶皱的表面。

（3）NURBS 建模

NURBS 建模技术又叫非均匀性曲线建模，是属于图形理论中的数学概念。它是三维模型制作中的主要建模方式之一，适用于制作各种复杂的光滑模型、曲面模型。一般创建细节上较逼真的模型都是选择使用 NURBS 建模技术，其他建模技术跟它在这点上差距较大，因此该建模技术被应用的空间较为广泛。但因为制作的模型比较复杂，一般在建立基本建模单元时就需要应用曲面片，这样做是需要增加控制点，随着控制点的增加导致整体制作难于控制。为了方便后期模型的调整，还需要用到复杂的拓扑结构。

### 4.4.2.3 场景渲染技术

3DSMAX 创建的三维模型包含定义其在三维解析坐标系统内的相互关联关系的几何数据，也包括对象的材质与灯光信息。主要通过"局部照明"与"全局照明"两种函数算法来描述对象表面所进行的反射与光能传递。考虑光线在模型表面间传递的算法就是"全局照明"算法，其产品级渲染系统包括"光能传递"与"光线跟踪"。两者在算法上各有不同，在技术上各有特点。光能传递作为强大的全局照明系统可以自动实现间接光照效果。渲染主要包括以下流程：

（1）粗调材质效果

建模完成后，在布光前需要调整好模型的表面特征，即颜色与纹理与透明信息。灯光的效果就是在材质上表现的效果。

（2）渲染速度的优化

由于观察重点为色彩的明暗信息，不需要观察细腻渲染品质，为获得较快渲染品质，将"渲染场景对话框"分辨设小，关闭"抗锯齿"和"过滤贴图"。

（3）灯光布置调节

对灯光进行灯光的设置过程简称为"布光"。复杂的场景的灯光布置会有不同的方案与效果。对于室内布光与工业产品展示，最基本的照明技术为"三点照明"布光理论，又称为区域照明，一般用于较小范围的场景照明。除此之外，较常采用的还有灯光阵列布光技术、光度学灯光技术、vary 灯光布光技术等，但不管使用何种技术，灯光的布置存在通用原则。首先，布光应注意"留黑"，灯光的布置应注意留有余地，营造微妙的明暗变化，避免"曝光"过度使得渲染空间缺少变化而显得生硬、呆板。其次，灯光的布置应当精益求精，有一定的组织与序列。为了提高渲染速度，可以使用灯光贴图来模拟灯光效果。在材质面板中，勾选 Self-Illumination 选项，数值调到 100，可以产生自发光效果。此外，还可以通过设置灯光的衰减来表现真实场景中灯光的明暗分布与层次。

（4）细调材质效果

细调材质效果的目的是将材质的质感表现出来。物体的质感特性主要有自发光、透明度、光滑度、折射率、颜色/纹理和凹凸。材质调节需根据渲染效果反馈进行修正调节。在场景中，首先打开渲染场景对话框，将"光线跟踪器"选项卡中设置最大深度调节，然后再将"全局光线抗锯齿器"勾选，并选择"快速自适应抗锯齿器"。

（5）最终渲染输出

通过渲染输出的设置，可以得到所需要的渲染效果。在渲染场景对话框中选择公用选项卡，选择渲染/输出的文件按钮，在打开的渲染输出文件对话框中，输入文件名，文件类型为"＊.tga"，选择保存，按钮在"tga图像控制"面板中的压缩勾选去除，在"渲染器选项卡"中将"抗锯齿"的"过滤器"类型设为"Catmull-Rom"过滤器，点击渲染，开始渲染。为了节省渲染时间，在材质的选用上切忌为了追求不太明显的效果而盲目采用复杂材质。贴图时使用".jpg"图来代替".bmp"图片，在灯光的设置中，用普通阴影代替光线追踪阴影，这些方法都可以提高渲染速度。

（6）后期合成处理

3DSMAX的主要功能是制作三维动画及静态三维场景效果。PhotoShop作为目前应用最为广泛的静帧图像处理软件，在对三维软件的渲染效果进行后期处理以及在影视软件的前期素材处理上有着强大的功能。PhotoShop不仅可以对3DSMAX所需的很多平面贴图进行编辑修改，还可为图像添加特效与合成物品，提高图像品质。

# 4.5 基于倾斜摄影测量的建模技术

GPS和惯性导航组合技术的发展带动了倾斜摄影测量技术（oblique photography technique）的飞速发展。倾斜摄影测量技术是新一代基于多角度观测的摄影测量技术。它主要包括倾斜摄影数据获取技术和数据处理技术。倾斜摄影数据获取部分一般由4个倾斜摄影相机和1个垂直摄影相机构成，与GPS接收机、高精度IMU进行高度集成。摄影相机用来提供影像信息，而GPS、IMU则分别提供位置和状态信息。这样获取的航空倾斜影像不仅能够真实地反映地物情况，高精度地获取物方纹理信息，还可通过先进的定位、融合、建模等技术，生成真实的三维城市模型（李安福等，2014），大大降低了城市三维建模的成本。

## 4.5.1 倾斜摄影测量的原理和特点

倾斜摄影测量技术是一种新兴的摄影测量技术，作为传统摄影测量技术的一种新发展，它基于同一飞行平台上搭载的多台传感器，同时从垂直、侧向和前后等角度采集图像，能够比较完整地获取地面建筑物的侧面纹理信息（王伟等，2011）。结合现有的具备协同并行处理能力的倾斜影像数据处理软件，可快速实现大范围的城市三维建模，这在很大程度上提高了三维模型的生产效率。倾斜摄影测量技术凭借其多视角、高真实性、全要素等优点，在应急救灾、国土监察、城市建设、税收评估、资源开发等领域得到了广泛应用。

#### 4.5.1.1 倾斜摄影测量技术原理

倾斜摄影测量技术是一种多角度观测的新型航空摄影技术，其工作原理有别于传统的垂直航空摄影方式，传统航空摄影主要获得地物顶部影像，对地物的侧面信息却很难获取。倾斜摄影测量技术的出现突破了这一局限，它在同一飞行平台上搭载 1 个垂直和 4 个倾斜相机对地面物体进行多角度摄影，获取的影像不仅具有高分辨率、大视场角的特点，而且还具有丰富的侧面纹理信息，能够将真实场景进行还原(李祎峰等，2013)。同时倾斜摄影测量技术集成了先进的 POS 系统，使得多角度影像兼备完整的地理信息，通过融合影像信息、位置和姿态参数，能够在影像上对地物进行属性信息的量测。多角度影像为三维建模提供了丰富的纹理信息，在降低三维模型成本的同时提高了建模质量。倾斜摄影影像获取方式及连续成像方式如图 4-11 和图 4-12 所示。

图 4-11　多角度航空影像获取示意

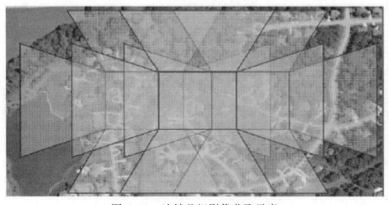

图 4-12　连续几组影像获取示意

#### 4.5.1.2 倾斜摄影测量的特点

相对于正射影像，倾斜影像能让用户从多个角度观察被制作建筑，更加真实地反映地物的实际情况，极大地弥补了基于正射影像分析应用的不足；通过配套软件的应用，可直接利用成果影像进行包括高度、长度、面积、角度、坡度等属性的量测，扩展了倾斜摄影技术在行业中的应用；针对各种流域三维虚拟环境应用，利用航空摄影大规模成图的特点，加上从倾斜影像批量提取及贴纹理的方式，能够有效降低建模成本。总结起来，具有特点为如下（周杰，2017）：① 同一地物具有多个视角影像，可从多个角度观察物体，为地物提供丰富的侧面纹理信息和三维结构信息。② 影像具有分辨率高、视场角大的特点，拍摄同一区域时影像数量少，覆盖范围大，有助于后期的数据处理。③ 由于影像具有位置和姿态信息，通过配套软件的使用，可在影像上对地面物体进行属性信息的量测（李鸿祥，2013）。④ 由于垂直摄像机和倾斜摄像机的焦距不同，同一地物对应不同分辨率和多尺度的影像。⑤ 影像之间重叠度大、信息冗余度高，同一地物会出现在多张影像上，覆盖范围表较完整。⑥ 因影像视角和分辨率的差异，地物变形、遮挡现象突出，特征信息差别大，地物表面纹理信息复杂。⑦ 影像数据获取速度快、周期短、后处理自动化程度高，有利于数据及时更新。

### 4.5.2 倾斜摄影测量系统组成

倾斜摄影测量技术将 GNSS 导航系统、惯性导航系统、倾斜摄影测量系统集成在一起，来获取地表物体多视角影像，为城市三维建模提供丰富纹理信息。同时，通过先进的定位技术赋予影像精确的地理位置信息，从而在倾斜影像上真正实现"非现场"的量测与分析（向云飞，2016）。其中，GNSS 导航和惯性导航两个系统用于获取位置和姿态信息，倾斜摄影系统则获取地表物体多角度的影像信息。

#### 4.5.2.1 GNSS 导航系统

全球卫星导航系统（GNSS）主要由正在运行的美国 GPS（Global Positioning System）系统、俄罗斯 GLONASS（Global Orbiting Navigation Satellite System）系统以及正在发展中的欧盟 Galileo 系统和中国的北斗导航系统组成，它可在全球范围内进行全天候、连续性、实时性的导航，为用户提供精确的坐标位置信息（宁津生等，2013）。倾斜摄影测量系统中集成 GNSS 导航系统，在曝光瞬间可快速精确地获取摄站点坐标信息。

GNSS 由三大部分构成，即卫星组成的空间部分、地面控制中心组成地面部分、用户接收设备组成的移动部分。GNSS 将卫星与接收机天线之间的距离作为基本观测量，在保证至少同时观测 4 颗（或以上）卫星的基础上，通过已知的卫星空间坐标，可解算出接收机的空间位置。GNSS 的定位精度受多种因素的影响，其误差来源主要包括三方面：与卫星相关的误差、与接收机相关的误差以及信号所受的卫星星历误差、卫星钟差以及电离层和对流层对信号的折射误差的影响是相同或基本相同的，因此，可以在基准站和移动站之间同步跟踪相同的 GNSS 卫星，通过差分 GNSS 技术将以上误差影响进行有效的消除或减弱，以此来提高定位精度。

差分 GNSS 的基本原理是：首先获取基准站的已知坐标，然后将基准站上的接收机与运动载体上的接收机对卫星进行同步观测，之后将基准站上 GNSS 测定的基站信息与精确的坐标信息求差，把基站附近区域的 GNSS 误差改正数通过通信设备传送给运动载体上的接收机，联合解算后可获得精确的定位结果。

差分 GNSS 一般分两类，基准站发送的是位置信息时可进行伪距差分，发送的是载波相位信息时可进行载波相位差分。伪距差分一般将伪距作为观测值，经过差分处理后将，将伪距修正参数对移动站伪距进行改正，可获得米级的定位精度。载波相位差分建立在两个测站的载波相位观测值基础之上，采用基准站接收机的广播模式对移动站接收机的载波相位进行改正，经过改正后其定位精度可达到厘米级。为了获取较高的 GNSS 定位精度，倾斜摄影测量技术中一般采用载波相位差分技术。

## 4.5.2.2 惯性导航系统

惯性导航系统(INS)能够进行自助式导航，它包含惯性导航测量单元(IMU)、计算机、控制显示器等装置，其中惯性导航测量单元 IMU 负责姿态的测定，主要由陀螺、加速度计、数字电路及 CPU 构成。其工作原理以惯性空间的力学定律为基础，物体运动的加速度和旋转角速度通过惯性元件(陀螺和加速度计)来感应，经过伺服系统的地垂线跟踪或坐标系转换后，可在坐标系内进行积分运算，以此获得运动体的导航参数，包括速度、相对位置及姿态等。

惯性导航系统一般需要在被导航的载体上安装一个用于模拟当地水平面的稳定平台，然后建立一个东北天的空间直角坐标系，该坐标系的 3 个轴分别指向正东方向，正北方向以及天顶方向。被导航的载体在运动时，其中的陀螺仪会让平台始终跟踪当地的水平面，并保持 3 个轴的指向不变。通过在 3 个轴向安装的加速计可分别测出被导航载体在 3 个轴向的加速度，将 3 个轴向上的加速度分量对时间进行一次积分，这样就可获取被导航载体在 3 个轴向上的速度分量(张宗麟，2000；吴俊，2006)；然后对速度进行一次积分，则可得到被导航载体的空间位置。

载体的初始位置需事先已知且需要输入到惯性导航系统中，即根据已知点的位置，通过连续测量得到的航向角和速度推测下一点位置，因而惯性导航系统属于相对定位。

由于惯性导航系统中惯性器件存在一定的漂移，这样物体在运动过程中会产生偏差，这时需要利用 GNSS 获取的高精度位置信息去频繁修正 INS 以消除系统的累计误差。其次，由于 GNSS 数据采样频率较低，这时高频率的 INS 数据可在 GNSS 定位结果中进行高精度内插求得参考中心的瞬时位置。最后，当 GNSS 信号受到干扰时，INS 提供的导航信息可对 GNSS 码和载波再捕获起到一定的辅助作用，这样可以大大提高 GNSS 接收机的跟踪能力。同时，GNSS 提供的定位信息可用于辅助 INS，使 INS 在运动过程中可以不断进行初始对准。总之，在 GNSS/INS 组合导航系统中，定位系统和惯导系统能够进行优势互补，可大幅度提高位置及姿态参数的精度。

#### 4.5.2.3　倾斜摄影系统

（1）三相机倾斜摄影系统

三相机倾斜摄影系统一般由 3 台数码相机组成，而且都是大幅面的，中间一台用于垂直影像获取，另外两台则获取两个方向的倾斜影像。此类型系统在设计时一般都配备有旋转型构架结构，当一次曝光完成后，整个相机会自动旋转 90°，以此来获得地表物体侧视方向的影像，从而实现前、后、左、右以及垂直五个方向的摄影。三相机倾斜摄影系统最为典型的代表当属美国天宝公司的 AOS 倾斜摄影系统(周杰，2017)。

（2）五相机倾斜摄影系统

五相机倾斜摄影系统由 5 台大幅面数码相机组成，中间 1 台获取垂直影像，另外 4 台获取侧视方向的倾斜影像，其中倾角一般设置在 40°~60°范围内。倾斜摄影系统一般集成有 GPS 定位系统和 IMU 惯性导航系统，这样五台相机在曝光瞬间可精确获取下视影像的外方位元素，为后期多视影像联合空三加密提供方便。国外五相机倾斜摄影系统主要包括美国 Pictometry 系统、徕卡 RCD-30 系统、微软 UCO 系统以及德国 IGI 公司的 DigiCAM 系统等。相比于国外，我国倾斜摄影测量技术发展相对比较缓慢，只是在最近几年五相机倾斜摄影系统才陆续推出，例如北京四维远见的 SWDC-5、中测新图的 TOPDC-5、上海航遥的 AMC580 等。这些倾斜摄影系统的推出弥补了我国在该技术领域的空白。

### 4.5.3　倾斜影像数据处理软件系统

相比于倾斜摄影系统的快速发展，倾斜影像数据处理软件的发展相对比较缓慢。目前市场上实景三维建模软件主要有 Pictometry 软件，该软件由美国 Pictometry 公司开发，能够在倾斜影像上进行定位量测，同时还能实现纹理聚类、轮廓提取等功能。法国 AirBus 公司推出像素工厂(Pixel)能够实现对航空航天遥感影像全自动处理，作为像素工厂子系统的街景工厂(StreetFactory)针对倾斜影像构建三维模型同样可以实现全自动处理，具有人工干预少、处理效率高的特点。Bentley 公司的 ContextCapture 软件能够在倾斜影像上进行空三运算，空三精度满足要求后可自动生成实景三维模型。该软件充分利用基于图像处理的 GPU 技术、计算机视觉技术以及人工智能技术，在数据处理速度和自动化程度方面有了明显改善。此外，Skyline 公司的 PhotoMesh 软件、Integraph 公司的 DMC 软件及徕卡公司的 LPS 工作站等，都具备处理倾斜影像的能力(李英杰，2014)。

#### 4.5.3.1　Pictometry 系统

Pictometry 倾斜影像处理系统是由美国 Pictometry 公司开发设计，该系统结合电子领域的研究，提供了一种称为倾斜影像管理工具的功能，利用影像的空间位置数据，可在倾斜影像上进行地理量测、空间定位、信息提取等操作，同时也可在建好的模型上进行分析及可视化操作（Gerke 和 Kerle，2011；Wang 等，2008）。目前，其产品已应用于微软的虚拟地球。

### 4.5.3.2　StreetFactory 系统

StreetFactory 系统基于 Pixel Factory 图像解译和协同并行处理功能，可在倾斜影像上进行多视影像匹配、TIN 网构建、地物纹理特征提取等处理，白膜建好后通过自动纹理映射可得到最终的实景三维模型。模型的建立仅仅依靠倾斜影像，无须 Lidar、街景等辅助设备即可真实还原现实场景。同时其软件内还构建了并行 CPU 框架及专用的硬盘存储，有效保证了数据处理和读取的效率，大大缩短了三维建模的时间，提高了生产效率。

### 4.5.3.3　ContextCapture 系统

ContextCapture 是 Bentley 公司收购法国 Acute3D 软件技术后推出的首款实景三维建模软件，该软件在 Smart3D Capture 软件的基础上进行升级，采用世界上最先进的数字图像处理技术和计算机视觉图形算法，通过简单的连续影像即可生成层次细节丰富3D 模型。ContextCapture 软件支持现有的各种倾斜航摄影系统（RCD30、Pictometry、SWDC-5 等），同时能输出点云及各种通用兼容格式的模型成果，可方便在三维地理信息平台中加载，有利于对模型的编辑分析。

## 4.5.4　倾斜摄影建模流程及关键技术

倾斜摄影测量技术建模流程包括影像预处理、多视影像联合平差、多视影像密集匹配、高精度 DSM 自动提取及三维建模等（Höhle，2008），基本流程如图 4-13 所示。

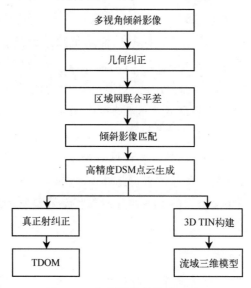

图 4-13　倾斜影像数据处理流程

#### 4.5.4.1　影像预处理

影像预处理包括畸变校正、匀光匀色处理。受相机系统的安装误差和镜头畸变的影响，拍摄出的影像会存在像主点偏移以及影像边缘发生畸变的情况，因此在航飞前需要在地面检校场对相机开展检校工作，解算出相机的内方位元素和畸变参数，然后利用解算得到的检校参数结合相应软件完成影像的畸变处理。在倾斜影像获取过程中，由于受光照条件、CCD 特性、光学透镜成像不均匀的影响，影像之间会存在颜色、对比度、明暗等方面的差异，这样会对后期影像特征点提取和影像拼接效果造成影响。为了对后续数据处理提供精度保证，数据处理前需要对影像进行匀光匀色处理。

#### 4.5.4.2　多视影像联合平差

倾斜摄影获取的影像数据不仅包含垂直影像数据，还包含大量的侧视影像数据，现有的同名点自动量测算法大多适用于近似垂直的影像数据，对于倾斜影像的处理无法较好地实现。在进行多视影像联合平差时需要考虑大视角变化所引起的几何变形和遮挡的问题（Jacobsen，2009）。以倾斜摄影瞬间 POS 系统提供的多角度影像的外方位元素作为初始值，通过构建影像金字塔，采用金字塔由粗到细的匹配策略，在每一等级的影像上进行自动连接点提取，提取后进行光束网区域网平差，可获得更好的匹配效果（Weith-Glushko 和 Salvaggio，2004；Zhang 等，2003）。同时加入 POS 辅助数据、控制点坐标可建立多视影像之间的平差方程，联合解算后可保证平差结果精度（朱庆等，2012）。

#### 4.5.4.3　多视影像密集匹配

影像匹配是数字图像处理的核心问题，在摄影测量技术领域也会涉及影像匹配，影像匹配结果直接决定空三质量。传统方法一般采用单一的匹配基元，这样很容易出现"病态解"，使得匹配的精度和可靠性降低。多视影像具有覆盖范围大、分辨率高的特点，同一地物会对应多个不同视角的影像，在匹配过程中可充分利用这些冗余信息，采用多视影像密集匹配模型快速提取多视影像上特征点坐标，实现多视影像之间特征点的自动匹配，进而获取地物的三维信息。随着计算机视觉技术的发展，基于多基元、多视角的影像匹配逐渐成为广大学者研究的热点，而且部分成果已经应用到实际生产当中。

#### 4.5.4.4　高精度 DSM 自动提取

在经过多视影像密集匹配后，可以得到精度及分辨率较高的数字表面模型，数字表面模型能真实反映地面物体起伏状况，是构成空间基础框架数据的重要内容。多视影像经过联合区域网平差后，可自动解算出每张影像精确的外方位元素，在此基础上选择合适的多视影像匹配单元进行逐像素的密集匹配，获取成像区域地物的超高密度点云，然后经过点云构网即可完成高精度高分辨率的 DSM 自动提取。

### 4.5.4.5　流域三维建模

利用多视影像密集匹配获取的超高密度点云，同样可以构建不同层次细节度下的三维 TIN 模型。根据地物的复杂程度可以自动调节三角网的网格密度，对于地面相对平坦的区域，可对其三角网进行优化，以降低数据的冗余度。三角网创建完成后即形成了城市三维模型的三维 TIN 模型矢量结构（周晓敏等，2016）。

在建立的城市三维 TIN 模型矢量结构基础上，基于倾斜影像对建筑物白模进行自动纹理映射。由于倾斜摄影是多角度摄影，获取的影像具有数量多、重叠度高的特点，同一地物会在多张影像上重复出现，而且每张影像中所包含的纹理信息又不尽相同，因此，选择一张最佳纹理影像显得尤为重要。在影像数据源中选择最适合纹理时，通过设置一定筛选条件的方法对影像进行选择，这样在三维 TIN 模型中每个三角面都会唯一对应一张目标影像，然后计算出每个三角形面与影像对应区域之间的几何关系，找到每个三角面对应的实际纹理区域，实现纹理影像与三维 TIN 模型的配准。最后进行纹理映射，将对应纹理贴至建筑物模型表面完成三维建模。

### 4.5.4.6　模型成果优化

基于倾斜摄影测量技术生成的模型成果中，由于受飞行平台、天气条件以及软件算法等客观因素的影响，常常会出现若干种畸变类型，主要包括模型空洞、纹理变形、纹理不均匀、悬浮物漂浮等。为了达到精细化建模的目的，可以结合相应的模型辅助编辑系统，利用空三加密成果和初始化的三维模型，在空三后的影像上勾勒地物目标的轮廓线，通过拉伸等方法制作三维模型实体，然后选择变形纠正较小的倾斜影像提取纹理并自动映射，可以实现对原始模型缺陷明显的目标区域的修复工作。

# 第 5 章　虚拟流域环境水体仿真技术

## 5.1　引言

水作为自然界中一种常见的物质，对其研究和仿真具有重要的理论意义和实用价值。在数字流域、港口海岸工程建设、水利工程仿真、虚拟现实等许多领域，都需要绘制各种具有不同程度真实感的水场景和水景观，如波涛汹涌的海浪、一泻千里的洪水、飞流直下的瀑布、潺潺流淌的河水等。水体是水场景和水景观的重要组成部分，由于水在形态上是不规则的，同时也是动态变化的，因此水体的建模一直是数字流域仿真中的一个研究难点，同时也是真实感图形学领域的一个研究热点，得到了越来越多研究人员的关注，产生了大量有影响力的研究成果。Iglesias（2004）依据技术发展的先后顺序，分五个阶段对 20 世纪八九十年代得到广泛应用的水体仿真建模技术进行了总结概括。方贵盛等（2012）就近三十年来水体虚拟仿真的应用领域、研究方向、研究趋势等几个方面进行了分析和概括。

方贵盛和潘志庚（2013）主要针对海浪、河流、瀑布、洪水、水波等在虚拟现实、数字流域等领域应用广泛的水体的构建方法进行了总结概括，重点阐述了现阶段广为流行的能够逼真模拟水体形态的流体动力学方法。分析了每种水体仿真建模方法的优缺点和适应范围，并给出了其典型应用案例。最后对未来水体仿真建模技术的发展趋势进行了预测与分析，目的在于为从事水体虚拟仿真建模的研究人员提供一定的借鉴和参考。

早期的水体虚拟仿真模拟，主要的研究对象是波浪。由于受当时计算机计算能力的限制，一般采用纹理贴图和参数建模的方法来模拟波浪效果，虽然速度较快，但是效果较差。仿真出来的波浪过于圆滑，真实感不强。随着计算机软硬件技术的发展，特别是 GPU 技术的应用，基于海浪谱的方法、基于粒子系统的方法、基于流体动力学的方法等得到了较快地发展，并成功应用于海洋、河流、瀑布、洪水等水体的仿真。

## 5.2 水体仿真模拟技术分析

### 5.2.1 基于纹理贴图的方法

水虚拟仿真最简单的方法是采用纹理贴图法，它包括静态纹理贴图、动态纹理贴图、凹凸纹理映射三种。

静态纹理系统渲染的开销小，可适用于表示静止的水面或远处水景观。静态纹理模拟水流的方法就是根据河流的具体形态，在河道三维模型表面粘贴表示水流的纹理图片，从而达到模拟河道水流的效果。采用静态纹理模拟水流是水流模拟中最简单的方法，也是大范围水流模拟中最常用的方法之一。由于是建模时粘贴纹理，模拟过程中河流无动态效果，因此只适合注重河流形态，对具体流态和水位变化无仿真要求的情况（张尚弘等，2008）。根据河道建模时采用的纹理资源不同，可分为高精度影像模拟河道水流、重复纹理模拟河道水流、透明纹理和河道分层设色模拟河道水流等几种情况。

动态纹理可用于表示视点较近时水流的动态效果。它通过动态改变河流的纹理信息，使河流表面"流动"起来。纹理的变换分纹理贴图位置的变换和多个纹理图片的替换两种情况（马骏，2006），这两种情况都对水面纹理图片提出了循环变换的要求。由于河道是不规则的细长形状，因此无法用一张纹理全面覆盖，需要重复贴图；而要实现流畅的表面水体流动，两张纹理水流波纹之间的结合应该平滑无跳变，即纹理的前后左右四边接头处应该能够无缝连接，既可重复贴图，没有突变，又可以表现自然流动效果。王太伟等（2017）基于 Tiled Directional Flow 的算法，通过着色器在河流表面划分正方形网格，按照流向调整贴图方向，进而实现河流有向流动的效果。余伟等（2015）利用实测河道水位线数据并结合真实河道 DEM 地形数据进行河流边界线搜索及河面自动建模，构建多层水面叠加模型，利用流速驱动纹理块自适应于河道移动的动态纹理混合与渲染，该方法能够有效地模拟符合自然河道的动态流动水体，形象逼真地表现河面各处流速的差异化现象。杨光等（2017）以大范围流域内的水面模拟为研究对象，详细阐述了基于多细节层次（LOD）技术的河流分段建模方法，并在此基础上，结合动态纹理映射技术、多重纹理技术及光照模型提出了一种具有较高绘制效率和视觉效果的模拟方法，该方法在具体的工程实例中得到了验证。杨在兴（2017）为更逼真地描述河流的状态，以河道内流场驱动携带纹理的点运动，通过对纹理进行混合，模拟了河道内的流动水体。

凹凸纹理映射从光照效果的角度，通过在像素着色器中对每个像素法向量进行扰动，实现动态的明暗光照效果来模拟水面波动。如吴献（2009）采用凹凸纹理映射方法实现了水波的动画效果。Mátyás（2006）采用凹凸纹理映射方法模拟真实的湖面波动效果。由于纹理映射方法只是在一个平面上增加一些纹理贴图，缺少与外界的交互，无法表示出水波传播及风浪的效果，而且当视点靠得非常近时会表现得不真实，其应用范围受到了一定的限制。

## 5.2.2　基于几何曲面的方法

基于几何曲面的方法其基本思想是采用几何参数曲面来表示水面波浪。TS'O 等（1987）采用 B 样条曲面来表示海洋波浪，Faulkner（2006）采用 Bezier 曲面来构造海浪波形。基于几何曲面的方法构造出来的水体模型，往往追求的是视觉效果上的相似，缺乏实际的物理意义，而且构造出来的水面过于平滑，在近距离观察时真实感不强，但由于其建模过程简单，参数控制灵活，计算速度快，能够满足系统实时性要求，因此在一些逼真度要求不高的场合仍有一定的应用范围。

## 5.2.3　基于波形函数的方法

基于波形函数的构造方法是采用特定的构造函数对间隔为定值的时间序列分别构造好每个时刻的水面形状，然后连续地显示出来。这类算法并不着眼于水波传播的物理现象，而是根据人们对水波形状的实验结果和感性认识，人为构造一系列函数，来近似地模拟水波形状和传播过程以达到视觉上令人满意的效果。常用的波形函数构造方法有基于线性小振幅波模型的方法、基于 Peachey 波模型的方法、基于 Stokes 模型的方法、基于 Gerstner 波模型的方法等。

### 5.2.3.1　线性小振幅波模型

小振幅波理论是描述波浪运动最基本的理论，它基于线性化和小振幅的假定，认为水面质点以固定的角频率作简谐振动。也就是说，在小振幅波理论中，水波的波形呈正弦波分布，其模型可用正弦函数来描述。比如 Max（1981）把要模拟的水面看成是一个由多个具有不同振幅的正弦波组成，通过时间值的改变实现水波的运动。赵欣等（2008）基于小振幅波理论，通过修改小振幅波的波形函数构建出具有尖锐波峰和卷曲波形的浅海水面波浪。

### 5.2.3.2　Peachey 波模型

Peachey（1986）提出的波模型把整个水面波的形状当作一个高度场曲面，用式（5-1）来表示：

$$y(x, z, t) = \sum_{i=1}^{m} A_i w_i \{ fraction[\theta_i(x, z, t)] \} \tag{5-1}$$

式中，$A_i$ 为振幅；$w_i(u)$ 为波形函数，用于控制波形的轮廓形状，一般选正余弦或二次曲线；$\theta_i$ 为波的相位函数。通过合理设计 $w_i$、$\theta_i$ 的值可以模拟水波涌向倾斜海岸的情景。在其值设定过程中，波的形状随着水深作相应变化，并能根据海滩的形状发生折射现象，以使波的前锋与海滩形状吻合。童若锋等(1996)应用 Peachey 波模型，采用不同的波形函数模拟了雨点造成的水波、微风造成的涟漪和紊乱的短峰波。

### 5.2.3.3 Stokes 波模型

Stokes(1957)波模型是一个无穷 Fourier 级数，它把整个水面看作是由若干个振幅、相位和频率都不同的余弦波组成的高度场，用式(5-2)表示：

$$y(x,\ z,\ t) = \sum_{i=1}^{m} a_i \cos nk(px + qz - ct) \tag{5-2}$$

式中，$y(x,\ z,\ t)$表示在时刻 $t$ 时，位置$(x,\ z)$处的波高；$a_i$为波幅；$k$ 为角波数；$c$ 为波速；$n$ 为波数；$p$ 和 $q$ 为常数。鄢来斌等（2000）采用了基于 Stokes 波模型的高度场方法构造出三维海浪。

### 5.2.3.4 Gerstner 波模型

Gerstner 模型从动力学的角度采用拉格朗日方法描述了海浪各质点的运动。Fournier(1986)首次引入计算机图形图像领域。他描述海浪的运动规律，认为流体在流场中的整个运动是由一些流体质点的运动所组成。如果知道了每个流体质点的运动规律，整个流场的运动状况也就清楚了。其基本思想是把水面看成是由若干水粒子构成，水面中的每一个水粒子沿着其静止位置点做圆形或椭圆形运动。假设水面静止时是 $XZ$ 平面，则其基本数学式如式(5-3)所示：

$$\begin{cases} x = x_0 + r \times \sin(\kappa x_0 - wt) \\ z = z_0 - r \times \cos(\kappa x_0 - wt) \end{cases} \tag{5-3}$$

式中，$x_0$ 和 $z_0$ 分别为水粒子静止时在 $X$、$Z$ 轴的坐标；$r$ 为水粒子运动半径；$\kappa$ 为点$(x_0,\ z_0)$处的波数；$w$ 为波的角速度；$t$ 为时间。其运动轨迹可以看成是由半径为 $1/k$ 的圆上距离圆心为 $r$ 的一个点 $P$，沿 $X$ 轴下方距离 $1/k$ 的直线滚动得到的。为真实模拟海浪的特性，可将海浪看成是由基于 Gerstner 模型的正弦波叠加而成。海浪表面运动方程如式(5-4)所示：

$$\begin{cases} x = x_{ij} + r \times \sin(\kappa_{x_{ij}} x_{ij} - wt) \\ z = z_{ij} + r \times \cos(\kappa_{z_{ij}} z_{ij} - wt) \\ y = f(x,\ z,\ t) = y_{ij} + H(x_0,\ z_0,\ t) \sum_{i=1}^{n} \{ A_i \times \sin[(k_{i(x_{ij})} \times x + k_{i(z_{ij})} \times z) + w_i t] \} \end{cases}$$

$$\tag{5-4}$$

式中，$H(x_0,\ z_0,\ t)$为$(x_0,\ z_0)$在 $t$ 时刻的浪高系数；$k_{i(x0)}$ 和 $k_{i(z0)}$ 分别为点$(x_0,\ z_0)$处第 $i$ 个波在 $x$ 方向和 $z$ 方向的波数；$k_{x0}$ 和 $k_{z0}$ 分别为点$(x_0,\ z_0)$处主波在 $x$ 方向和 $z$ 方向的波数；$w_i$为第 $i$ 个波的角速度；$r$ 为水粒子运动半径；$t$ 为时间。上述函数定义了在 $t$ 时刻海浪的高度场。当 $t$ 连续变化时，就得到了海浪的运动。对于上述函数，只要知道每个质点的振幅、波数和角速度就可以确定它的运动轨迹，将它们在每个时刻的运动位置连接起来，就可以构成水面的基本波形。

Gerstner 模型最初用来近似求解流体动力学方程组，具有一定的物理意义，可生成类似于海洋场景的尖锐波峰和卷曲的波形，因此受到了广泛的关注和应用。如李苏军等（2008）采用 Gerstner 波模型方法实现了海浪的实时模拟；Fournier（1985）通过修改 Gerstner 波模型模拟出沿潮滩变化的近岸波形以及卷浪效果。

基于波形函数的方法来模拟水面波动效果，其主要优点是算法容易实现，波形可以人为控制，以满足不同的波形要求；其不足的是该方法不具有通用性，不同的波形变化需要构造出不同的波形函数。在实时性方面，受组成水面的水波数量的影响，叠加的波源数量越多，波面效果越逼真，但实时性越差。

### 5.2.4　基于 Perlin 噪声函数的方法

Perlin 噪声函数是由 Perlin（1985）首先提出，它能够在空间中产生连续的噪声。该方法自提出以后就被广泛应用于真实感图像渲染过程中的表面纹理生成。

Perlin 噪声方法的基本思想是通过叠加一系列噪声函数来产生复杂的变化形式。噪声函数以点的位置坐标作为输入，输出是该点对应的 Perlin 噪声值，相邻点的噪声值是平滑过渡的。使用合适的插值函数可以将随机生成的点插值为连续曲线。当把拥有各种各样的频率和振幅噪声函数叠加在一起就可以模拟出水波的形态。程甜甜（2008）利用改进了的 Perlin 噪声函数法构建了太湖流域的水面，并依靠噪声的平滑特性模拟太湖湖面连续动荡变化的效果。Yang 等（2005）采用分形噪点方法构建分形面，然后将其映射到高程图中，并通过在一定的时间间隔内分形面的动态插值来构建海洋表面。

Perlin 噪声具有分形、频率振幅可控等特点，通过将不同频率的噪声叠加，可以生成不同细节程度的数据，因此在海洋模拟中得到了一定的应用。Perlin 噪点的主要问题是无法精确控制，只有频率和振幅可以很容易改变，与外部物体的交互很难实现。

### 5.2.5　基于统计模型的方法

基于统计模型的方法是从海洋学多年的观测资料统计和研究成果的基础上出发，将海浪视为一种复杂的随机过程。其基本理论是将波浪看作是有无限多个振幅不等、频率不等、初相位不等，并沿在 $(x, y)$ 平面上与 $x$ 轴呈不同角度 $\theta$ 的方向传播的简单余弦波叠加而成的。实际模拟时，取有限个余弦波相叠加，其波面方程如式（5-5）所示：

$$y(x, z, t) = \sum_{i=1}^{N} \sum_{j=1}^{M} a_{ij}\cos\left[\frac{w_i^2}{g}(x\cos\theta_j + z\sin\theta_j) - w_i t + \varepsilon_i\right] \quad (5-5)$$

式中，$y(x, z, t)$ 为海平面 $XZ$ 上网格采样点位置为 $(x, z)$ 时刻 $t$ 的瞬时高度；$a_{ij}$ 为频率为 $w_i$ 方向角为 $\theta_j$ 的组成波振幅；$N$ 为频率的划分个数；$M$ 为方向的划分个数；$i$ 为初始相位，可以通过随机数发生器函数 random（）产生，范围为 $0\sim2\pi$。当海浪模型确定以后，可以从已有的海浪频谱 $S(w)$ 和方向谱 $S(w, \theta)$ 中获得振幅 $a_{ij}$ 等有关参数值。目前常见的海浪频谱有 Pierson-Moscowitz 频谱(PM 谱)、JONSWAP 谱和 Phillips 频谱。方向谱则用波谱的波能方向分布函数来表示，常用的分布函数有余弦平方公式、SWOP式、海塞尔曼公式等。如杨怀平和孙家广(2002)采用 PM 频谱和 SWOP 方向谱，求得不同频率 $\omega_i$ 和不同方向 $\theta_j$ 下的波振幅 $a_{ij}$ 的数值。陈文辉等(2004)采用快速傅里叶变换(FFT)方法将海浪波面方程表示为复数形式，然后采用 Phillips 频谱来求解振幅、频率等参数。当各参数设定好之后，取一定的时间间隔 $\Delta t$ 进行海浪动画帧的绘制，连续更新帧便可模拟出运动的海浪。

基于海浪谱的海浪建模技术，是在海洋学多年的观察资料和研究成果的基础上进行建模的，体现了真实的海浪特性，模拟的海浪比较真实。但这类方法大多用高度场表示海面，生成的海浪较为平缓，适合模拟平静的海面，在模拟汹涌的海浪方面效果不佳。

## 5.2.6　基于粒子系统的方法

粒子系统由 Reeves 于 1983 年提出，是迄今为止模拟不规则模糊物体最为成功的算法之一，广泛应用于水、火、云、森林、草地等许多自然现象的模拟。基于粒子系统的水体建模方法是将整个水体看成是由成千上万个运动的、不规则的、随机分布的粒子组成的粒子集，每个粒子均有一定的生命周期及其他属性(如颜色、形状、大小、位置、速度、透明度等)。它们不断改变形状、不断运动，从而表现出水体的总体形态和特征的动态变化。基于粒子系统的方法常用来模拟波浪的浪花、泡沫、飞沫以及瀑布、喷泉、水雾等。如 Goss(1990)采用粒子系统方法构造出船行波效果，万华根等(1998)通过求解直圆管中的平稳流方程，求得喷泉喷出的初始速度，然后采用基于粒子系统的方法来模拟喷泉。张尚弘和陈垒等(2004)和冶运涛等(2011)采用了粒子系统方法模拟河道水流动态变化的效果。刘东海等(2005)采用了粒子系统方法逼真地模拟水电站泄洪雾化的效果。而粒子系统与流体动力学的结合，诞生了光滑粒子动力学方法(Smoothed Particle Hydrodynamics，SPH)，为求解纳维-斯托克斯方程(Navier-Stokes Equations，NSE)开辟了新的天地，也赋予了粒子系统更大的生命力，这方面的内容将在流动动力学方法中加以叙述。

采用基于粒子系统的方法来模拟水体，关键因素之一是如何绘制粒子。常用的粒子绘制方法有基于点的方法、基于线的方法、基于元球的方法、基于曲面的方法等。在模拟水体的过程中，以上几种粒子绘制方法均存在一定的缺点，比较好的办法是绘制许多隐式曲面，使得相距近的水粒子融成一个隐式曲面，相距远的水粒子绘制成一个小水球。另外，粒子的数量也是生成较高真实感水体的一个重要因素，如果粒子数量太少，则真实感不强；如果粒子数量太多，则系统的计算量太大，影响水体模拟仿真的实时性。

## 5.2.7　基于元胞自动机的方法

元胞自动机(Cellular Automata，CA)是一种基于领域传播思想的方法，其核心是一个有限状态自动机，通过有限步骤的状态转移及并行地处理局部层次的变化来产生各种复杂的现象，主要用于云、烟、交通流的模拟。基于元胞自动机的水体仿真方法，其基本思想是将水面划分为一个由许多均匀网格组成的空间，每个网格点都包含一些特征数据，并称之为元胞或细胞，每个元胞与周围的元胞间存在一些特定的几何关系。每个格点的状态随着时间改变。假设在某一个时刻所有元胞的状态确定，那么下一时刻某元胞的状态就由它邻域内其他元胞在该时刻的状态决定。当元胞按一定的状态转换规则运动时，便形成了水面的动态效果。具有代表性的有 Wang 等(2003)应用元胞自动机方法成功实现了海洋波的实时模拟。

## 5.2.8　基于流体动力学的方法

### 5.2.8.1　纳维-斯托克斯流体动力学方程

基于流体动力学的方法其基本思想是先确定一个能够描述某一特定条件下水流运动的物理模型，然后求取物理模型在不同时间点的离散数值解，最后以每个时间步长为周期对场景进行绘制，将所有的运动状态连续起来便形成水流的流动。常见描述流体运动状态的物理模型是纳维-斯托克斯方程。它描述了包括液体和气体在内的流体运动的一个方程组，包括质量守恒方程和动量守恒方程。其一般形式如表达式(5-6)所示：

$$\begin{cases} \dfrac{\partial \vec{u}}{\partial t} + \vec{u} \cdot \nabla \vec{u} + \dfrac{1}{\rho}\nabla \vec{p} = g + v\,\nabla \cdot \nabla \vec{u} \\ \nabla \cdot \vec{u} = 0 \end{cases} \tag{5-6}$$

式中，第一个方程为动量守恒方程，由经典的牛顿力学方程 $F = ma$ 推导而来，说明了当外力作用于流体时，流体运动的加速度情况；左边第二项称为水平输送项，即对流项；左边第三项为压力梯度项；右边第二项为黏性项或叫扩散项。第二个方程为质量守恒方程，也即连续性方程，表示单位时间内流体中质量流动为 0。$u$ 为速度场矢量，其在三维空间中的分量为$(u, v, w)$；$\rho$ 为流体的密度；$g$ 为重力加速度；$p$ 为液体的压强；$v$ 为黏滞系数，表示流体运动的黏度，即流体抵抗变形的能力。

### 5.2.8.2　纳维-斯托克斯方程的求解方法

由于 NSE 是偏微分方程组，直接求解比较困难，许多研究人员对此作了简化。Kass 等(1990)提出了一个二维浅水波模型，将水流看成由一系列紧挨的水柱组成，整个水表面看作是一个由水深描述的高度场。每个水柱竖直方向的速度忽略不计，并且认为每个水柱里水的速度是单一的。这些水流在简化了的二维纳维-斯托克斯方程的约束下运动，然后采用有限差分法的隐格式来进行求解，并通过设定初值和边界条件来控制动画情节。张尚弘和李丹勋等（2011）采用二维浅水方程，运用非结构网格的有限体积法对溃坝洪水淹没过程进行模拟与仿真。吴献等（2010）应用细胞自动机中邻域传播的思想，把二维浅水波方程转换为空间离散变量间相互作用，然后采用一种基于内外参数分离的控制策略，实时地调整参数，以实现雨点波、紊乱波、船波、棍棒搅动、小球入水以及水波的叠加、反射等各种水波形态的模拟。

随着近年来计算机软硬件技术的发展，直接求解三维纳维-斯托克斯方程成为现实，目前主要的求解方法有两种：一种是欧拉网格法。它把整个流体看作是一个由许多网格点组成的曲面，然后将纳维-斯托克斯方程离散到网格上，并计算各个固定网格节点上流体的速度、压强、密度等状态量随时间的变化，从而得到整个流场。如 Nick 等（1996）采用格子标记法（Marker 和 Cell，MAC）标记网格，然后采用有限差分法求解纳维-斯托克斯方程，获得水面的高度场。欧拉法的优点是推导过程严密，求解精度较高，参数物理意义明确，并且基于网格，容易构造液体表面拓扑，但是需要对整个场景进行计算，速度慢；另一种是拉格朗日粒子法，称为光滑粒子动力学方法。它把整个流体看作是一些排列整齐的水质点构成，然后从分析各个流体质点的运动着手，即研究流体中某一指定质点的速度、压强、密度等描述流体运动的参数随时间的变化，以及研究由一个流体质点转到其他流体质点时参数的变化，以此来研究整个流体的运动。拉格朗日方法的优点是容易表达、不需要对整个空间进行处理，容易保证质量守恒，而且比较容易实现控制，因此得到了广泛应用。如 Ghazali 等（2008）采用基于光滑粒子动力学的方法，针对 2007 年 6 月 10 日发生在吉隆坡的洪水淹没过程进行了仿真模拟。采用拉格朗日方法求解纳维-斯托克斯方程一个主要的缺点是随着水质点数量的增加，其计算量急剧增大，影响系统的运算速度，难以达到实时要求。方贵盛（2016）通过基于 SPH 的求解方法，对钱塘江涌潮的特性进行了研究，实现了动态交互、实时反馈的三维仿真效果；复演了涌潮的产生、发展和书衰减过程，以及"一线潮""回头潮""交叉潮"、涌潮与丁坝交互等涌潮潮景现象，取得了较为逼真的动态效果。

由于欧拉法和拉格朗日法在求解时均存在一定的缺点，Stam（1999）提出了一种半拉格朗日的方法。半拉格朗日方法是一种基于特征线理论的求解偏微分方程的近似方法，该特征线是在一个时间段里函数值相等的点构成的曲线，而不是在某个时间点函数值相等的点构成的曲线。

Takahashi 等（2002）采用 Cubic Interpolated Propagation 方法求解三维纳维-斯托克斯方程获得水流的运行状态，然后用粒子系统方法来模拟飞溅的浪花和漂浮的泡沫。半拉格朗日方法结合了欧拉法的规则性和拉格朗日法的稳定性，保证了计算的简单有效和大时间步长稳定。

粒子水平集方法（Particle Level Set，PLS）是另一种融合了欧拉法和拉格朗日法各自特点的纳维-斯托克斯求解方法。其主要思想是将运动界面定义为一个函数的零等值面，并让该函数以适当的速度移动，使其零等值面就是物质界面。在任意时刻，只要知道该函数，求出其零等值面，就知道了此时的活动界面。如 Enright 等(2002)采用粒子水平集方法求解纳维-斯托克斯方程用于流水倒入杯子的场景模拟及在数值造波槽中产生破碎波现象的模拟。Kim 等(2006)采用 PLS 方法模拟洪水冲入房间的效果。张桂娟等(2011)提出一种自适应的粒子水平集算法用于模拟水倒入杯子的过程，取得了更为逼真的动画效果。

基于纳维-斯托克斯方程的方法是通过经典流体力学方程组来建立水流模型，可以描述任意时刻和位置流体运动特征。该方法是在给定初始条件和边界条件下进行计算和模拟，因此它所生成的水体形状非常接近真实的物理现象，能够构建较为真实的水体模型，但是由于边界条件和受力分析每帧都在变化，在计算机上进行求解十分复杂，在构建大范围水域时计算量大，不易达到实时要求。除了通过求解纳维-斯托克斯方程来模拟水面波浪外，李永进等(2010)采用基于矩形交错网格的有限差分法求解二维 Boussinesq 方程，获得指定海域一段时间内的海面运动序列，然后通过对此序列进行重建，得到"无限"长的海面运动序列，较为真实地模拟了大连港附近区域海面的运动效果。

# 5.3　水体仿真模拟技术比较

本章针对上述各种建模方法，从模型的维度、图像的逼真程度、实时性、可交互性、是否反映出水流的物理特性以及适用范围等几个方面做如下对比分析，如表5-1 所示。从表 5-1 的对比分析中可以得知，对于一些逼真度、交互性要求不高，但对实时性要求较高的场合，如数字景点中的大面积水域或海面，采用基于纹理贴图的方法就可以达到要求；对于一些逼真度、交互性、实时性均要求较高的场合，如虚拟海战场景中海浪的模拟，则宜采用基于统计模型的方法；对于游戏与虚拟现实中的喷泉、瀑布等，用粒子系统来构造最合适；对于逼真度要求高的场合，如一些港口海岸工程建设、水利工程建设仿真中水体冲击建筑物或船体，具有卷浪或破碎波的海面以及一些小尺度水体，则采用基于流体动力学的方法构造出来的效果会更加真实。

表 5-1　水虚拟仿真建模方法对比分析表

| 建模方法 | 维度 | 逼真度 | 实时性 | 交互性 | 物理特性 | 适用范围 |
|---|---|---|---|---|---|---|
| 基于纹理贴图的方法 | 2维 | 差 | 好 | 差 | 差 | 远景或静止状态等、交互性要求不高的江河湖对逼真度面模拟 |
| 基于几何的方法 | 3维 | 差 | 好 | 较差 | 差 | 适合于深水区的水面模拟 |

| 建模方法 | 维度 | 逼真度 | 实时性 | 交互性 | 物理特性 | 适用范围 |
|---|---|---|---|---|---|---|
| 基于波形函数的方法 | 2.5维 | 较差 | 较好 | 较差 | 一般 | 不同的波函数适合不同范围的水体模拟 |
| 基于粒子系统的方法 | 3维 | 好 | 较差 | 较好 | 较好 | 瀑布、喷泉以及波浪细节的模拟 |
| 基于Penlin噪声函数的方法 | 2.5维 | 一般 | 较好 | 较差 | 较差 | 适合于相对平静的水面模拟 |
| 基于统计模型的方法 | 2.5维 | 较好 | 较好 | 一般 | 较好 | 适合于相对平静的水面模拟 |
| 基于流体动力学的方法 | 2.5维/3维 | 好 | 差 | 好 | 好 | 适合于浅水区的水面模拟及小尺度的水体模拟 |
| 基于元胞自动机的方法 | 2.5维 | 较好 | 一般 | 一般 | 较差 | 适合于深水区的水面模拟 |

由于上述各种水虚拟仿真建模方法均存在一定的局限性，对于一个复杂水场景的模拟，很难用一种方法表示出各种视觉效果。如虚拟海战场景中，对于海浪的模拟，不仅需要模拟出风平浪静时海面的视觉效果，还需要模拟出波涛汹涌的海浪所产生的浪花、泡沫等，同时需要模拟船在海面航行时所产生的轨迹浪等。因此，结合每种方法各自的特点进行综合处理，以达到性能和效果的平衡，是个不错的选择。比如Tessendorf(1999)采用Gerstner波模型来描述海浪的基本形状，然后采用FFT方法求解振幅、频率、相位等主要参数来构造海面高度场。Shi等(2007)先用基于FFT的统计方法生成河水的高度场，然后采用Gerstner波模型构造出洪水的波峰，实现了动态河水的仿真。Chentanez等(2010)通过求解二维浅水方程来构造大面积水域的高度场，然后采用粒子系统方法构造出水花、飞沫和泡沫等水流效果。杨怀平和胡事民等(2002)基于小振幅波理论和元胞自动机理论，采用邻域传播的思想对水波进行动态的造型，并采用基于粒子系统的方法，构造出水花效果。李广鑫等(2004)采用准均匀B样条曲面来构造水波面，然后将Perlin噪声施加于准均匀B样条曲面的特征控制点，获得水面高度场的高程值，用于实时模拟真实感水波。

# 5.4　水体仿真模拟发展趋势

水体虚拟仿真建模技术研究主要朝着追求实时、讲究逼真、体现交互三个方向发展(方贵盛等，2013)。

## 5.4.1　实时性

实时性方面主要从两个方面来解决：一是采用 GPU 硬件加速技术提高计算机处理速度；二是采用 LOD、投影网格等视点相关技术、网格划分技术、无缝拼接方法、分块管理策略提高大面积水域漫游时的交互速度。

GPU 的主要特点是拥有强大的浮点处理能力和高内存带宽，具备并行处理能力，在处理图形数据和复杂算法方面拥有比 CPU 更高的效率。最新的图形处理器还提供了编程接口，允许程序员载入并运行自定义的程序，极大地提高了图形显示的灵活性，也使得利用 GPU 的强大处理能力进行复杂的科学计算成为可能。如 Kolb 等（2005）采用 NVIDIA GeForce 6800 GT 作为图形处理器，在 VC++编程环境下采用 OpenGL 和 CG 作为 GPU 编程语言，通过 SPH 法求解纳维-斯托克斯方程实现了水倒入杯子中的动画模拟。他先采用片段编程方法来更新存储所有水粒子状态参数的二维数组，然后采用一个被称为 Slices 的二维数组堆栈来存放压力场的三维物理量（3D quantity）。为了加快三维物理量的计算时间，采用了多目标渲染技术，可以使程序在一次渲染中同时写数据到多个渲染目标中，实现并行处理。

Matsuda 等（2012）采用粒子水平集方法在 GPU 上实现了流体的动态仿真。他采用顶点缓存数组来表示数据的结构，然后把转换反馈和几何编程结合起来，实现了 GPU 上的动态数组处理。他用动态数组的方式存储粒子，并在 GPU 上直接实现粒子的增加、删除与更新，提高了流体模拟与渲染的速度。王长波等（2011）采用 GPU 硬件加速技术成功地实现了表面变化剧烈复杂的池水实时绘制，水从池子的前半部分涌入另一侧，撞到池壁后向后回荡，最后趋于平静。另外还实现了不同自由表面流体的绘制，如溪流、水池浅水流、洪水水淹等真实感效果。李波（2010）采用顶点纹理获取和渲染到纹理功能，将程序运行所需的所有数据资源和计算场所移植到 GPU 和与其配套的帧缓存上来，避免了缓慢的显存-主存间的数据交换，以此来提高海面建模与渲染的速度。

对于大面积水域的虚拟仿真，Yang 等（2005）采用 Penlin 分形噪声方法构造出一小块称为环绕分形曲面（Wrapped Fractal Surface，WFS）的海面，然后利用 WFS 的自适应策略实现海面的无缝拼接。在海面漫游与渲染时采用了基于层次细节模型的 Tiled Quad-tree 多分辨率网格模型结构，在 GPU 上实现海洋表面的无限扩展。文中还采用了拼接索引模板技术来解决不同 LOD 间带来的空间不连续性问题。Shi 等（2007）采用自适应 LOD 策略对大面积水面网格建立分块 LOD 模型，并引入衔接性模板方法解决不同分辨率 LOD 分块间产生的 T-型节和裂缝问题，实现水面的无缝拼接，引入 α 混合方法解决大面积水面漫游时产生的视点跳跃问题。Johanson（2004）提出了投影网格方法，其基本思想是利用视点和海平面的位置来反算出当前为了让海面充满视野所需的网格顶点的位置，这些网格顶点在投影计算后在视口内是均匀分布的点。该方法能够对场景进行预剪裁，不在视野范围内的海面会被自动裁剪掉，减少了计算时间，可以达到实时要求。另外该方法符合多分辨率效果，离视点近的地方划分的网格小、分辨率高，离视点远的地方划分的网格大、分辨率低。Hinsinger 等（2002）采用基于投影网格的自适应策略，只建立和渲染在当前视景范围内的海面波浪，并随着视点的改变而更新，从而提高海洋仿真的实时性。

## 5.4.2　逼真度

　　逼真度要求仿真的水体不仅在视觉上看起来十分真实，同时要求模拟的水体要能真实反映出水体的物理特性和运动规律。比如对于海浪，不仅在形态上需要构造出各种气候条件下海浪的动态效果，在细节方面还需要考虑浪花、泡沫等特效的构造，同时需要考虑海面在各种光照条件下的视觉效果，如光的反射、折射、焦散等。目前，在逼真度方面所采用的方法主要有两种：一是采用基于流体动力学的方法，通过欧拉法、SPH、格子-Boltzmann、粒子水平集等方法求解纳维-斯托克斯方程来实现；二是采用逼真的渲染技术，如光线跟踪、环境贴图等。Cords（2007）把水面看作是一个近似于平面的 2.5 维高度场，然后采用基于环境贴图的方法逼真地模拟出物体与水面相交时所产生的反射、折射效果。Ihmsen 等（2012）采用光滑流体动力学方法逼真地模拟出了波浪翻滚、水塔倒塌、船行驶时产生的浪花、泡沫与气泡等细节效果。Klein 等（2003）采用基于 GPU 的环境贴图方法实现了河流与湖泊的光照效果，如反射、折射、菲涅耳效果等。Baboud 等（2006）采用基于 GPU 的光线跟踪算法实现了小面积水体的实时渲染，取得了逼真的光照效果，如光的反射、折射、菲涅耳效果、光的吸收、焦散及阴影等。

## 5.4.3　交互性

　　交互性主要考虑在水体与其他物体间的交互，如船在水中航行产生的交互、河水冲击堤坝产生的交互、物体落入水中产生的交互等。Rungjiratananon 等（2008）逼真地模拟出沙堆在水的冲击下变湿、流动、塌陷的过程。当水流入沙堆时，沙受水力的冲击而流动，同时水融入沙堆中使沙变湿，达到了沙与水的相互融合。Chentanez 等（2011）模拟了溃坝后的水体冲击墙体以及近岸海浪冲击灯塔和海滩时产生的破碎波、浪花、泡沫和薄雾的效果。

　　Solenthaler 等（2011）模拟了快速流动的水在多根柱子的阻挡下向前冲击的过程。Yu 等（2011）模拟了溪水在岩石的干扰下快速向前流动的过程，逼真地模拟出溪水绕过障碍物时产生的水波及流速变化的效果。Cords 等（2009）模拟了船入水后产生的水花、多条船在海面上行驶时产生的水波，水波与水波间的干涉以及船与水上障碍物间交互的动态效果。Akinci 等（2012）研究了水流与任意刚性物体间的交互问题。比如桥与塔在洪水的冲击下倒塌的过程模拟以及玩偶在水的冲击下漂浮流动的过程模拟等。

# 第6章 汶川地震灾区堰塞湖溃决洪水仿真模拟平台

## 6.1 引言

堰塞湖是山崩滑坡体堵截河谷后拦水形成的湖泊，多由地震活动或火山熔岩流等原因引起。堰塞湖的堵塞物(堰塞体)一般很不稳定，在冲刷、侵蚀的作用下会发生崩塌，一旦发生溃决，湖水便会倾泻而下，对下游造成毁灭性的破坏。据史料记载，1786年康定大地震和1933年叠溪大地震中，堰塞湖溃决洪水造成的人员伤亡都远远大于地震本身造成的人员伤亡。由于堰塞湖存在巨大的潜在威胁，因此需要密切关注，及时除险。

堰塞体内部构造复杂，需要尽快掌握其物质组成和结构特点，实时监测库内水位的变化以及坝体的渗漏情况，从而对溃坝的危险做出比较准确的判断，合理安排下游群众撤离范围和时机。堰塞湖的抢险处置需要多学科协作，而且分析评估洪水风险、制定应对溃坝危险的预警方案，必须快速及时地进行决策，为此，引入视景仿真等先进的技术手段来提高堰塞湖的抢险处置的科学性和高效性是非常必要的。

视景仿真技术是虚拟现实技术的最好表现形式，由于其逼真的三维场景和友好的交互性而得到水利领域许多专家和学者的青睐。本章基于视景仿真技术开发了汶川地震灾区堰塞湖溃决洪水淹没过程三维可视化系统，该系统不但逼真地渲染三维场景和地形地物，而且能够将灾区的综合信息加以直观表现；利用集成的水动力学模型对不同溃坝方案的洪水淹没过程进行了模拟，通过综合比较预测结果来制定合理的防灾避险预案。将数学模型的模拟结果显示在真实的三维场景中，表现出逼真的洪水演进效果，能够形象、直接地了解溃坝洪水的演进特性，实时准确地了解洪水的最新动态，为快速合理地制定防洪预警方案提供技术支持。

## 6.2 堰塞湖溃决洪水仿真平台总体结构

汶川地震灾区堰塞湖应急系统采用面向对象开发语言 Visual C++对 OpenGVS 软件

包进行开发而建立。系统主要包括三维可视化模块、数据库模块和数学模型模块，其总体框架和实现功能如图6-1所示。数据库由空间数据库和属性数据库组成，空间数据库为三维可视化平台提供动态显示和空间分析的基础数据，而属性数据库则存储应急系统所需的各种静态与动态数据，为信息查询与模型计算提供原始数据。数学模型库由水文预报、产汇流、一维水动力学模型及二维水动力学溃坝模型等组成，模型从数据库获取地形及水位流量资料，经过嵌套计算后向可视化平台输出计算结果。三维可视化平台作为前台显示和交互界面，是整个系统面向用户的窗口，通过该窗口集成数据库与数学模型的信息，转换为三维场景表达的方式以辅助决策。

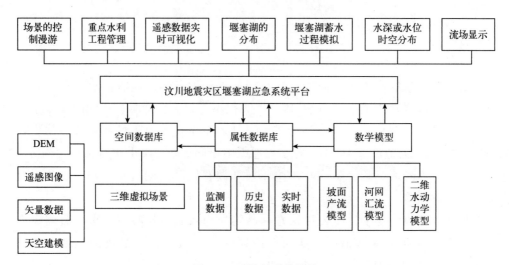

图 6-1　系统的总体结构

# 6.3　堰塞湖溃决洪水仿真平台开发

## 6.3.1　地形地物建模

地形地物建模将真实世界中的对象景物在相应的三维虚拟世界空间中重构，实现实物虚拟化的过程，是生成流域虚拟环境的基础。

地形建模采用 Terer Vista 软件完成，其在大地形的生成方面功能强大，可以将高程 DEM、遥感影像、各种矢量数据集成起来一次性生成综合的三维模型，生成过程包括数据转换、地形参数设置、矢量赋值与修正及地形生成等步骤（张尚弘等，2006）。汶川地震波及范围大部分位于高山峻岭之间，如果采用统一建模会使得河道地形淹没，无法精细刻画河道水流计算中所关注的水流演进过程，因此需要对河道单独建模，再与周围场景嵌套建模（图6-2）。为了便于河道边界的搜索，河道地形的平面网格采用与数模相同的网格体系，网格节点高程值通过 DEM 数据进行插值后得到，水位值则从二维溃坝水动力学模型的计算结果中获取。采用 Creator 软件完成地物的建模。主要是针对震区重点水利工程的建模，如位于岷江干流上的水电站和都江堰等水利工程，通过手工完成建模后定位于已经生成的三维地形中。

地形地物的三维模型以 OpenFlight 格式存储，该格式采用几何层次结构和节点属性来描述三维物体，允许用户对层次结构和节点进行直接操作，保证了从大型数据库到物体单个节点的精确控制；而且具有的逻辑层次结构及细节层次、截取组、绘制优先级、分离面等功能，使得图像生成器可以指导何时及如何绘制三维场景，极大地提高了实时系统的效率。

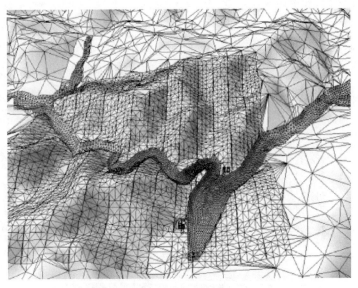

图 6-2 唐家山堰塞湖的嵌套地形网格

## 6.3.2 三维视景仿真系统平台构建

三维视景仿真系统实时渲染三维场景和地形地物，将流域的各种信息集成并直观地表现，让用户产生身临其境的感觉。汶川地震灾区堰塞湖溃决淹没三维可视化系统平台的硬件为图形工作站，软件平台用 Visual C++ 在商业三维开发包 OpenGVS 基础上开发而成。通过 OpenGVS 提供的各种资源和 C++应用程序开发接口（API），可以便捷地创建应用程序平台，提高了系统的开发效率。

三维仿真平台的控制程序设计分程序初始化、图形处理循环和程序退出卸载三个部分（王兴奎等，2006）。程序的初始化完成基本场景的搭建和地形地物的载入，并与属性数据库连接。图形处理循环完成对三维场景的实时渲染、交互控制和实体更新变化。场景的交互漫游则通过更新摄像机的位置和姿态来实现，堰塞体溃决后淹没过程中水位和流场的动态可视化则是通过对数学模型计算结果的调用，并经过相应的计算插值集成于三维仿真平台中。

## 6.4　堰塞湖空间分布及危害程度显示

地震造成多处堰塞湖，需要进行动态监测和风险评估，对危险大、风险高的堰塞湖采取及时、必要的除险措施，并根据危害程度建立应急避险的调度方案，及时撤离下游可能受灾地区的群众，避免不必要的人员伤亡。考虑到灾区评估资料获取的困难性，可将堰塞湖的蓄水量作为危险评估的主导因子，利用高分辨率的 DEM 数据和遥感监测数据计算得出堰塞湖的蓄水量，将堰塞湖分为极度危险（$> 5\,000\times 10^4\,m^3$）、高度危险（$500\times10^4 \sim 5\,000\times10^4\,m^3$）和危险（$< 500\times10^4\,m^3$）三个等级。按照此评估等级，在 34 个堰塞湖中，位于北川县的唐家山堰塞湖为极度危险级，安县茶坪河的肖家桥和老鹰岩堰塞湖、青川县青竹河的石板沟堰塞湖、平武县洪溪沟的唐家坝（南坝）堰塞湖以及绵竹市绵远河上游清水河的长滩（小岗剑上）堰塞湖五个为高度危险等级，其余为危险等级（王世新等，2008）。图 6-3 是部分堰塞湖的分布状况以及危险等级的显示，其中矩形、三角形、菱形分别代表极度危险、高度危险、危险。

图 6-3　堰塞湖分布（局部）

## 6.5　溃决洪水仿真事件对象建模方法

### 6.5.1　可视化仿真流程

三维虚拟仿真平台能够将流域的地形地貌、社会人文和经济等信息展现给决策者，能够与各种信息交互式三维可视化，同时提供了与数值模型计算的接口。将计算过程中及计算结果的数据转换为图形及图像形象、直观地显示出来，把许多抽象、难以理解的原理和规律变得容易理解，冗繁的数据变得生动有趣，其目的在于维持信息完整性的同时，把信息变换成适合人类视觉系统理解的方式，其基本流程包括数据生成、数据的精练与处理、可视化映射、绘制及显示四步（唐泽圣，1999）。

堰塞湖溃决洪水演进的可视化仿真就是在计算机生成的三维虚拟环境中，直观地表现溃坝水流的淹没范围、水深、流速等具有时空信息的水流特性。通过可视化手段将洪水演进过程准确、生动地搬入计算机进行观察和研究，不但能有效地改善洪水演进过程中相关物理量的研究条件，而且便于专家学者快速准确地做出科学的防洪决策。另外，结合虚拟环境中的洪水三维可视化，专家学者的决策结果用声效仿真的形式提供给广大群众，能够提高防洪抢险的效率。

## 6.5.2　事件对象的动态模拟

在有过程发生的虚拟环境中，存在基座对象和事件对象两类不同性质的对象（龚建华等，2002b）。OpenGVS 初始化时载入的三维场景和地形地物模型是一次生成的，在交互式控制过程中模型的空间位置不会发生变化，属于基座对象的范畴。而事件对象是过程驱动的，其时空特征是三维的、动态变化的，这种动态模拟则需要采用具有图形标准底层开发工具 OpenGL 来实现。将过程模拟的数据结果实时传输给 OpenGL，通过一定的绘制模式对事件对象进行可视化展示。

OpenGVS 以实体为中心对模型进行控制，一种方式是对模型的空间位置进行移动，另一种则是模型本身的变化。本章涉及的是后一种方式，首先声明事件对象的定义和创建，将对象实例化加载在场景中，然后由 OpenGVS 提供的对象的回调函数接口对其进行操作。OpenGVS 中的图形回调主要用来对动态图形的实时绘制，也称为即时图形模式（Immediate Mode Graphics，IMG）。系统在实时运行过程中，GVS 在适当的时间调用自定义回调函数依次绘制所要求的内容。回调函数完成后返回给 GVS，GVS 继续处理其他激活的对象实例。为对象设置自定义回调函数后，确定相应的私有数据赋给对象。如果对象需要更新时，对象实例手柄传递给回调函数。回调函数及其私有数据用来控制对象的行为。采用 OpenGVS 提供的"图形回调"，就可以调用 OpenGL 绘制动态水面、流场以及其他的动态效果。OpenGVS 建立动态对象的步骤如下：

（1）分析水面和流场的绘制特点，设计动态对象的数据结构 OutburstFlood，主要用来存储水面和流场的实时信息，如网格节点的空间位置、水位、流速、水深、纹理坐标，也就是所谓的回调函数的私有数据。而后声明结构体对象指针，并为其分配内存空间。

（2）声明对象定义，调用 GVS 内置函数 GV_obd_set_ gfx_callback 为对象设置图形回调函数 Outburst_FloodGfxCallback，动态实体实现的相关代码写在此函数中；调用内置函数 GV_obd_set_gfx_data 为对象分配私有数据。私有数据和对象实例手柄共同传递给回调函数。

（3）通过内置函数 GV_obd_set_drawing_order 设置对象定义绘制顺序的优先级为最高级，从而可以保证水面和流场能够正确显示。

（4）将对象实例化加载到场景中，以实现动态实体的三维效果。

上述步骤是 OpenGVS 动态对象绘制的通用框架，不同实体动态效果的实现主要是在回调函数中完成的。

## 6.6　堰塞湖蓄水时空过程动态仿真模拟

由于地震后的连续降雨和不断余震，唐家山堰塞湖随时都有溃决的可能，对下游城市的安全造成很大的威胁。在资料缺乏的情况下，为了在最短时间内提供堰塞湖的蓄水信息，可以通过 DEM 数据，采用 ARCGIS 的三维分析工具中 Surface Volume 模块计算不同水位高程下堰塞湖的库容和淹没面积。应急系统加载了堰塞湖坝体实体模型，对形成的堰塞湖进行模拟显示，在帧循环中将实际监测的水位和相应的淹没水面绘制在三维场景中，直观地显示唐家山堰塞湖在水位抬升过程中的淹没情况。图 6-4 是形成堰塞湖的唐家山三维场景。

图 6-4　堰塞湖的唐家山三维场景

## 6.7　堰塞湖洪水数学模型与仿真平台集成

视景仿真系统与数学模型的集成方式可以分为松散集成、紧密集成与完全集成三种。松散集成是指仿真系统与数学模型计算过程相互独立，通过数据文件进行信息传递。紧密集成是仿真系统与数学模型采用共用内存的方式。完全集成是仿真系统与计算模型采用同一语言进行嵌套编程，可以直接对数学模型的计算进行实时控制。

目前，水沙数学模型多采用 FORTRAN 语言编写，包括本章采用的二维溃坝水流数学模型（张大伟，2008），而视景仿真系统平台采用面向对象语言 Visual C++ 编写。用 Visual C++ 等重新改写 FORTRAN 计算程序工作量很大，不便于充分利用已有资源，因此，需要研究三维可视化平台与数学模型的集成方式。

在实际应用中，松散集成和紧密集成的研究比较多。紧密集成的方法有动态链接库（张大伟，2008）、组件开发（周振红等，2002）、管道传输（胡昌伟，2003）等，而松散集成的方式主要采用数据文件（张尚弘，陈忠贤等，2007）。考虑到模型的多样性和系统的可扩充性，本系统采用数据文件的集成方式。

程序的实现方式：打开数据文件后顺序调入三个计算步长的数据，分别存入内存中的 PreviousInfo、NextInfo 和 NNextInfo 三个指针。用 PreviousInfo 和 NextInfo 两个指针数组按一定的显示时间步长插值得到进程渐变的数据进行实时显示；后台调入下一时间步长的数据进行更换，＊PreviousInfo = ＊NextInfo，＊NextInfo = ＊NNextInfo，继续插值并实时显示，如图 6-5 所示。这样既实现了三维可视化平台上进行流场数据的更新传递与实时显示过程，又只需消耗极小的内存资源。

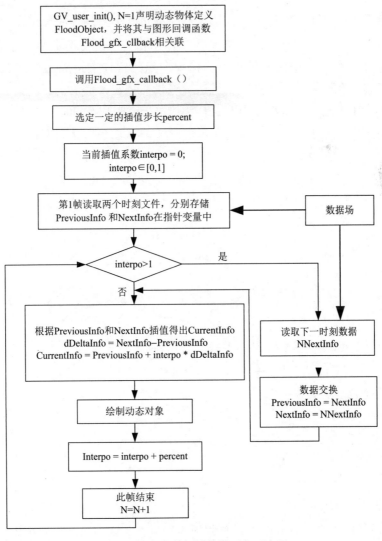

图 6-5　仿真平台与数学模型交互流程

## 6.8 堰塞湖溃决洪水演进过程动态可视化

为了制定合理的防洪预警方案，采用二维溃坝水动力学模型对唐家山堰塞湖溃决后的洪水演进过程进行了模拟，应急系统平台对洪水的演进过程、水深时空分布和流场进行了可视化仿真。

### 6.8.1 河道边界的搜索算法

在洪水演进过程中，水位涨落引起边岸部分河道干湿交替的变化。在水面的实时绘制过程中，水面建模网格可分为完全淹没、部分淹没及零淹没三种情况。完全淹没情况下网格的三个顶点都处于水面以下，完全没有淹没则该网格露出水面，部分淹没表现为三角形的一个或者两个顶点的水深不为零。前两种情况比较容易处理，三个顶点处于水面之下的三角形网格进行水流绘制，反之则不绘制。如果仅按照完全淹没和完全没有淹没两种绘制方式来处理所有三角形网格，得出的洪水淹没边界呈折线形，如图6-6虚线所示，图中实心圆顶点为淹没节点。这样会造成两个问题：一是折线痕迹非常明显，在视觉上不逼真；二是造成淹没面积统计偏少，不利于防洪决策。本章采取这样一种方法，以图6-6中△ABC为例进行说明，△ABC中有两个节点(B和C点)水深小于零，另外一个节点(A点)水深大于零，即该三角形网格部分被淹没。虚线上方为高处，下方为低处，在AB线上，可能淹没点位于B′，AC线上可能的淹没点在C′，B′和C′点对应的水深分别近似于B和C点，即△ABC实际被淹没的区域为四边形BB′C′C。按照此原则，搜索的水面边界为单向箭头线段连接而成的线段。如果网格

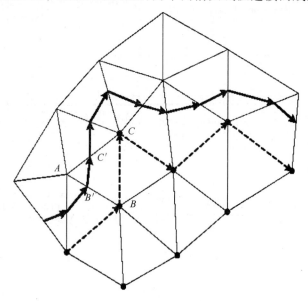

图6-6 水面边界搜索示意

尺度比较大，需要采用 NURBS、Bezier 等曲线进行光滑，以便取得较理想的结果。

## 6.8.2　动态水面绘制

水面构建分为建模和纹理映射两个步骤。水面的建模是基于数学模型计算的散点数据，并对边界进行离散，然后按照 Delaunay 三角化原理进行水面网格的构建。构建过程中，保证三角形二个点逆时针排序，以便符合图形工业标准 OpenGL 绘制图元的规定，同时能够保证三角网与数学模型节点的拓扑关系一致。在绘制过程中，只需改变节点的水位值而保证平面位置不变，在系统初始化过程中即可保存平面位置坐标，避免在帧循环中因实时构网而降低程序执行的效率。

淹没过程的实时动态可视化由数学模型计算数据驱动。三维虚拟仿真平台实时与计算数据进行交互，读取构成水面三角形网格节点的信息，如水位、流速、水深等，根据三角形网格节点当前的水位值，通过 OpenGL 编程生成和显示一系列反映当前状态的画面，由于视觉的暂留，画面过渡连续，便可以产生水面的动态变化。计算数据传来一次，水面就会重新绘制一次，伴随着屏幕的更新，水面的动态效果就实现了。

堰塞湖溃决洪水的动态虚拟仿真依靠一个时间序列的洪水水面模拟实现，在洪水演进过程中，任意网格的节点水深、流速等水力要素实际都包含了时间维信息。实时动态演示时，通过对洪水演进数学模型运算结果的具体时间的读取，逐条读取计算结果数据库中每条记录的相关信息，相应地更新演示属性库中的图形，就实现了洪水演进的三维动态演示。在用 OpenGL 编程实现洪水演进动态演示时定制一个计时器，每经过一段时间触发系统按新的要求重新绘制地形和洪水淹没的范围、水深。由于系统面向的是流域地形、影像、水文等大量数据，还必须解决处理大量数据时洪水淹没过程演示速度的问题。为此，将地形显示与洪水显示分离，在洪水上涨的过程中，每一次重绘时只包括洪水而不必考虑地形。通过不同时刻洪水静态水面的连续播放就很容易实现洪水演进的动态可视化。系统中对水面显示采用了纹理映射和颜色映射的方式。纹理映射采用水面纹理实现，颜色映射则是根据水深或水位的大小选择不同的颜色值进行绘制，实现了水深或水位时空分布的可视化。图 6-7 是 35 min 和 180 min 水流演进情况。

35 min　　　　　　　　　　　180 min

图 6-7　不同时刻的水流演进情况

### 6.8.3 流场可视化

流场可视化是对水流计算结果进行科学分析直观便捷的方法，能够直观显示流场随时间推进的变化规律。矢量场的可视化方法主要有基于几何形状、基于颜色和光学特性及基于纹理的矢量场的映射，三种方法各有其优缺点。考虑到基于几何形状的矢量场可视化方法直观方便，易于实现，而且运用了 OpenGL 库的硬件加速功能，系统主要选择该方法进行流场的可视化。其中点图标是最简单地显示矢量数据的方法，该方法既能反映矢量大小又不引起混乱，一些可视化软件，如 Tecplot、Fluent 均集成了点图标的方法。采用具有大小和方向的箭头对矢量场映射来表达采样点处流速的大小和方向，箭头的颜色来表示另一个水流特性的参数值。但是对于数据量大的矢量场显示结果却并不理想，将所有的矢量逐点映射为点图标常会因为过多的箭头而导致图像杂乱无章，无法清楚地表达矢量场的连续变化。可以通过下述方法解决这一矛盾，对流场数据进行低分辨率的重采样使得显示箭头数目减少；或者将数据场密集部分进行可视化处理；或者采用自适应的方法来对数据场重采样，对密集区域采样点减少，对其他部分尽量保留原分辨率(吴杰等，2004)。

图 6-8 是采用点图标方法生成的 45 min 和 150 min 两个时刻的流场图。可以看出随着时间的推移，由于堰塞湖溃决后水流下泄，上下游的水位差减小，则溃口处的流速也逐步减小，到达一定时间后，流速逐步稳定下来。

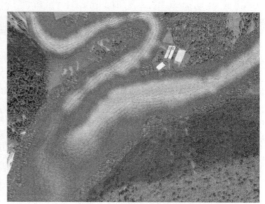

45 min                    150 min

图 6-8　不同时刻的流场显示

# 第7章 洞庭湖流域防洪调度
# 三维虚拟仿真平台

## 7.1 引言

  大江大河的中下游平原区多是经济发达、人口稠密的地区。江河上游洪水主要来源于坡降较大的山地丘陵区，洪水峰高量大，进入地势较为低洼、平坦的平原地区后，洪水容易分散漫流，因此平原区是最容易发生洪灾的地方。洞庭湖区连接长江，接受湘、资、沅、澧四水，是洪水暴发最频繁的地区。洞庭湖区工农业较为发达，湖区人口密集，而防洪设施破旧老化、防洪能力较低，发生洪水灾害的损失巨大。因此，洞庭湖区防洪预警系统的建立有着非常重要的意义。

  洪水灾害的频繁爆发造成的损失在所有自然灾害中占了很大的比例，一直受到国内外广泛的关注与研究。国外在此方面研究比较深入，形成了系列商业化软件，最有代表性的是 DHI 开发的专门用于防洪计算的 MIKEFLOOD 软件，该软件开发了与 GIS 软件和 Google Earth 进行数据交互的接口，实现了洪水计算的二维和三维显示（Danish Hydraulic Institute，2007）。国内有许多学者展开了洪水仿真的研究，胡四一等（2002）建立了以基于江河湖之间关系的整体洪水演进模型和 GIS 电子地图图形操作的长江中、下游洪水模拟系统；刘云等（2008）研制了洞庭湖分蓄洪区实时洪水调度系统，其中洪水计算结果的显示、查询和分析是基于 VC 和 GIS 二次开发组件 MapX 完成的；霍凤霖等（2006）以 Visual C++为开发平台，结合 OpenGL 实现了对 DEM 数据文件中不同工况下洪水数据的可视化；张成才等（2008）以 ArcGIS 为开发平台，采用 3D Analyst 模块构建了东平湖的地形高程模型，在 ArcScene 中实现了地形三维可视化和洪水淹没过程的模拟；孙海和王乘（2008）以 DEM 数据为基础，采用 ArcEngine 组件为开发辅助工具，通过动态创建和叠加矢量图层的方式实现了佛山市罗格围地区洪水的显示淹没情况。现有的研究主要存在以下问题：①防洪预警系统中对数值计算结果显示和洪水风险图的制作通常采用二维 GIS 电子地图来完成，二维 GIS 对处于三维空间中的各种地理对象全部进行向二维平面的投影的简化处理，导致了高程方向的几何位置信息、空间拓扑关系的损失，不能有效地表达真实的三维空间和客观地反映真实世界的状况，缺乏沉浸感和逼真度；②在二维 GIS 基础上进行扩展的高级模块，如 ArcScene 提出了自己的三维数据模型 Multipatch，但是在桌面产品中不提供对模型创建和属性的编辑，而且没有很好的模拟度和逼真性，不适合于大数据量场景的实时显示；③现有的洪水淹没三维可视化系统往往局限于局部试验或者河道，没有考虑周围场景的显示，不能真实反映洪水在真实世界的推动淹没过程，对水流模型以简单的三维方式展现，真实感不够。

洞庭湖区域在构建整个长江防洪体系中占有举足轻重的地位，成为专家和学者研究的热点，在科学研究和工程应用方面取得了很大的进展，但是对数据的表达仍然采用传统的二维图表，这种表现方式缺乏直观性和综合性，不利于便捷、快速地进行科学的防洪决策。为了将洞庭湖区的综合信息更直观有效地显示给防洪决策者，利用一些新的技术手段开发洞庭湖防洪预警三维可视化系统是非常必要的。

虚拟仿真是计算机图形处理和图像生成技术、立体影像和信息合成技术、显示技术等诸多高新技术的综合体，它有利于缩短试验和研制周期，提高研制质量，节省试验费用。随着数字流域概念及虚拟现实技术的发展，仿真系统作为一种新的管理方法和技术手段在流域的综合管理中发挥着越来越重要的作用。国际上发达国家对虚拟现实技术的研究和应用起步较早，并已经在实际工程和管理中发挥了重要作用；国内在流域方面的应用也随着"数字黄河""数字清江""数字都江堰""数字长江"等项目的启动而不断发展。本章将虚拟仿真技术应用于洞庭湖区三维虚拟仿真系统的开发，构建了洞庭湖区大范围的三维场景，为洞庭湖区防洪决策以及洪水调度提供科学的辅助平台。

## 7.2　研究区域概况

洞庭湖位于湖南省北部，长江中游南岸，由湘、资、沅、澧水系（简称四水），东、南、西洞庭湖环湖水系以及长江向洞庭湖分流的松滋、太平、藕池、调弦口水系（简称四口）构成，是一个江河湖泊混联的水网区。四口水系在洞庭湖北部常年分泄长江上游逾 $100\times10^4$ km² 的来水来沙；四水水系从南、西方向汇入洞庭湖，共计流域面积为 $22.9\times10^4$ km²；此外还接纳汨罗江、新墙河等环湖区间逾 $3\times10^4$ km² 面积的集水，最后向北到城陵矶湖口汇入长江。洞庭湖区内外河、外湖共有 24 条洪道，全长 1 309 km，河湖交织相连，弯道众多，岸线漫长，河道收、放现象突出，水流流向散乱不定、流态紊乱多变且互相干扰顶托，使洞庭湖区水情异常复杂。

## 7.3　防洪调度仿真软件开发工具

该系统所用地形建模软件为 Terra Vista 3.0，地物建模软件为 Multigen Creator 2.5，三维模型采用 OpenFlight 格式文件存储，三维场景驱动采用 OpenGVS 4.5 和 OpenGL

2.0 共同完成，整个系统开发采用 Visual C++6.0。Terra Vista、Creator 和 OpenGVS 三者分别发挥不同的作用，大范围地形生成采用 Terra Vista，具体地物如桥梁、闸门、建筑物建模用 Creator，场景驱动及功能开发采用 OpenGVS，图层显示和动态水流模拟是基于 OpenGL 完成的。

# 7.4　防洪调度仿真数据库生成

数据库是三维虚拟仿真平台开发的基础。洞庭湖防洪预警三维虚拟仿真数据库分为空间数据库和属性数据库两大部分。空间数据库建设包括洞庭湖范围的三维地形地物的建模与编码存储；属性数据库建设以实体的文字、图片、视频等属性数据和监测调度所需要的水位、流量等专业数据为主以及用于防洪评估的社会、人文、经济等数据。

## 7.4.1　地形建模

洞庭湖地形采用 1∶50 000 地形等高线数据和相应的遥感影像生成，另外道路、河系、标志性建筑物等的建模与定位采用配准的矢量线数据。为表现河网水系和蓄滞洪区的水流演进过程，河道和湖区的地形需要进行加密，并嵌入大地形中，形成嵌套结构(见图7-1)。

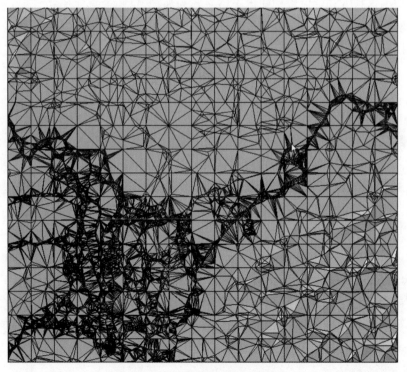

图 7-1　洞庭湖嵌套建模结构

地形建模采用 Terra Vista 软件完成，将高程 DEM、遥感影像、各种矢量数据集成起来一次性生成综合的三维模型，生成过程的步骤主要有数据转换、地形参数设置、矢量赋值与修正，最后生成地形。

## 7.4.2 地物建模

地形 DEM 和遥感影像数据从宏观上模拟了流域地面形态，矢量数据则是从微观细部反映地形状况，为使生成的地形能够逼真地表现真实场景的效果，地表的各种道路、桥梁、堤坝、建筑、植被等地物建模是必不可少的。根据流域研究中关注重要程度的不同，地物建模分为普通实体建模和典型实体建模。

普通实体的建模如树木、城市随机建筑物、道路、标志牌、森林等，可以通过 Terra Vista 提供的点、线、面矢量的建模模板来完成，对应点实体的有房屋、树木、标志牌等，对应线实体的有各种道路、河流等，对应面实体的有森林、湖泊、城镇以及特殊用途的面实体如三角网加密实体等。导入或编辑生成的矢量数据会自动转换为其内部支持的矢量文件格式".vec"，将这些矢量数据按照用途为其属性赋值(如建筑物高度、路宽等)实例化为对应的三维模型实体。如绿化带树木建模，就是在 Terra Vista 中勾画出绿化带的平面位置(面状矢量)，设置树木的平均密度，地形生成时可以根据该设置调用系统中的几种树木模型，按密度随机摆放在划定的区域内，城市建筑物摆放也是如此；河流的建模则是导入矢量数据，设置河宽和纹理，并按照集成的方式嵌入地形中。按照这种方式就可以构建出丰富多彩的地物模型。

典型实体的建模主要包括有代表性和重要的水利设施和建筑物模型，如长江大堤、水文站、桥梁、涵闸、大坝等，这些水利设置和建筑物则用 Creator 软件以建筑结构图和实景图片为基础进行精细建模，建成后根据坐标定位到地形模型的相应位置。

## 7.4.3 视景数据库的存储

视景数据库的存储格式是 OpenFlight，用它通知图像生成器何时以及如何渲染实时三维景观，非常精确可靠，已经成为图形文件的工业标准，它使用几何结构、层次结构和属性来描述三维物体，适用于大部分的建模用途。OpenFlight 格式的文件按照几何结构存储三维空间数据模型，模型结构树按照组(Group)、体(Object)、面(Face)分级组织，从空间的系列有序点构造成基础的三角面，将不同的面组合为局部结构，最后构造为完整的形体，通过节点的三维坐标和形体拓扑关系存储模型的几何信息。OpenFlight 格式同时存储了与三维实体显示相关的各种属性特征信息，如模型多边形使用的材质、颜色、纹理、明暗阴影等，这些信息增加了模型的真实性，便于调整和控制模型。视景数据库按照层次化结构对三维模型进行管理，这种结构不但可以对数量众多的几何体进行有序组织，而且便于仿真应用程序对场景进行高效的实时渲染。

## 7.5　防洪调度三维可视化平台

视景仿真地形库生成以后，三维可视化平台需要在计算机屏幕上逼真地演示实际的三维场景和地形地物，并进行交互式操作，将各种信息资源综合直观地加以表现。洞庭湖防洪预警三维虚拟仿真平台采用图形工作站，软件平台采用 Visual C++在商业三维开发包 OpenGVS 基础上开发而成。

三维可视化平台控制程序设计分为即程序初始化、图形信息的集成显示和程序退出卸载三个部分。图 7-2 为洞庭湖防洪预警三维虚拟仿真系统界面。

图 7-2　洞庭湖防洪预警三维虚拟仿真系统界面

## 7.6　防洪调度仿真平台功能

### 7.6.1　三维场景的漫游和定位

实现三维场景漫游的关键是对摄像机位置和姿态进行控制。防洪预警系统提供了场景漫游、路径漫游和视点定位的漫游方式，可以方便地对整个洞庭湖场景进行随意漫游和浏览。图 7-3 是洞庭湖三维场景效果图，图 7-4 是洞庭湖水系三维河道模型。

图 7-3　洞庭湖三维场景效果

### 7.6.2　信息的集成查询与显示

防洪预警虚拟仿真平台的空间数据主要由 OpenFlight 格式的模型文件存储，属性信息则存储在 MySQL 数据库中。信息查询和显示功能主要包括防洪预警信息和实体信息的相关查询。

图 7-4　洞庭湖水系三维河道模型

防洪预警信息的查询直接通过与数据库连接进行精确查询或模糊查询，主要包括实时水雨工情、气象信息、水文历史信息、防汛文档、预报预测结果等信息的查询和自动显示，并辅有自动报警、告警功能，使决策者及时了解汛情的位置并密切监视汛情的发展。

实体信息的查询是通过与三维场景中实体的交互来实现的。在建模过程中，应用 extern 外部引用节点对单一实体空间信息进行存储和管理，并为单个实体设置 ID 作为关键字加以区分，保证空间数据库记录的唯一性；属性信息也以该实体的 ID 为唯一标识存储于 MySQL 数据库中，这种设计方式为实现空间数据库与属性数据库的连接进行实体信息查询提供了前提。实现系统查询功能的关键在于虚拟场景中实体的探测选取以及实体与数据内容的关联，采用 OpenGVS 提供的深度检测函数来确定当前鼠标选中的实体并返回该实体的标识名，以该标识名为关键字，应用 SQL 语句搜索属性数据库，从而得到相应的实体属性信息，并通过对话框的形式显示出来，实现了信息的广泛集成与表现。该功能是在虚拟场景中直接操作，不需要切换到其他视角或静态画面，因此可以在漫游过程随意查询，不受画面限制，更具有自然交互的效果。

## 7.6.3 特大洪水淹没范围显示

洞庭湖区历史上发生特大洪水的典型年份分别是 1954 年和 1998 年，受灾范围广，持续时间长，使人民的生命财产遭受了巨大的损失，经济和社会发展受到严重影响。长江流域防洪规划采用的标准是 1954 年洪水，洞庭湖采用的此防洪标准。由于全球变暖，水循环加快，可能产生极端降水的事件频发，洞庭湖区发生相当于 1954 年和 1998 年洪水的概率增大，甚至可能发生超过上述洪水的特大洪水，如何合理进行调度，控制洞庭湖水位是面临的关键问题。1954 年洪水和 1998 年洪水淹没范围为以后偶遇特大洪水进行综合管理提供了借鉴，在三维虚拟仿真平台上的显示更能直观展示特大洪水的淹没状况，为防洪抢险进行科学决策赢得时间。

1954 年洪水和 1998 年洪水的淹没范围是通过 JPG 图片格式存储的，没有地理坐标和相应的属性信息，为了在三维虚拟仿真平台上显示，需要将其矢量化为 Shape 格式的文件。GIS 软件上对地图进行矢量化是基于 Coverage 的数据格式，其图层结构适合进行拓扑编辑、空间分析和大型地理数据管理。根据 Coverage 的地理控制点或地理配准点 TIC，将矢量化后的图层从数字化仪单位转换到定义的坐标系统（地理坐标系或大地坐标系），从而建立地理特征的 Coverage 的图幅位置与地球表面位置的相关关系。地图图片矢量化的具体步骤如下：① 地图图片数字化前的准备。在图片上明确标出 TIC 的位置和编号；标出多边形的起止点等地理特征点。TIC 点必须是代表地图上能够清楚识别的特征点，如地图角点、测绘控制点、明显地物点、重要特征交叉点、地图本身的参考点等。② 创建两个 Coverage 图层，分别命名为 DigitalCov 和 TicCov。在 DigitalCov 图层上数字化 TIC 点，TicCov 图层在 DigitalCov 基础上建立并继承了 TIC 点的信息。

DigitalCov 图层主要用来对地图图片进行矢量化；TicCov 图层建立坐标系统，确定地物特征在研究区域的位置。③ 参数设置及地图矢量化。参数设置主要包括设置绘图环境、指定编辑特征、创建特征属性值、设定容限值等。然后在 DigitalCov 图层上对地图图片进行矢量化，直至洪水淹没范围在图层上用多边形描出。④ 通过 Build 或 Clean 命令为 DigitalCov 图层的多边形要素建立拓扑关系。⑤ 采用 ArcToolBox 工具箱内的 Projections 对 TicCov 图层定义坐标系统，与三维场景所采用的坐标系统一致。⑥ 使用 TRANSFORM 命令将具有数字化单位的 DigitalCov 图层的坐标转换为已经定义的坐标系统的 TicCov 图层的坐标。坐标变换过程中涉及的变换主要有三种：即仿射变换、正射变换和同比变换。本章采用正射变换的方式。⑦ 在 ArcGIS 中通过 Conversion 工具完成从 Coverage 格式到 Shapefile 格式的转换。

完成上述步骤以后，三维虚拟仿真平台提供了读取 Shape 文件的接口，可以将具有地理坐标信息的图层显示在三维场景之中。图 7-5 和图 7-6 分别为 1954 年和 1998 年长江流域发生洪水时洞庭湖区的淹没情况。

图 7-5　1954 年洪水淹没范围　　　　　　　图 7-6　1998 年洪水淹没范围

## 7.6.4　圩垸分布图层显示

圩垸是沿江、滨湖低地四周有圩堤围护，内有灌排系统的农业区。在长江下游叫作"圩"，中游叫作"垸"，统称"圩垸"。若干个圩垸连成一片，叫作圩区或圩垸地区。圩堤将农田与外水隔开，通过灌排渠系及操纵堤上的水闸以调节内水和外水的进出。自流排灌有困难，则辅以提水机械，以满足圩内农田需水。由于历年围湖造田和泥沙淤积，导致湖区水面锐减，洞庭湖蓄洪量减少，为了防洪安全，洞庭湖将堤垸划分为重点垸和蓄洪垸，其中重点垸有 11 个，蓄洪垸有 24 个，其他为一般垸。11 个重点垸指松澧、安保、安造、沅澧、沅南、大通湖、育乐、长春、烂泥湖、湘滨南湖、华容护城等。24 个蓄洪垸包括长江四口水系的西官、安澧、安昌、文化、和康、南项、南汉、集成安合、钱粮湖 9 垸；洞庭湖水系中，湘江水系城西、金鸡义合、北湖等；资水民主垸；沅水围堤湖、六角山 2 垸；澧水澧南、九垸 2 垸；纯湖区中，南洞庭湖的共双茶、屈原农场 2 垸；东洞庭湖的大通湖四垸、君山、建设、建新 4 垸；另外还有长江干流的江南陆城垸。重点垸的防洪标准高于蓄洪垸，当洞庭湖洪水超过一定标准时，蓄洪垸要主动破垸蓄洪，实现错峰、坦化洪水过程，减少洪峰流量，相应地减少进入下游河道的水量，对于降低下游水位、减轻下游防洪压力具有重要的作用，而且能够确保重点垸的安全。为了便于对重点垸和蓄洪垸进行综合管理，需要在三维仿真系统中集成堤垸的空间分布信息和属性信息。

堤垸的分布是以图片的方式存储的，需要将其矢量化为具有空间平面坐标的图形。其矢量化步骤与上述过程一致，从而可以完成重点堤垸和蓄洪堤垸分布的三维虚拟仿真演示。图 7-7 和图 7-8 分别表示洞庭湖区重点垸和蓄洪垸的空间分布状况。

图 7-7　重点垸分布(红色图层)　　　　图 7-8　蓄洪垸分布(蓝色图层)

## 7.6.5　洪水淹没过程模拟

蓄洪垸是洞庭湖防洪体系的重要组成部分，洞庭湖区域在发生特大洪水时可以临时分蓄超额洪量并有效降低下游洪峰的水位，从而减轻下游的防洪压力，保证中下游的生命财产安全。当洞庭湖洪水超过一定的标准时，需要蓄洪垸溃决进水。虽然很多学者采用"水平面"方法很快地给出淹没的范围以及蓄水量，但是不能有效地对洪水过程进行描述，而且不能实时计算出相应的蓄水量，为防洪调度提供实时数据。

洞庭湖溃垸进水过程的模拟常采用二维水动力学模型，该模型能够提供洪水演进过程的淹没范围、水深分布以及流速大小；根据提供的这些实时参数，能够计算出对应时刻的堤垸的蓄水量，从而确定堤垸溃决对洞庭湖区削减洪峰的防洪作用。常规的数值模型计算结果显示多采用二维图形或图表的形式，缺乏直观性和形象性。而流域三维可视化系统能够真实地表达三维空间，反映洞庭湖区域的地形地貌状况和堤垸的分布情况，同时能够为数学模型计算提供相关的参数，如糙率、流量过程等。堤垸溃决洪水演进过程通过水体自适应建模与绘制方法将其展现于三维虚拟仿真平台中，能够直观地显示洪水在真实世界中的演进过程，易于决策者理解和快速决策。

　　三维虚拟仿真平台提供了与数学模型交互的接口。通过获取数学模型计算结果和蓄滞洪区的边界进行水体的自适应建模，从而实现在三维场景下动态模拟堤垸溃决后的进水过程，并实时显示相应的蓄水体积，为进行洞庭湖区防洪的联合调度提供了科学决策的平台。图7-9和图7-10是不同时刻某一蓄洪堤垸的淹没状况。

图7-9　时刻1蓄洪垸淹没范围　　　　　　　图7-10　时刻2蓄洪垸淹没范围

# 第8章 哈尔滨城区溃堤洪水淹没三维情景仿真平台

## 8.1 引言

我国是一个洪涝灾害频繁的国家，随着经济的发展，洪涝灾害可能会造成日益严重的损失。虽然溃堤洪水发生的概率较低，但是较大城镇的堤防一旦发生溃决，就会对人们的生命和财产造成严重危害。三维情景仿真有直观、科学、准确的优点，可以用于各种灾害预防分析工作(Zhong 等，2013；钟登华，郑家祥，刘东海，2002；钟登华，李超等，2015)，因此，在三维情景中研究城市溃堤洪水演进的全过程交互仿真过程，为防洪决策部门提供洪水波的到达时间、淹没范围、淹没水深等有价值的信息，可以为防洪预警和应急指挥提供依据，对防洪减灾决策具有重要意义(李景茹等，2006；王晓航等，2011；魏一行，2015)。

近年来，有关基于三维场景的溃堤洪水演进分析研究已经取得了一定进展。Fernandez 等(2010)针对阿根廷图库曼市遭受的溃堤洪水灾害，研发了一个基于 GIS 的应用多准则决策分析的城市洪水风险划分方法，并采用不确定性以及敏感性分析对其评价。Qi(2011)在基于 ArcGIS 和真实二维洪水仿真的框架下开发了一种全新的综合溃堤洪水管理决策支持系统。杨军等(2011)根据不同的洪流产生条件，模拟给定洪水水位和给定洪水水量两种洪水淹没方式，将洪水淹没范围用三维虚拟环境方式模拟出来。冶运涛等(2009a)在一维水动力学模型的基础上，在三维场景中实现了手动和自动漫游、实时信息查询以及淹没过程分析功能，模拟了流域洪水的三维演进过程。张尚弘和李丹勋等(2011)以哈尔滨市主城区为例，应用二维浅水方程对溃坝水流进行数值模拟，重点研究了城市防洪中溃堤洪水的淹没过程仿真，实现了三维虚拟环境中洪水演进过程的平滑模拟仿真。常静(2010)采用有限体积法对二维浅水方程进行离散，对洪水演进数值模拟结果进行了三维可视化研究，构建了基于 WebGIS 的洪水淹没三维可视化系统。

三维可视化平台具有强大的数据储存、分析以及可视化的功能，而水动力模型可以很方便地提供水力要素值的空间分布，因此把水动力模型和三维可视化平台结合起来的想法是非常自然的。基于此，本章利用三维虚拟仿真技术构建了哈尔滨城区的真实场景，同时将数学模型嵌入三维虚拟平台下，构建了哈尔滨城区溃堤水流运动的三维可视化系统。系统的建成将可以在三维虚拟仿真平台下直观地显示溃堤水流的淹没范围、流场分布等，把城市的空间位置信息和计算结果较好地结合在一起；有助于防洪决策者及时确定抢险救援的最佳路径，将洪灾损失降到最低限度；同时，由于该系统空间数据库存储了哈尔滨市的大量数据，因此可以很方便地为该市的水利规划设计提供必要的基础信息。

## 8.2　溃堤洪水淹没预警系统设计

### 8.2.1　系统目标分析

城市溃堤洪水淹没情景仿真系统的研发目标，是通过建立溃堤洪水淹没数学计算模型，通过情景仿真的方式，完成城市溃堤洪水演进仿真分析，实现洪水数据的交互式查询和显示，为城市防洪部门提供技术支持。

该系统具体实现目标如下：

（1）城市虚拟交互场景

该系统可以实现用户与城市环境的交互，实现自由的城市场景进行漫游，可对感兴趣的位置或工程建筑进行针对性地查看。实现对城市场景深度的仿真，为用户提供具有高度沉浸感的可视化管理平台。

（2）溃堤洪水演进数值模拟

在系统内部能够进行完整的溃堤洪水演进数值模拟计算，建立不同的计算请求对不同工况的溃堤情景进行模拟，包括数据录入、参数设定、计算结果的保存等。

（3）溃堤洪水演进情景仿真

实现溃堤洪水的动态演进可视化，在系统中将洪水演进的数值计算结果与可视化仿真进行无缝结合，得到不同时刻洪水演进的仿真场景，使洪水演进的效果具备准确性和实时性。

（4）溃堤洪水淹没区交互查询

基于数值模拟的计算结果，对洪水淹没区域进行交互查询，如任意一点的水深、流速，任意一时刻的水深分布、最大水深流速、淹没面积、淹没区入侵量等。

### 8.2.2　系统设计原则

溃堤洪水演进情景仿真分析系统需要遵守一些系统开发中普遍的原则，抓住系统开发的重点，从而设计出稳定可靠、易于使用的系统。该系统开发的设计原则主要有（李超，2013）：

（1）稳定性

由于溃堤洪水演进计算存在海量数据，为确保数据与信息的持续稳定，需要通过一个具有良好鲁棒性的体系结构来保证系统能够在各个软硬件平台上运行。特别是计算模拟存在多次迭代过程，这就需要该系统存在足够的稳定性。

（2）可用性

溃堤洪水演进情景仿真系统在开发过程中应尽可能多地考虑使用体验，考虑系统用户的多样化，包括工程管理人员、防洪减灾分析人员、普通民众等角色，系统操作流程应易被用户所接受，方便用户使用。

（3）模块化

该系统由若干个相对独立的模块组成，包括溃堤洪水淹没计算模块、计算结果查询模块、三维场景交互模块、洪水淹没情景仿真模块等，不同的模块之间相互传递数据参数，每个模块可以进行独立的开发、测试，最后基于系统总体框架整合为一体。

（4）实用性

系统应该具有相应的功能，能解决实际问题，满足实际需要。溃堤洪水淹没情景仿真系统即满足信息查询及溃堤洪水淹没模拟的交互查询功能，为城市防洪提供决策支持。

## 8.2.3 系统总体架构

哈尔滨城区溃堤水流三维可视化系统需要具备直观的三维场景显示、相关实体的信息查询、数学模型实时计算以及计算流场和淹没范围的实时显示等多方面功能。为此构建的系统核心内容主要包括数据库模块、数学模型计算模块和三维可视化模块三个模块，其组成及相互关系如图8-1所示。

一套系统使用起来是否简便、灵活，很大程度上取决于系统的组织设计。溃堤水流三维可视化系统的设计采用了层次化的系统结构，分为三层，即用户界面层、系统应用层和数据库支撑层。其中三维可视化平台是该系统的主体，用户主要通过该平台界面与系统进行交互。数据库则是支撑整个系统正常运行的基础。数据库数据由空间数据和属性数据组成，空间数据主要是由一些城区高程数据、路网资料以及航拍的影像资料等基础数据通过数字化和三维建模的方法进行整理存储在数据库中，该数据是三维可视化平台提供动态显示和空间分析的基础数据。属性数据则主要包括堤防、楼房、街道、社区的一些相关信息以及数学模型计算的边界条件、计算结果和城区的社会、经济、人口分布状况等，为系统的信息查询、结果显示和计算模块的驱动提供原始数据。

在整个系统中，溃堤水流数学模型从数据库（或实时获得的数据）获取最新的地形及水位流量资料，在计算的同时输出中间结果，主要包括城区淹没的水位分布和流场分布等数据，然后由三维可视化平台进行显示。防洪决策人员可以根据平台显示的结

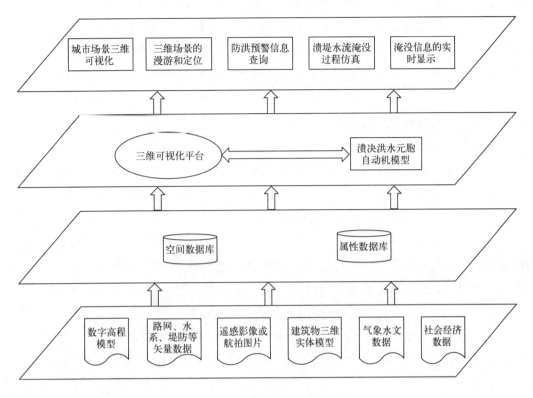

图 8-1　主要模块组成及相互关系

果，作出最优的防洪抢险决策。

该系统构架灵活，具有很强的开放性，在其基础上可以方便地嵌入其他模块，如哈尔滨市上游的水文预报模块、气象、雨情模块以及现代化通信会商模块等。

## 8.3　溃堤洪水淹没预警三维场景建模

### 8.3.1　三维场景建模数据的获取

#### 8.3.1.1　场景模型的数据源

为了使构建出的城区三维场景模型真实可信，首先需要得到与真实场景匹配的场景模型的数据源。数据源的内容、格式、精度直接决定了构建出来的模型的真实度，本章的数据源主要包括卫星遥感数据、摄影测量和建筑物的设计图纸。

（1）卫星遥感数据

卫星遥感技术是指通过卫星获取对地面信息数据，并由遥感技术平台上的遥感仪器对数据进行接收、处理和分析的技术。主要的遥感仪器包括光学摄影机、多光谱扫描仪、成像仪、光谱仪等，近年来，随着相关研究的进展，遥感仪器正向多光谱、高分辨率的方向发展。通过光学和图像数字处理将遥感仪器收集到的信息校正、变换，结合地理信息系统和专家系统制成的全色相片和红外彩色图像能够以较高精度反映城区的建筑物、街道、园林景观。通过卫星遥感技术的相关数据能够获得研究场景的大部分数据，对研究场景的构建起关键作用。

（2）摄影测量

摄影测量是测绘学的分支学科，是指通过摄影技术对被摄物体进行集合定位和影像解译，从而确定其空间位置和大小、形状尺寸。通过摄影测量得到的数据具有成图快、效率高、精度好的特点，且无需接触物体本身，受气候、地理条件限制小，信息丰富、形象直观。在解析绘图仪和数字工作站等影响解析工具的配合下能够将通过摄影测量得到的数据转化为结构信息，从而进一步几何拓扑到 Auto CAD 中进行研究。通过摄影测量得到的数据是对卫星遥感数据的有效补充，能够更加详细地反映场景中模型的分布及尺寸大小情况，对研究场景的构建起重要作用。

（3）建筑物的设计图纸

建筑物设计图纸包括最初设计时的平面图、立面图、节点大样图、铺设图等，是场景中建筑物模型最详尽、精细的资料。对设计图纸数据的使用能够使构建的场景模型更加真实可信。同时这种方法因为工作量巨大，仅适合构建少量重要标志性建筑物。因此通过建筑物设计图纸获得资料主要用于构建场景模型中重要的标志性建筑物，使人们能够较快联想到场景模型反映的真实位置，对研究场景的构建起点睛的作用。

## 8.3.1.2 场景模型纹理数据的获取

场景模型的纹理是指在建筑物、机动车等模型表面上凹凸不平的沟纹以及花纹等彩色图案。沟纹能够在视觉上给人以使模型表面不平整感，花纹则相对而言可使物体表面产生多种色彩，因此通过沟纹和花纹的纹理数据能够使得构建出的场景模型逼真可信。随着计算机图形学的发展，通过纹理映射技术得到的纹理贴图能够将纹理按照特定的方式映射到物体表面上，从而实现逼真展现场景模型的目的，本章对场景模型纹理数据获取的方法主要包括如下几点。

（1）卫星遥感相片

通过这一方法获得的纹理数据主要为地面影像和场景模型的顶面纹理，缺少模型的侧面纹理，加上距离远范围大，所以这种方式获得的纹理数据具有覆盖面广但变形较大、真实感较差的特点。

（2）地面摄影相片

地面摄影相片提供的纹理数据能够全方位展现场景模型的纹理，所建模型真实感强，但同时也具有获取速度慢、设计数据量大、后续处理工作复杂等缺点。

（3）由计算机简单生成

该方法是指由计算机参考类似模型自动生成纹理数据，具有数据量少、速度快的特点，适合场景中次要模型的纹理生成。

## 8.3.2    三维虚拟环境的建模

### 8.3.2.1    三维建模过程

城市防洪中建筑设施众多，直观的定位观测防洪设施对防洪调度至关重要；同样防洪建筑物的规划设计也需要预先在三维场景下进行模拟比较，以满足城市景观、总体规划布局等各方面的要求。因此，首先需要对现实环境进行地形建模和地物建模。地形包括哈尔滨城区和主江道，地物包括沿江主要建筑和防洪大堤、建筑物等建模，建模合适与否将直接影响虚拟场景的可视化效果和系统的运行速度。

三维地形的建模采用 Terra Vista 软件生成。对于沿江主要建筑和防洪大堤、建筑物等，采用实体几何构造法（Constructive Solid Geometry，CSG）建立这些外形规则的建筑物的模型。建模流程是把构造相对比较复杂的物体分解为一些基本体素，再用基础的成型命令将这些基本体素制作出来，最后按照特定的运动运算和几何运算整合基本体素使其构成物体。从而减少了运算量，提高了运行速度。

城市防洪三维场景构建过程如图 8-2 所示。

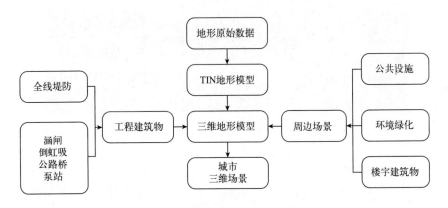

图 8-2    城市防洪三维场景构建过程

#### 8.3.2.2 三维地形地貌建模

三维大范围场景由 Terra Vista 自动生成，主要包括周围场景和城区场景两个部分。周围场景采用 1∶10 000 等高线数据和 Google Earth 图片生成；为了更加真实地表现城区的丰富信息，城区采用 1∶2 000 实测地形图和航拍图片生成，然后与周围场景形成嵌套建模结构。道路、水系和建筑物等文化特征数据则采用经过配准的矢量数据实现精确定位。

地形建模过程如下：①建立数字高程模型 DEM（1∶10 000），经数据格式转换后载入建模软件 Terra Vista 中；②设置地形生成参数，调节用来模拟地形的不规则三角网疏密，并用 LOD 技术构建不同精度的细节层次，根据人眼观察事物时近处清晰、远处模糊的视觉特点，在虚拟场景中在不同层次间切换；然后把主城区的航空摄影数据载入 Terra Vista，匹配到该地区的数字高程模型上作为地形纹理；③生成与真实地物场景一致的地形三维模型，如图 8-3 所示。

图 8-3 哈尔滨市及其周围三维场景

#### 8.3.2.3 三维地物建模

CSG 法是一种自下而上构建物体的方法，建模步骤如下（魏一行等，2016）：①抽取模型形态并形体分解，分析得出三维模型的 CSG 体素；②对 CSG 体素进行空间布尔预算构建模型部件三维模型，将这些 CSG 体素组合后即可形成一定形状的局部模型，如图 8-4 所示；③对局部模型空间布尔运算即可获得整体三维模型，实现三维建模。

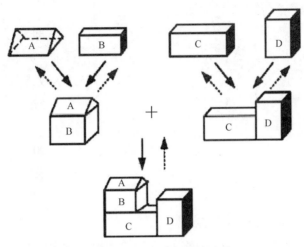

图 8-4　CSG 法分解搭建过程

　　采用 CSG 法对场景中的建筑物进行建模，首先将场景中建筑物等模型的信息转化为 CAD 格式，然后将其导入三维建模软件中，分析得出模型各部件的 CSG 体素并构建相对应的三维模型，最后通过放样、空间布尔运算等方法生成构建模型的局部形体，并将局部形体组合得到最终模型。

　　在构建形体模型基础上，将获取的纹理图像映射到几何模型表面，形成了具有真实感的三维地物模型(图 8-5 至图 8-10)。

图 8-5　哈尔滨市防洪纪念塔三维模型

图 8-6　哈尔滨市水务局三维模型

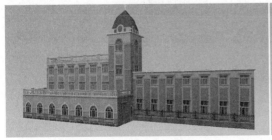

图 8-7　高谊泵站三维模型

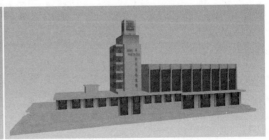

图 8-8　哈尔滨港三维模型

图 8-9 哈尔滨水文站

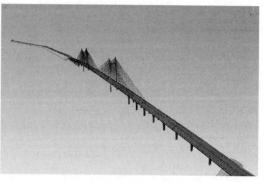

图 8-10 过江桥梁

#### 8.3.2.4 地形模型与地物模型集成

城区标志性建筑物等采用 Creator 软件以建筑结构图和实体照片为基础进行建模，建成后根据坐标定位到地形模型的相应位置，生成的哈尔滨城区地形地物集成的嵌套模型，如图 8-11 所示。

图 8-11 哈尔滨城区嵌套建模

哈尔滨防洪体系范围很大，各种建筑物众多，要实现大范围场景的逼真显示和实时互动效果，存在模拟的逼真性与计算机硬件的渲染能力之间的矛盾。庞大的数据量对硬件提出了很高的要求，如对所有实体都逼真显示，将占用大量系统资源而无法实现实时互动的效果，解决的方法归结于模型的多重细节技术。在虚拟现实大范围的场景内，三维模型的数量很多，但大部分离视点很远，实际观察到的细节比较粗，可以用粗略模型代替，以减少总的计算量和资源占用量。在小范围的场景内，三维模型的数量相对较少，虽要求单体精细显示，但总的计算量不多，这样就协调了视点在不同范围内模型计算量的平衡。多重细节的构造包括单独的三维模型的多重细节、连续地形的多重细节及高精度影像贴图的多重细节。哈尔滨地形建模中采用连续地形的多重细节技术和影像的多重细节技术，地物建模中则采用单独模型的多重细节方法。

# 8.4　溃堤洪水淹没预警数据库设计

空间数据采用 OpenFlight 格式的二维空间数据模型存在模型文件中，该数据模型将实体按照其几何结构进行存储。从基础的三角形面组合为局部结构，最后构造为完整形体，通过节点的三维坐标和形体拓扑关系存储模型的几何信息。与单个实体的空间信息描述和存储相似，在整个大场景地形地物空间信息的组织存储方面，OpenFlight 通过应用 Extern 外部节点，进行各个单一实体空间位置信息的存储和管理，并通过单个实体标识 ID 对实体加以区分，保证了空间数据库记录的唯一性，也为实体属性数据的关联提供了前提。

属性数据是指描述三维实体各种属性信息的数据，其中既包括实体名称、实体说明等文本数据，也包括相关的图片、音像等多媒体数据。在数学模型计算方面，一方面需要存储计算所需的基础数据，如地形、糙率、网格离散数据以及相关的水文信息等；另一方面则需要存储计算结果。上述这些数据既有静态数据，也有动态数据，数据库表格设计应按系统的特点分类考虑，才能减少数据的冗余。对本章需要建立的哈尔滨可视化系统而言，很多操作多基于实体，且许多实体属性数据均属于静态数据，因此设计时就以三维实体为中心，将其相关的静态属性存储在一个表中。对于模型的计算结果，如水位、流速等信息则需要另建表格加以存储，并通过时间等字段保证记录数据的唯一性。

无论是空间数据还是属性数据，最终都要集成于三维可视化平台中。实体信息是由 OpenFlight 格式的模型文件存储，可通过三维可视化平台调用而绘制出实体的三维形态；属性信息存储于 Oracle 数据库中，可通过 SQL 语句进行查询、更新等操作。要实现基于三维场景的信息查询，需要通过程序设计和数据库间的关联来实现。每个实体都有唯一 ID 标识，为了实现数据库间信息的关联，属性数据库中也应当同样以实体的标识 ID 为关键字段。在进行信息查询时，通过对空间数据的搜索判断，确定该位置所对应实体的 ID 后，即可用该 ID 为关键字，应用 SQL 查询语句搜索属性数据库，从而得到相应的实体属性信息。

# 8.5　溃堤洪水数学模型与集成模式

## 8.5.1　溃堤洪水数学模型原理

溃堤洪水淹没数学模型采用元胞自动机来模拟。元胞自动机是定义在一个由具有离散、有限状态的元胞组成的元胞空间上，按照一定局部规则，在离散的时间维上演化的动力学系统(周成虎等，2001)。它由元胞、邻域、元胞空间及规则四部分组成，简单来讲，元胞自动机可以视为由一个元胞空间和定义于该空间的变换函数所组成(李宗花等，2007)。

### 8.5.1.1 元胞空间和邻域

溃堤洪水演进模型(Li 等，2012；2013)采用二维空间分布的元胞自动机，在离散空间和离散时间的框架下对溃项洪水流动的时空过程进行模拟。模型将实际研究区按照一定分辨率划分成离散格网，格网单元为正方形元胞单元，以固定的时间单元间隔 $\Delta t$ 不断演化。其中某一个格网的单宽流量变化率是由水平或竖直方向上的两个格网的高程值决定，即 $T+2\Delta t$ 时刻的单宽流量由 $T$ 时刻的单宽流量以及 $T+\Delta t$ 时刻的高程值决定；而某一格网的高程变化率是由其周围四个格网的单宽流量决定，即 $T+3\Delta t$ 时刻的高程值由 $T+\Delta t$ 时刻的高程值以及 $T+2\Delta t$ 时刻单宽流量决定。如图 8-12 所示，$h$ 为高程，$M$ 为 $X$ 方向上的单宽流量，$N$ 表示 $Y$ 方向上的单宽流量。模型将四个相邻的格网作为一个元胞空间，用 $C$ 表示，时间单元为 $2\Delta t$。

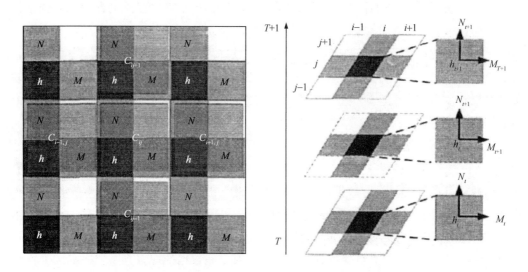

图 8-12　溃坝洪水元胞自动机模型元胞空间和领域

### 8.5.1.2 元胞状态定义

根据洪水演进的计算方法和已有的观测数据，元胞的演化由源头(即溃口)的流速及水位变化决定。因此在相邻元胞的洪水传播计算时需要考虑：元胞所在地形高度(DEM)、糙率、水深、$X$ 方向的单宽流量、$Y$ 方向的单宽流量共五种变量属性。因此对一个确定的元胞空间共设置五种元胞状态属性，分别表示为 $\{s_1, s_2, s_3, s_4, s_5\}$(尹灵芝等，2015）。

### 8.5.1.3　转换规则

溃堤洪水计算采用离散的圣维南方程组，整个计算过程如下所示。

（1）初始状态的溃口元胞的水面高度、洪水流量参考历年的源头数据。除溃口外的其余元胞均设为无水（陆地）地区，同时元胞水深值、$X$ 和 $Y$ 方向单宽流量均设为 0。

（2）先由 $t$ 时刻的元胞水深计算 $t+1$ 时刻的元胞单宽流量，计算方法如下：

$$\begin{cases} M_{i,j}^{t+1} = M_{i,j}^{t} - g\dfrac{\Delta t(h_{i+1,j}^{t} + h_{i,j}^{t})(z_{i+1,j}^{t} - z_{i,j}^{t})}{\Delta x} - gn_{i,j}^{2}\dfrac{\overline{u}_{i,j}\Delta t\sqrt{(u_{i,j}^{t})^{2} + (v_{i,j}^{t})^{2}}}{[(h_{i+1,j}^{t} + h_{i,j}^{t})/2]^{1/3}} \\ N_{i,j}^{t+1} = N_{i,j}^{t} - g\dfrac{\Delta t(h_{i,j+1}^{t} + h_{i,j}^{t})(z_{i,j+1}^{t} - z_{i,j}^{t})}{\Delta x} - gn_{i,j}^{2}\dfrac{\overline{v}_{i,j}\Delta t\sqrt{(u_{i,j}^{t})^{2} + (v_{i,j}^{t})^{2}}}{[(h_{i,j+1}^{t} + h_{i,j}^{t})/2]^{1/3}} \end{cases}$$

$$(8-1)$$

（3）再由 $t$ 时刻的元胞单宽流量计算 $t+1$ 时刻的元胞水深，计算方法如下：

$$h_{i,j}^{t+1} = h_{i,j}^{t} - \frac{\Delta t(M_{i+1,j}^{t+1} - M_{i,j}^{t+1})}{\Delta x} - \frac{\Delta t(N_{i+1,j}^{t+1} - N_{i,j}^{t+1})}{\Delta x} \qquad (8-2)$$

式中，$M_{i,j}^{t}$ 为 $t$ 时刻元胞 $(i, j)$ 在 $X$ 方向上的单宽流量，$\text{m}^2/\text{s}$；$N_{i,j}^{t}$ 为 $t$ 时刻元胞 $(i, j)$ 在 $Y$ 方向上的单宽流量，$\text{m}^2/\text{s}$；$h_{i,j}^{t}$ 为 $t$ 时刻元胞 $(i, j)$ 的水深，m；$z_{i,j}^{t}$ 为 $t$ 时刻元胞 $(i, j)$ 的水面高程，m；$u_{i,j}^{t}$ 为 $t$ 时刻元胞 $(i, j)$ 在 $X$ 方向上的流速，m/s；$v_{i,j}^{t}$ 为 $t$ 时刻元胞 $(i, j)$ 在 $Y$ 方向上的流速，m/s；$n_{i,j}$ 为元胞 $(i, j)$ 的糙率，$\text{m}^{-1/3}\text{s}$；$\Delta t$ 为迭代的单位时间；$g$ 为重力加速度；$\Delta x$ 为 $X$ 方向上的元胞尺度大小，m；$\Delta y$ 为 $Y$ 方向上的元胞尺度大小。

### 8.5.1.4　约束条件

根据元胞自动机的转换规则无法推理得到整体的演进效果，在洪水演进过程中，需要考虑能量守恒，对不符合现实的情况约束和控制。主要有三点：①元胞的总体水量不能大于河道的来水量；②元胞单宽流量的增加不能超过其本身所能提供的流量；③周围有水邻居元胞的数量大于 7 时，改变自身为有水状态，周围有水邻居元胞数量小于 2 时，改变自身为无水状态。

### 8.5.1.5　溃堤进水模型

本章中溃堤进水流量计算是在不考虑人为抢险因素干扰下的溃堤模拟过程。溃堤形式为逐渐溃决，口门断面为梯形。堤防溃决过程复杂，一般经历的阶段为（张行南等，2008）：①溃口形成阶段，是从出现溃口开始，溃口口门不断扩大，直至溃口稳定为止；②溃口稳定阶段，溃口的发展停止，淹没区上涨的水位开始影响溃堤水流，但仍有水流入淹没区，随着水量下泄，外部水位降低，待水量和落差达到某个临界值，溃决过程结束。溃堤流量的计算公式很多，但其类型都属于堰流公式。本章采用 Fread 提出的宽顶堰流公式来计算堤防决口口门过流量（李发文，2005）。溃堤流量计算公式为

$$\begin{cases} Q_b = c_v k_s \left[ 3.1 b_i (h - h_b)^{1.5} + 2.45 z (h - h_b)^{2.5} \right] \\ b_i = b \times \dfrac{t}{\tau} \\ h_b = h_d - (h - h_{bm}) \times \dfrac{t}{\tau} \end{cases} \tag{8-3}$$

式中：$c_v$ 为流量修正系数；$k_s$ 为淹没系数；$b_i$ 为瞬间溃口宽；$h$ 为上游水面高程；$h_b$ 为溃堤口门底高程；$h_d$ 为溃堤历时 $\tau$ 的函数，$\tau$ 的取值一般在几分钟至几小时间；$z$ 为溃口边坡系数，一般取值为 0~2。

具体的参数计算公式为

$$c_v = 1.0 + 0.023 \frac{Q_b^2}{\left[ B_d^2 (h - h_{bm})(h - h_b) \right]} \tag{8-4}$$

式中：$B_d$ 为坝址处坝宽，由于采用地理单元和计算单元描述地形特征，因此沿线堤防也相应地被分割到各个地理单元中，$B_d$ 的取值为溃口所在地理单元内的堤防宽度；$h_{bm}$ 为最终溃口底高程。

$$k_s = 1.0 - 27.8 \left( \frac{h_t - h_b}{h - h_b} - 0.67 \right), \quad \frac{h_t - h_b}{h - h_b} > 0.67 \tag{8-5}$$

否则 $k_s = 1$，该式由 Vennard（1982）提出。$h_t$ 为淹没区的水位。

## 8.5.2 数学模型与仿真平台集成

本章的实时交互可视化整个系统包含数据模块、数值计算模块、控制模块和图形显示模块四个模块。各个模块的集成融合，需要根据模块间的相互关系综合分析数据流程和具体的集成方法。图 8-13 给出了系统四个模块之间的相互关系。

（1）数据模块

主要包含两部分数据。一部分是计算数据，它为计算模块提供地形数据和计算的边界条件。另一部分为物体绘制时的数据，包括地形或者水面的形状数据和模型纹理贴图时的图片数据。其中显示所需的数据频率往往快于二维水流计算得到的数据频率。为了使程序显示具有良好的连贯性视觉效果，所显示的数据用实时内插计算数据的方法，来完成大量的模拟计算与三维显示同时并存下的实时显示功能。

（2）控制模块

包括计算线程控制、边界条件控制以及场景和视角控制。计算线程控制可以实现

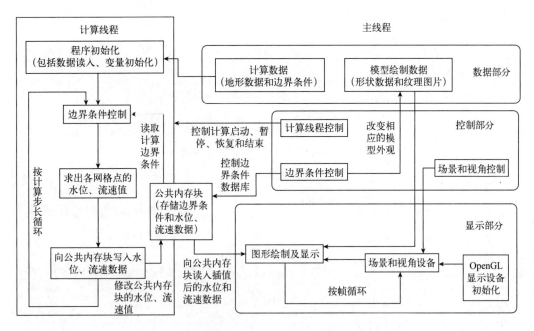

图 8-13 数学模型计算与仿真平台的实时交互流程

计算线程的启动、暂停、恢复和结束的功能；边界条件控制可以对公共内存块的边界条件进行修改，同时修改因为边界条件改变而引起的模型外观的改变；场景和视角控制可以对模型进行旋转、缩放和平移等动作，让观察者从不同角度和位置观察模型和数据的显示。

（3）数值计算模块

为溃决洪水元胞自动机模型，由 Visual FORTRAN 编译器编译成动态链接库，其计算过程在计算线程中进行。

（4）图形显示模块

负责模型和数据显示，它采用 OpenGL 图形库，实现三维动画显示。

## 8.6 溃堤洪水淹没情景仿真系统开发

三维数字仿真平台需要在计算机屏幕上逼真地显示实际的三维场景和地形地物，进行交互式的控制操作，将各种信息综合直观地加以表现。这种实时交互的三维仿真区别于一般的动画播放，对计算机软硬件都提出了很高的要求。哈尔滨数字仿真平台硬件采用图形工作站，软件平台用 Visual C++在商业三维开发包 OpenGVS 基础上开发完成。

## 8.6.1　城市场景三维可视化

三维可视化平台的设计分为程序初始化、图形的显示和程序的退出三个部分。初始化是对场景三维可视化所涉及的各种实体进行初始化赋值并载入的过程，如定义投影视图体大小，载入哈尔滨市区及周围的地形地物模型，添加光照和雾化效果，初始化视点位置等。实时系统的图形处理是按帧循环的，每帧中首先根据交互操作的要求进行实体状态更新，如改变摄像机的位置视角、各种地物的运动状态、光照雾化效果参数等，然后按照更新后的实体状态绘制输出。其中对实体更新变化过程的控制正是实现三维仿真模拟的接口，如场景的漫游就是通过更新摄像机位置和视角来实现的，溃堤水流的显示则通过对数学模型计算结果的调用而完成。本章开发的仿真平台界面如图8-14所示。图8-15是沿松花江河道三维场景效果图；图8-16是哈尔滨城区三维场景效果图。

图8-14　仿真平台界面

图8-15　沿松花江河道三维场景效果

图8-16　哈尔滨城区三维场景效果

## 8.6.2　三维场景的漫游与定位

三维仿真系统中场景漫游功能是通过设置摄像机位置和姿态参数实现的。将摄像机的6个自由度存入属性数据库中，通过数据库的存储、查询、删除操作，实现视点的添加、定位、删除等操作。图8-17就是视点定位到城市中渠道的场景。存储时首先获得当前摄像机的6个自由度参数，按照一定名称存入数据库；定位时将该视点的自由度参数从数据库读出，赋予当前摄像机即可。

同样，场景漫游功能的实现也是通过设置摄像机参数完成。本平台提供了飞行漫游、旋转浏览和平移浏览三种不同的漫游方式。飞行漫游状态下通过鼠标和键盘操作控制视点与视角的大小，可以自动调节视角和漫游速度，也可以自由定义和调整漫游速度与视角，实现特定视角下的场景画面。旋转浏览状态下通过按下左键时鼠标的移动视线视角的调整，按下右键时鼠标的移动实现视点的拉近和远离。平移浏览则通过按下左键时鼠标的移动完成视点的水平移动。通过上述三种方式的操作，就可以方便地实现不同场合、不同用途的城市场景漫游。

系统开发了设定路径自动漫游的功能，首先设置路径漫游的关键帧，并设定了每两个关键帧的漫游时间。在漫游过程中，根据前后两个关键帧的摄像机参数实时插值计算出当前时刻的摄像机参数，并将该参数赋予摄像机，实现整个路径的漫游。插值的方式有线性插值、二次曲线插值等，可根据需要进行选择。同时系统开发了编辑漫游路线的功能，可以对已有线路进行修改。图8-18为沿着特定路径的场景漫游。

图8-17　视点定位于三维渠道

图8-18　路径自动漫游

### 8.6.3　防洪预警信息交互查询

信息的查询是系统的基本功能。它通过鼠标点击或者对话框选取的方式，将空间数据库与属性数据库连接起来查询实体建筑物的说明数据或者图片，还能够通过SQL语句直接查询城市的人文概况、经济信息以及与防洪相关的水情、工情、雨情等信息。图8-19为鼠标点击查询道里堤防信息查询示意图。

### 8.6.4　溃堤水流淹没过程仿真

溃堤水流模型作为系统的核心模块，能够为制定防洪调度方案提供科学的决策支持。当松花江流域出现超常洪水时，根据水文模型计算可以预报出可能溃堤位置的洪

图 8-19  道里堤防信息查询示意

水水位, 以此作为边界条件, 并结合城区下垫面条件, 利用溃决洪水元胞自动机模型模拟溃堤水流在城区的演进过程, 并提供水深分布和流速分布信息以及能够计算洪水达到时间。

如果模型计算结果用传统的图、线、表表达, 就不利于防洪决策。因此, 通过水体自适应建模方法(冶运涛, 2009)将数学模型计算结果展现于城区三维场景之中, 这不但能够多角度、多方位直观地观察洪水的淹没过程及区域淹没情况, 而且便于决策者快速制定最佳撤离路线, 从而可以降低由溃堤洪水所带来的灾害损失。图 8-20 和图 8-21 为溃堤 200 min 后城区淹没范围示意图, 图中蓝色部分为洪水淹没区。

图 8-20  城区淹没情况(整体)

图 8-21　城区淹没情况（局部）

## 8.6.5　淹没信息的实时显示

洪水淹没指标主要包括淹没面积和体积的计算、淹没水深等。洪水的淹没面积和体积以及最大最小水深随着时间的推移直接在屏幕上动态显示；水深的时空分布通过颜色映射的方式展现于三维虚拟环境中，如图 8-22 所示。

图 8-22　防洪信息的实时显示

# 第9章 玛纳斯河流域干旱模拟评估三维虚拟仿真平台

## 9.1 引言

随着信息技术的迅猛发展，以数字化、网络化、智能化为总特征的信息科学技术成为推动社会可持续发展的强大动力，在水利领域的突出表现为"数字流域"研究和开发成为现代水利的重要内容和主要标志，它是水利信息化发展的必然趋势，是实现流域管理与决策支持信息化的重要途径（刘家宏等，2006）。在数字流域研究中，三维仿真技术是数字流域建设的核心技术之一，可以将流域相关的数据和信息通过空间地理坐标进行高度综合集成，以其逼真模型的建立、场景的真实模拟成为人们观察流域的新方式和提升流域管理效能的必要手段（姚国章等，2010；苑希民等，2009；张尚弘等，2006）。因此，将三维仿真技术引入到抗旱管理工作中，提升抗旱管理的决策支持水平具有重要的实用价值。

国外比较有代表性的是美国干旱预警系统，建立了"国家集成干旱信息系统"，干旱监控图通过干旱门户网站（http：//www. drought. gov）发布，该图主要提供全美各地总体干旱程度及具体分布，还可以查询区域详细的干旱信息，系统主要是通过二维 GIS 地图进行信息汇总和发布（Terrain Experts Inc.，2001）。国内具有代表性的是水利部层面初步建设完成的全国七大流域电子沙盘（苑希民等，2009）以及宁夏回族自治区、山东省、北京市、河北省等防汛部门相继建设完成省、市级电子沙盘（苑希民等，2009），这些电子沙盘将防汛抗旱基础信息与虚拟环境相结合，实现了对多种信息的综合管理，但是由于研究范围和尺度不同，上述电子沙盘在应用到其他区域时，需要进行扩展性定制，而且电子沙盘仍以指挥防汛实际行动为主，能够仿真模拟洪水淹没过程，但是在结合气候模式、分布式水文模型及评估模型的干旱演化过程的仿真方面尚待加强。

为了应对波及范围广、影响因素多、危害程度深的干旱极值水文事件，采用立体监测手段、模拟计算技术和诊断评估模型等进行研究，会产生多维多时空尺度的海量数据，对这些数据进行有效管理、快速分析与可视展现成为摆在决策者面前的难题。本章以新疆维吾尔自治区玛纳斯河流域为例，以驱动干旱演化的水循环模型和三维仿真技术为基础，首先提出了融合三维仿真技术与干旱演化评估模型的流域干旱演化模

· 162 ·

拟与评估数字仿真系统总体框架；接着研发了将立体监测数据、模拟计算数据与诊断评估数据统一集成的数字仿真系统；最后重点研究了系统功能及其实现方法。

## 9.2　干旱演化仿真系统总体框架

### 9.2.1　系统服务目标

通过将三维仿真技术、干旱演化模拟与干旱状态评价方法相结合，将抗旱所需的多源信息以多模式多角度方式展现在三维场景中，动态仿真干旱状态的变化过程，及时将监测预警信息可视化，辅助决策者及时发现干旱状态，迅速制定应急方案，为采用工程和非工程措施综合运用提供技术管理手段和决策支持工具，从而将干旱所造成的损失降低到最小。

### 9.2.2　系统功能需求

结合抗旱的业务特点，提出数字仿真系统的功能需求：①基于数字高程模型（Digital Elevation Model，DEM）、遥感影像和矢量数据，能够生成研究区域的三维地形地貌场景；能够自动加载重点关注的水利工程建筑物，并自适应与大范围地形完成无缝拼接，也能进行精确的定位；能够将属性数据（非空间数据）与生成的大范围流域场景进行动态链接；②能够对海量地形地物组成的流域虚拟环境进行实时交互驱动，以多种漫游方式对虚拟环境进行浏览；在场景漫游中，能够实现对抗旱信息进行快速检索和实时显示，并能迅速定位到关注的干旱区域，能以声音仿真和可视化仿真综合手段指挥抗旱工作；③能够通过 EXE 和动态链接库的方式将气候模式、分布式水文模型、干旱评估模型封装成流域干旱演化模型和评估模型模块，集成到数字仿真平台中，利用系统界面对模型进行交互，同时提供高性能计算平台支撑，将上述模型计算结果能够存储到综合数据库中，能够对这些数据进行挖掘分析及可视化展现。

### 9.2.3　系统框架

流域干旱演化模拟与评估数字仿真系统承担着汇集多源数据、操控多种模型、挖掘分析各种规则数据的任务，并将这些数据以直观方式提交给决策者，实现数据与信息的高度集成、可视化表达与综合分析，从而能够全面把握干旱的演变规律与变化趋势，及时提出调控措施。系统总体框架主要由数据层、模型层、系统层与功能层组成"四层架构"，如图 9-1 所示。数据层向模型层和系统层提供数据支持；模型层将计算结果双向传递，一是传送到数据层进行存储，二是将数据传送到系统层进行集成显示；功能层是系统层的专业应用，是平台层具体化方式的体现。

数据层是将固定监测、移动监测和人工检测到的与抗旱相关的静态数据、实时数

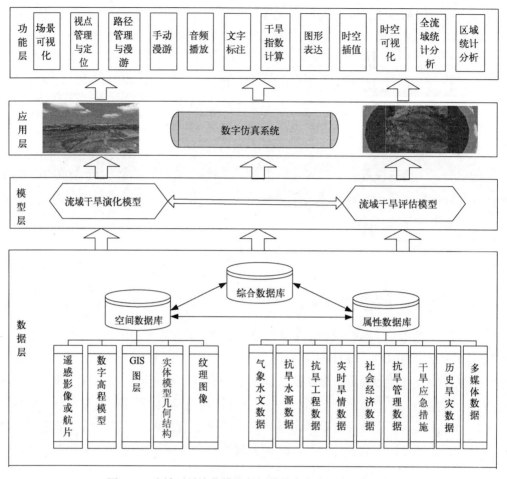

图 9-1 流域干旱演化模拟与评估数字仿真系统总体框架

据和历史数据以空间数据库和属性数据库进行存储；空间数据库存储遥感影像、航拍图片、GIS 图层、实体模型几何结构和纹理图像（图片）等；属性数据库存储实体属性信息、气象水文数据、抗旱水源数据、抗旱工程数据、实时旱情数据、社会经济数据、抗旱管理数据、干旱应急措施、历史旱灾数据、图形数据等。模型层是数字仿真系统的核心引擎，它以数据库存储的干旱演化参数为基础，建立描述全球变化和人类剧烈活动导致的水循环演变的"自然-人工"二元水循环模型，复演流域干旱的历史规律、研究流域干旱现状、预测流域干旱的演变趋势；建立流域干旱演化的评价指标体系，制定干旱评估准则，计算不同指标体系下的干旱指数，构建流域干旱综合评估模型，实现对流域干旱的时空分布状况进行定量分析。系统层作为前台的显示和交互界面，是整个系统面向用户的窗口，通过该窗口将数据库、模型计算结果等方面的信息转换为三维场景的表达方式，最终在数字仿真平台中实时动态显示融合集成的抗旱信息。功能层是整个系统的应用，是面向干旱管理决策者开发的封装好的功能模块，是用户与后台数据库交互的"纽带"，用户可以通过这些组件在三维虚拟场景中以直观的方式展现监测和挖掘分析数据，快速全面地把握抗旱信息。

# 9.3 干旱演化仿真数据库建立

数字仿真平台包含三维实体模型、三维实体属性、数学模型计算、社会经济以及实时传输等数据，通过地理空间坐标将这些数据在数字仿真平台上实现多源数据无缝集成与综合信息的直观表达。通过对数据和信息特性分析，将仿真系统综合数据库划分为空间数据库和属性数据库两大类，两者的相互动态关联通过建立各类数据间的逻辑和拓扑关系来实现。

## 9.3.1 空间数据库

流域三维场景建模生成主要由三维建模软件 Terra Vista 和 Multigen Creator 完成，前者负责生成三维地形，后者生成地物模型。Terra Vista 软件以工程项目的方式对地理数据管理，把统一的地理坐标系作为基准，将数字高程模型、遥感影像或航片、各种矢量数据、实体模型等集成起来自动生成大范围三维场景模型。

### 9.3.1.1 地形建模

玛纳斯河流域数字高程模型分辨率为 90 m 的 GRID 格式，利用 ArcGIS 9.1 软件将 GRID 格式转换为 ASC 格式，导入到新建工程后自动转换为 txl 格式。Google Earth 提供了丰富且精度能够满足三维显示要求的遥感影像数据源，利用影像自动提取辅助工具，设置好完全包围玛纳斯河流域的范围边界与最高分辨率，就能实现遥感影像的分块提取与合成，并保存为 JPEG 格式的图片，同时生成文本文件记录遥感影像范围与地理坐标系参数，经过配准后以 GeoImage Import 方式导入到工程项目中自动转换为 ECW 格式的纹理图片，并在 Geospecific Imagery 中设置纹理图片的参数 Local Bottom、Local Left、Local Right 和 Local Top，与数字高程模型进行空间位置的匹配。矢量数据(或称为"文化特征数据")是用来表现三维场景的细部特征，如研究区域的水系、道路、街区、植被、标志性建筑物、居民区等矢量数据，实际应用中根据需求选择描述相应对象的矢量数据，将其转换为 Terra Vista 能够识别的 GIS 型文件格式(.shp)。矢量数据是以实例化方式对文化特征数据赋值。矢量数据的赋值是利用 Terra Vista 提供的点、线、面矢量建模模板(梁犁丽，2011)，将矢量数据实例化的过程，即将矢量数据表现为实际的三维实体，赋予特定的信息。对应点实体的有房屋、树木、标志牌等；对应线实体的有各种道路、河流、围墙、管线等；对应面实体的有森林、湖泊(双线河)、城镇以及特殊用途的面实体如三角网加密实体等。通过对这些矢量数据按用途赋值，就能构建丰富多彩的地物模型。

对于重点区域要采用高分辨率的地形和纹理，能够精细地表现地形地貌，然而很难处理不同精度地形块的无缝集成，不仅要实现不同 LOD 等级的嵌套，而且还要纹理和几何模型的融合，避免出现裂缝。为有效解决该问题，Terra Vista 提供了网格加密和高分辨率纹理插块技术。对于需要设置高分辨率地形纹理的区域，使用矢量编辑器 Vector Editor 将其勾勒出并设置为面状矢量实体，标识为 HiRes Texture Inset，在其属性 Meters Per Pixel 中设置目标分辨率，最高分辨率取决于纹理文件实有分辨率；对于需要增加网格密度的区域，用矢量编辑器 Vector Editor 将其勾勒出并设置面状矢量实体，将其赋为 High Polygon Budget Inset 模块，根据实际需要，在其属性项 Triangle Budget 中设置满足需求的三角形数目，该区域的三角形在自动生成地形过程中能自适应加密，并能够与周围网格无缝拼接。

### 9.3.1.2 地物建模

Terra Vista 软件平台中提供的三维模型有限，在对重点关注物体浏览时，则需要精细建模，然后导入到软件模型库中。流域实体模型采用精确的几何结构导入到 Creator 软件中进行建模，并将实拍相片处理后作为纹理映射到几何结构上，如此建模既能操纵模型的动态变化，又能从外观反映真实实体图景。通常建模后的模型以外部引用的方式导入地形模型中，使用建模软件 Creator 手工完成各模型的定位及嵌入工作。该方法有以下不足（崔巍等，2009）：一是模型定位工作量大，模型与地形无缝拼接较为复杂，且一旦修改的模型需要重新生成时，已完成的模型定位及嵌入工作需重新进行；二是非智能。Terra Vista 提供了矢量要素模板，不仅能智能定位三维模型，而且与周围地形无缝拼接，提高了建模的精度和效率。建模完成模型嵌入的步骤如下：①利用 Creator 建立三维模型 test model，并且设置 footprint，否则由 Terra Vista 自动生成的 footprint，会使模型产生偏差；②将建好的 OpenFlight 格式的模型以 OpenFlight Converter 方式导入已建的 Terra Vista 工程项目文件，保存在 Model Library 中；③复制一个点状模板作为替换模板，将其代码更改为 test model，作为模板的索引名；④将替换模板 Model Instance 中的 Model 属性中已有模型用 Model Library 中的自建模型代替，将自建模型与 test model 模板关联；⑤在 Point Layout 中设置自建模型的嵌入方式，共有 Integrated、Stitched 和 Layered 三种。通常选择 Integrated 方式无缝集成自建模型与周围地形；在 Set Point Elevations 栏中设置自建模型的高程、设置模型朝向、修改映射纹理等。

### 9.3.1.3 渠系建模

玛纳斯流域下游分布有灌区，贯穿着许多渠道。虽然渠道断面规则，建模较天然河道而言相对简单，但如果手工绘制，建模工作量仍很大。采用 Terra Vista 提供的 Complex River/Stream 生成工具，可以方便地在地形中无缝嵌入渠道，自动化建模程度高。将渠道矢量线标识赋值为 Complex River/Stream，该实体主要包括渠道宽度（wid），水面以上的宽度（Outer wid）、深度（Outer deep），水面以下的宽度（wid）、深度（deep）等属性值，按照渠道指标进行赋值后，即可生成与地形无缝连接的渠道。为配合渠道两侧的路面，建模中将渠道矢量线复制两份，按照渠道和路面宽度之和的一半作为两矢量线的间距，并将渠道两侧的矢量线赋值为道路标识，这样就可以自动生成渠道和两侧的道路，渠道两侧的树木也可以如法炮制。

#### 9.3.1.4　空间数据库生成

Terra Vista 利用了规则网格和不规则网格相结合的混合建模思想，充分利用两者的不同优势来构造基于视点变化的连续多分辨率地形结构，提高实时仿真模拟效率。Terra Vista 使用 Poly Calculator 工具剖分网格，其中需要设置细节层次（LOD，Levels Of Detail）的数量、可视距离、网格的大小和每个网格中的三角网密度，对应各层次地形网格输出相应的网格大小和精度的纹理图片。合理的参数设置能够协调渲染量和显示速度。大范围地形是按照分块方式统一生成，各块内三角网密度和纹理分辨率相同，尽可能地满足系统实时性的要求。按照上述方式对地形参数和矢量数据处理后，按下述步骤生成研究区的虚拟环境：①选定目标区域，设定输出图片的格式与分辨率为 256 像素×256 像素的 BMP 图片来平衡纹理精细程度和渲染计算量；②确定输出模型文件格式为符合图形仿真标准的 OpenFlight 格式；③以分块方式生成流域三维地形地貌，这些方块以规则的行列号命名方式存储在硬盘空间内，并以外部引用节点的方式集成在"master. flt"文件中，生成三维场景。

空间数据采用 OpenFlight 格式的三维空间数据模型存储在模型文件中，该数据模型将实体按照其几何结构进行存储。从基础的点、线、面开始，以三角形面组合为局部结构，最后构造为完整的地形骨架，通过节点的三维坐标和骨架拓扑关系存储模型的几何信息，与纹理、光照、材质等属性相关联。与单个实体的空间信息描述和存储相似，应用 Extern 外部节点组织存储整个大场景地形地物的空间信息，存储和管理各个单一实体空间位置信息，以单个实体标识 ID 区分实体，保证空间数据记录的唯一性，也为实体属性数据的关联提供前提。

### 9.3.2　属性数据库

属性数据是不仅包括描述三维实体各种属性信息的数据，其中既包括实体名称、实体说明等文本数据，还包括相关图片、影像等多媒体数据。在流域干旱演化与评估计算方面，一方面需要存储计算所需的基础数据，如气象水文、社会经济、地形高程、土地利用类型、划分的子流域等；另一方面则需要存储计算结果。上述这些数据既有动态数据，也有静态数据，数据库表格设计应按照系统的特点分类考虑，才能减少数据的冗余。考虑到很多操作是基于实体，且许多实体属性数据均属于静态数据，因此设计时就以三维实体为中心，将其相关的静态属性存储在一个表中。对于模型的计算结果，如水位、流量等信息另建表格存储，并通过时间等字段保证记录数据的唯一性。

除了存储上述三维实体模型和模型计算的属性信息，还存储八类抗旱系统所需的数据，包括气象水文数据、抗旱水源数据、抗旱工程数据、实时旱情数据、社会经济数据、抗旱管理数据、工程应急措施、历史旱灾数据、图形数据。气象水文数据是指日照、风力、蒸发、降雨、河道（水库）水位、流量等水文气象实时信息，数据来源为气象产品应用系统和水雨情数据库；抗旱水源数据是指水库、湖泊、坑塘、水窖蓄水量和过境河流可利用径流量的地表水，可利用的浅层地下水资源量和深层地下水资源量信息；抗旱工程数据是指水库、机电井、塘坝、水窖、提灌站、水闸及灌区灌溉设施等抗旱水利工程的基本信息及监测信息；实时旱情数据包括实时旱情统计信息、墒情监测信息、农情信息、灾情信息、旱情遥感信息、地下水埋深信息、城乡生产生活缺水信息、生态用水信息等；社会经济数据是指在共享社会经济数据库基础上，增建抗旱专用社会经济信息项；抗旱管理数据包括抗旱法律法规、抗旱服务组织信息、抗旱预案、应急预案等；历史旱灾数据是指历史旱灾发生时间、地点、规模、造成的损失、抗旱措施及对经济、社会、生态的影响及损失等信息；图形数据是指在共享图形库基础地理信息的基础上，增建专题数据层。

### 9.3.3 空间数据库与属性数据库连接

空间数据库和属性数据库构成综合数据库，集成于流域数字仿真系统中，实体空间信息由图形仿真工业标准 OpenFlight 格式的空间数据模型文件存储，通过数字仿真系统调用渲染显示三维地形地物模型；属性信息存储在 MySQL 数据库中，信息查询、添加、删除、更新等操作通过 SQL 语句完成。在此基础上，通过设计程序以及建立空间数据库与属性数据库联系实现基于虚拟流域环境的信息查询与综合分析(冶运涛，2009)。

## 9.4 干旱演化仿真系统平台开发

### 9.4.1 场景控制漫游与海量数据实时调度

场景漫游是通过对视点(或者称为摄像机)的空间位置和旋转角度控制来实现。OpenGVS 提供了控制视点变化的 Camera 接口函数，在图形回调中，编写摄像机的运动规则，就能实现在漫游过程中视点不低于地面、不能穿越建筑物等功能。在场景控制漫游过程中，根据距离地面的高低和视线方向控制漫游速度的快慢。从高空对场景浏览时，设置一定高程值，视点高程大于该值时，漫游速度逐渐加快，对场景进行大体浏览，小于该值时，调整观察视角，使漫游速度减慢，对景物进行仔细欣赏，这符合人类观察事物的心理，离开观察物较远时，不能观察到物体细节，就急需走近物体，近距离观察物体时，就想放慢浏览速度。

大范围地形地物数据量通常非常庞大，难以全部参与显示，即使是利用一组 LOD 模型也很难做到。要实现对地形数据的可交互式实时渲染，每次只能取其模型的一部分来进行；同时，随着视点的视线变化，参与计算的这一部分细节的详略程度也应相应地动态改变。维持这样一个与视点相关的基于动态三角构网的视景，需要一个动态视景更新机制来有效地组织与管理数据。这种机制能使视景中可见部分反复地调入和卸载。视景管理必须通过设定相关参数来决定什么时候及视景的哪些部分将被卸载、更新(重新定义)或即将从数据库中调入。因此,那些包含着地形数据的数据库或数据结构必须能够支持空间数据的快速存取。大部分动态视景更新机制包含在地形数据上对空间范围的查询功能,来调入新的或更新当前视景中的可见部分。为解决一定精度下大范围地形环境的实时仿真问题,常用策略是将地形分块处理和内存数据分页,即将参与显示的整块地形细分成一定大小的等人数据块,在漫游过程中根据视点位置及视线关系分别设定不同的 LOD,减小模型的数量,提高视景显示效率。地形数据经过分块处理后,非常方便建立实时显示的分页机制。

## 9.4.2 三维虚拟仿真平台开发

数字仿真系统是基于 OpenGVS 三维视景软件包开发,它是实时三维仿真软件开发和系统集成的高级应用程序接口,提供了各种软件资源,利用资源自身提供的 API,可以很好地以接近自然和面向对象的方式组织视景图元和进行编程,来模拟视景仿真的各个要素;而且还包含了一组高层次的、面向对象的 C++应用程序开发接口,直接架构于世界领先的三维图形标准之上,只需用少量代码就可以快速生成高质量的三维应用软件。OpenGVS 的 API 分为场景、摄像机、对象等各组资源,按照应用调用这些资源来驱动硬件实时产生所需的图形和效果,OpenGVS 的技术框架如图 9-2 所示。

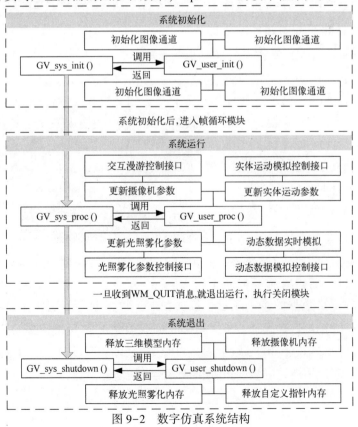

图 9-2 数字仿真系统结构

数字仿真系统区别于传统的动画式三维可视化，不仅要满足三维场景的真实表达的要求，而且具备良好的交互特性。在分析抗旱管理需求的基础上，在图形工作站硬件支撑下，利用 Visual C++和 OpenGVS 相结合，研发流域干旱演化与评估数字仿真系统。由于系统启动过程中要调度三维地形地物模型，进入系统界面的速度取决于数据量大小，为防止调度较大数据量出现"空白"界面，在启动时增加了闪屏功能。该系统的程序结构主要分为系统初始化、系统运行和系统退出三部分（冶运涛，2009）。

# 9.5 干旱演化仿真系统功能

## 9.5.1 多模式控制漫游

系统提供了飞行漫游、旋转浏览和平移浏览三种鼠标和键盘联合操作的手动漫游方式来模拟漫游的向左与向右转、抬头与低头、向前和向后移动，图9-3 为玛纳斯河流域三维场景效果。同时系统提供了自动路径漫游功能，可实现干旱严重的核心区域进行自动反复的动态观察，如图9-4 所示。为了浏览虚拟环境中关键实体或部位，避免手动漫游控制造成的不必要飞行过程，系统提供了视点定位功能能够快速准确地将摄像机置于最佳观察位置，如图9-5 所示。

图9-3 玛纳斯河流域三维场景效果

图9-4 路径漫游管理工具

## 9.5.2 时空数据查询与显示

干旱管理中的属性信息是以高效的数据结构组织存储在后台数据库中。设计操作方便的管理模块能够提高工作效率，系统提供了数据的查询显示、数据增加、数据删除等功能，如图9-6 所示。旱情信息的查询直接与数据库连接进行精确查询或模糊查询，主要包括实时水雨工情、气象信息、水文历史信息、预报预测结果等信息的查询和自动显示，并辅有预警功能，使决策者及时了解旱情严重区域的位置和密切监视旱情的发展。

图9-5 视点定位

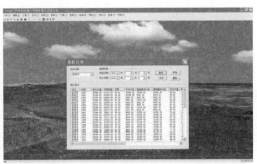

图9-6 时空数据查询与显示

### 9.5.3 实体信息查询与显示

实时信息的查询与显示是利用鼠标与流域虚拟环境中三维实体进行交互，以OpenGVS提供碰撞检测函数确定鼠标选中的实体，根据其关键字段应用SQL语句搜索属性数据中该标识名对应的实体属性信息记录，将文本、图片、视频等记录信息通过对话框方式显示出来，这项功能可以在漫游虚拟流域环境时，对实体信息进行直接操作并随意查询，如抗旱工作中可以用来查询水库的水位以及对应的蓄水量、渠道的流量、生产井的地下水位等。查询界面如图9-7所示。

图9-7 实体属性信息查询

### 9.5.4 文字动态标注

文字标注是三维场景的多维可视化表达方法之一。它将数据文字经过图形处理后放置在对应的空间位置，然后通过图形变换投影送到屏幕上显示。在程序运行中，这些数据在后台数据库支持下能够实时更新变化，且随着视点变化移动屏幕上的显示位置，并变换字体朝向，随时面向观察者，但字体空间位置保持不变，还能根据距离视点远近呈现字体大小变化，符合人类观察世界的习惯。如在气象水文站标上气象水文站名称和实时获取的气象水文数据；在水系和湖泊所在位置标注其名称，就能达到认知世界的目的。图9-8为在玛纳斯湖位置处标注的"玛纳斯湖"的名称。

图9-8 文字标注

### 9.5.5 多媒体仿真

数字仿真系统是各种数据源信息的综合体，其中音频信息表达是仿真系统功能的有效补充与提升。在抗旱系统中，三维场景的可视化漫游能够使观察者直观地了解所在区域的干旱情况，但是如何发挥群众的参与需要依赖决策者的正确抉择以及信息的及时传送。以往仅靠简单的文本上传下达只能使具有专业背景知识的人理解上级的指示，再传达给人民群众已经延误了很长时间，而数字仿真系统能够汇聚各种信息并直观表现，同时通过决策者的认真布置和讲解，可以使人民群众快速理解，并迅速投入到抗旱的主战场。系统提供了音频播放功能，如图 9-9 所示。

图 9-9 音频播放功能对话框

### 9.5.6 干旱指数计算

为提供旱情定量分析与监测结果，数字仿真系统建立了气象、水文、农业和生态干旱四类干旱指数的计算模型。气象干旱指数计算包括降水量、降水距平值、干燥度、标准化降水指数 SPI、降水 $Z$ 指数、Thornthaite 指数。水文干旱指数计算包括径流量、径流距平、水资源量、河道水位。农业干旱指数计算包括土壤相对湿度、土壤水分亏缺率、作物水分指数 CMI、作物缺水指数、水分亏缺。生态干旱指数计算包括地下水位、植被归一化指数 NDVI。综合指数是对以上每一类干旱指数分别进行综合，得出该类的综合指数，包括帕尔默指数、综合旱涝指标 CI。在此基础上，经过综合分计算得到综合指数，反映研究区域干旱现状和主要特点，用作最终的旱情分析和灾害评估。干旱指数计算界面如图 9-10 所示。

图 9-10 流域干旱指数计算界面

### 9.5.7 干旱演化参数的图形表达

图形是表现数据的一种有效方式，通过将数据可视化，可以简洁直观地向公众显示特定信息，对数据进行有效分析。根据前文所述，仿真数据库以离散方式存储有时空属性的数据信息，若要获取某个特定位置的数据信息的演变状况，或选择几个位置比较不同时间相的属性值，就可以采用图形方式将属性值随时间推进而变化的趋势表现出来，使公众一目了然。常采用图形表达方式有曲线型、柱状图和面积图等，如图9-11至图9-13所示。

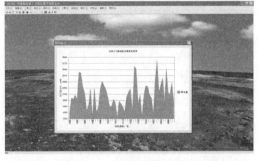

图9-11 降水量变化曲线

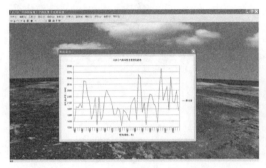

图9-12 降水量变化面积

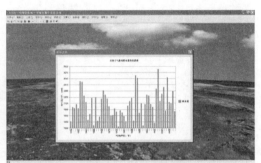

图9-13 降水量柱状

## 9.5.8 干旱数据空间插值

干旱演化模拟与评估中涉及的很多属性数据是水文气象站的观测数据，或者是采用分布式水文模型计算的计算单元的数据，这些离散存储形式无法反映数据在空间保持连续的研究区域上的分布状况，因此可以利用空间插值方法将这些离散数据"平铺"到整个研究区域，直观展现数据的空间连续分布。系统提供了克里金和距离反比平方两种常用的插值方法，如图9-14

图9-14 空间插值工具界面

所示，详细的算法和计算步骤参见相关文献(冶运涛，2009)。

## 9.5.9 干旱演化时空动态可视化

数字仿真系统能够将流域的地形地貌、社会人文和经济等信息展现给决策者，能够与各种信息交互式三维可视化，同时提供了与干旱演化时空数据交互的接口。将计算过程及计算结果或者测量的数据转换为图形及图像，形象、直观地显示出来，把许多抽象、难以理解的原理和规律变得容易理解，冗繁的数据变得生动有趣，其目的在于维持信息完整性的同时，把信息变换成适合人类视觉系统理解的方式，其基本流程包括数据生成、数据的精炼和处理、可视化映射、绘制及显示。OpenGVS 利用"图形回调"实现动态可视化效果，具体实现流程如下（冶运涛，2009）：由于干旱演化数据大部分是二维标量，空间位置坐标不变，而任一点的属性信息可能会发生变化。数据场分布随着时间的推进而发生变化的，每循环一帧，属性值就会变化一次，以属性值为参数的绘制函数所绘制的干旱演化数据时空分布图形会重画一次，伴随着屏幕的更新，干旱演化数据各个时刻的空间分布状态就可以展现在三维场景中。属性值可视化是通过颜色映射方式表现的。首先，设置分级或连续的颜色条带；其次，在系统初始化过程中找出所有节点中相同属性的最大值和最小值，并设置其所对应的颜色值或者透明度值，并线性插值得出所有节点的颜色值和透明度值；最后通过节点位置、透明度和颜色值绘制三角形图元（冶运涛，2009）。

# 第10章 南水北调中线工程水量水质调控三维虚拟仿真平台

## 10.1 引言

日益严峻的水问题给社会经济发展、生态环境保护造成了"高压"态势。为破解水困局和解决水问题，我国提出了构建河湖水系连通、打造"活水中国"的重大治水战略（王中根等，2011）。河湖水系连通的聚焦点在通过江河湖库自然水系和城市、灌区、湿地等需水人工水系的建设，建立供水协调、防洪抗旱、生态环境保护等功能统筹的水网工程体系。目前建成和在建的代表性水网工程有南水北调工程、引汉济渭工程、北京"三环碧水绕京城"水网、山西大水网、"大东湖"生态水网工程等，输（调）水工程是水网系统的骨干工程。在我国 2020 年前建设的 172 项重大水利工程，有多个"引调水工程"，如滇中引水、河北引黄入冀补淀等工程，这些工程是形成区域水网格局的重要组成。

水网输（调）水工程规划建设涉及多部门、多行业、多地区之间的利益协调，需要反复论证；作为水网工程重要组成的海绵城市的建设，更是增加了水网输（调）水工程的复杂性和不可控性；在其运行过程中，还需要对水网输（调）水工程进行实时调控以协调水资源供需双向匹配。为增强对水网输（调）水工程规划建设和运行维护的全生命周期管控，国际上从理论层面提出了"智能水网"（"国家智能水网工程框架设计"项目组，2013）概念，论述了工程建设和运行管理的系统性和协同性。智能水网由物理水网、信息水网、决策水网（或调度水网）组成。数字水网是信息水网的关键环节，其基本思想是将"物理水网"搬进固定或移动式的用户终端，实现物理水网在信息空间的真实"映射"，为管理决策提供可视化立体式和沉浸交互式综合集成平台。虚拟仿真技术是数字水网建设的核心技术（姚仕明，2006）之一，它可以将水网数值模拟和虚拟现实紧密结合，实现水网输（调）水工程方案和运行管理的实时模拟和交互仿真。

将虚拟仿真技术应用于水网输（调）水工程建设管理的实用价值为（崔巍等，2008）：①它利用获取的多源数据，建立水网输（调）水工程的三维可视化、实时动态的具有沉浸感的虚拟现实环境，将传统的信息二维平面表达上升到三维立体空间，大幅度地提高决策前瞻性与科学性；②它不仅能在逼真的虚拟环境中实时交互地查询时空信息，多角度不同距离地观看水网输（调）水工程的整体轮廓或局部细节，还能动态仿真时态变化不同施工阶段的工程几何形态及其纹理特征，描述其地理环境的变化特性，从而拓展工程信息多方位的表现形式，丰富了管理手段；③它可以方便地对水网输（调）水工程方案进行仿真模拟，供决策者在极短时间内获得最有价值的信息，从而对可能发生事件提前做出判断和制定有效的应对方案；④将真实环境与虚拟环境中的水网输（调）水工程实时调控状态实现动态相互反馈。国内外对此有一些探索，胡孟等建立了南水北调中线北京段输水系统三维虚拟场景（胡孟等，2005）；张尚弘等开发了南水北调工程三维仿真系统，将整个中线工程及周边地形地貌在计算机上虚拟再现（张尚弘，赵刚等，2007）；于翔等以陕西省引汉济渭工程为例，建立了可视化环境，开发水库三维模型，并在数字地球平台上实现了水库模型的加载与展示（于翔等，2016）；Lai 等建立了大尺度防洪减灾工程三维可视化环境，并将可视化技术和数值计算结果相结合（Lai等，2011）。

由于大范围、长距离水网输（调）水工程的环境复杂、信息量庞大等特点，输（调）水系统实时调控实现平台开发具有海量地形地物的实时生成与渲染、仿真模拟与实时调控的动态交互、多源信息的查询管理、数值模拟的实时可视化表达、闸门调控的可视化动态反馈等难点。为了探索虚拟仿真技术在水网输（调）水工程管理中的应用效果，以南水北调中线工程为例进行输（调）水系统实时调控实现平台的搭建，可以为类似工程提供借鉴。

# 10.2 水量水质调控仿真总体框架

输（调）水系统实时调控实现平台是通过建立交互式三维控制平台，为仿真应用和三维场景与数据之间提供通信服务。具体功能需求如下：

（1）场景的漫游

通过鼠标和键盘的操作，实现从各种角度浏览三维地形地物，增强用户在虚拟环境中的沉浸感和交互性。将二维全局性浏览和三维精细化观察相结合，建立三维场景的鹰眼图，实现鹰眼图与三维场景视点的同步移动。

（2）信息的查询

平台能够实现在三维场景中水利工程地物模型的视频、图片、文字等相关信息查询与即时显示。同时通过在界面上输入检索信息，能够实现关注水利工程模型的快速定位。

（3）方案的显示

水资源自适应调控模型计算及信息监测会得到水网中节制闸、分水闸等水位、流量及水资源量等信息，可以将这些信息显示在水利工程建筑物模型附近，并根据在线接入信息实现动态变化。

（4）模拟的可视

平台通过连接一维和二维水动力模型对水网中水流状态进计算，利用科学计算可视化技术对模型计算结果处理、映射、可视化及显示，并将其与水网周围环境相融合。

（5）闸门的控制

平台将虚拟环境中的闸门实体模型与真实水闸形成精准的匹配关系。通过对实体模型操控，可以远程自动化控制现场闸门的开启度。现场的人工闸门操作信息可以通过网络传输给平台，实体模型在虚拟环境中同步变化。

平台在满足系统功能的同时还要满足如下性能需求：①场景控制的流畅性。平台应用必须在建立灵活、流畅的场景控制基础之上，所以在场景控制方面必须进行矩阵变化以及其他相关算法的优化。②工程检索的快捷性。平台对用户的检索要求必须快速响应。③数据查询的准确性。对于用户查询目标，无论是工程检索数据，还是工程属性数据，或者是空间数据，数据准确性都非常重要。④过程模拟的主动性。在水流边界条件变化情况下，仿真平台能够主动启动渠道水动力水质模型，对沿程的水动力水质过程进行动态模拟，并在虚拟环境中实时可视化。⑤调度控制的联动性。通过在平台创建的信息空间中操控闸门的开启速度和开启度，现实空间中闸门的开启速度和开启度与信息空间保持一致；若现实空间中闸门开度发生变化，则实时反馈到信息空间中。该功能实现了现实空间和信息空间信息的双向传递与实时联动。

根据平台的功能和性能需求，对其结构分解可以得到如图 10-1 所示的总体结构。

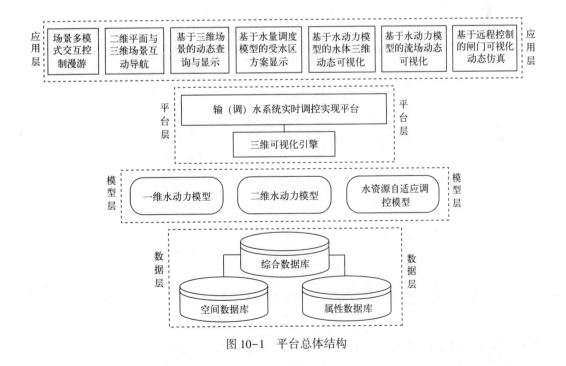

图 10-1　平台总体结构

## 10.3　水量水质调控仿真平台开发流程

　　平台以 Visual Studio 为开发工具，利用开源视景软件包 OpenSceneGraph，结合 OpenGL 函数库开发。水网输（调）水系统周边地形建模采用 Terra Vista 软件集成 DEM、遥感影像和矢量等数据自动生成；输（调）水渠道或河流地形模型利用获得的实际地形资料采用 Creator API 接口编程实现，并自动与周边地形模型形成嵌套建模结构，其中周边地形辅助于用户沉浸感和空间定位，渠道或河流地形是仿真模拟的核心对象。地物模型建模按实际功能需求分两种方式：一是仅仅用于浏览的地物模型，采用基于图像的建模方式；二是用于操控的地物模型，采用基于几何的建模方式。上述两种方式均采用 Creator 软件实现，后一种方式还需要借助 AutoCAD 软件作为辅助工具。集成地形地物三维实体模型，采用三维视景开源软件 OpenSceneGraph 和 Visual Studio 开发三维虚拟仿真平台，在此基础上，动态耦合一维和二维水动力、自适应调控等模型的计算结果，研发输（调）水系统实时调控实现平台。

　　平台开发流程如图 10-2 所示。

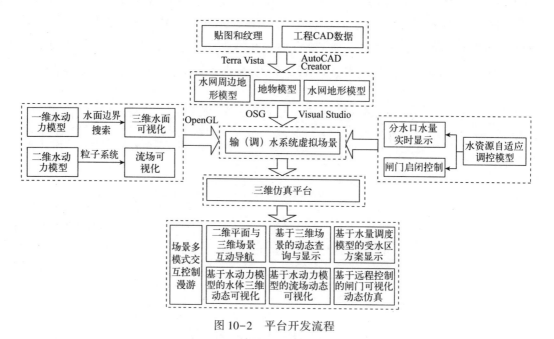

图 10-2　平台开发流程

## 10.4　水量水质调控仿真平台综合数据库

　　满足水网输（调）水系统规划建设与运行管理需求的数据分为空间和属性数据两类，对应的仿真综合数据库可以划分为空间和属性数据库，其中属性数据库又分为监测、业务、基础、多媒体等数据库。监测数据库包括水位、流量、水质、闸位等信息，这些信息可用来支撑模型的构建，另外，在三维虚拟环境中实现水体和闸门信息的可视化表达。业务数据库包括对输(调)水进行管理的信息，比如调度指令。基础数据库是存储水文监测站、水利工程等基础信息。多媒体数据库用来存储实时监测的视频、图片、文本等信息，通过与空间数据库关联，可以实现在三维虚拟环境中相应空间位置的多媒体信息的展示。因为属性数据库建立是一项庞大工程，在遵循国家、行业标准的基础上，可以对此进行内容扩展。

仿真空间数据库利用三维自动建模软件 Terra Vista 生成。空间数据源包括空间分辨率为 90 m 的数字化等高线地形图，经拼接组合预处理后的正射影像图及以统一空间坐标为基础配准的水系、道路、水库、标志性物体等矢量点，线和面数据，为在信息空间生成与现实空间相"映射"的地形地貌提供基础。将准备好的数据源导入Terra Vista 软件工具，通过空间数据格式转换、仿真数据库生成参数设置、地物矢量数据属性赋值和仿真空间数据库生成等步骤生成仿真空间数据库。仿真空间数据库中的南水北调中线工程的各种水闸(包括分水闸、节制闸和退水闸)、倒虹吸、渡槽、桥梁等三维地物模型是利用仿真建模软件 Multigen Creator 软件按工程设计图构建三维几何结构，并将实景图片转换为纹理映射在几何体上，形成与真实地物高度相似的地物模型，然后依据空间位置将其赋值给地物矢量数据，完成与三维地形地貌的无缝嵌套。

南水北调工程中线渠道模型是仿真模拟和实时调控的重要对象，需要精细化仿真建模，在满足视觉浏览的同时，更重要的是与水动力水质和闸门自动化控制模型相结合，实现水量水质的可视化模拟和闸门的数字化、可视化控制。渠道建模以工程设计的平面图和断面图为基准；如果工程设计断面不能满足水动力学模型计算精度要求，可以在设计断面之间增加断面。

人工建设渠道断面形状比较规则，各断面控制点及相邻断面之间拓扑关系明确，方便利用空间数据结构描述，然后利用 Creator API 接口程序化编程自动生成三维渠道模型，如图 10-3 所示。

仿真空间数据库组织是利用OpenFlight 格式外部引用节点的方式存储和管理地形地物实体模型，

图 10-3　三维渠道模型

并设置唯一标识 ID。仿真平台采用 SQL Server 数据库管理地物实体模型的标识名、地理坐标、文字、图片、视频等属性信息，另外存储与仿真模拟和调控相关的数据，如丹江口水库的调度规则、分水口的分水量、退水口的退水量、节制闸门的过水量、受水区水量供需平衡分析结果、水动力水质模型的计算结果、节制闸门控制模型的开启和关闭操作结果等。

# 10.5 水量水质调控仿真平台研发

## 10.5.1 基于 OSG 的虚拟仿真平台

OSG(Open Scene Graph)包含用于图形图像应用程序开发的系列开源图形库,为场景层次化管理和图形渲染优化提供了统一架构(张昊,2010;万定生等,2009)。它利用标准化面向对象语言 C++和标准模板库(STL)编写库文件和源代码,使用具有国际图形编程工业标准的 OpenGL 编写方便调用和二次开发的渲染 API,可以跨平台运行 Windows、Unix、Linux 等操作系统。

OSG 采用多叉树数据结构场景图组织方式管理海量地形地貌空间数据,提升了计算机图形渲染效率。基于 OSG 开发的虚拟仿真平台利用主和辅助线程分工管理平台的交互操作和图形的动态渲染。程序实现流程主要包括程序初始化、场景实时渲染和程序退出三部分(曲兆松等,2006),如图 10-4 所示。

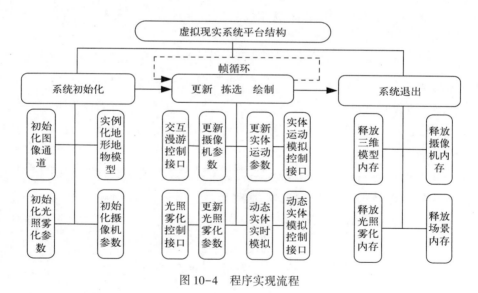

图 10-4 程序实现流程

## 10.5.2 海量数据动态调度

南水北调中线工程涉及海量的地形地物数据,若全部数据一次性载入系统,导致单机浏览时渲染效率低下,场景漫游不流畅,采用数据分页技术对虚拟场景数据分层分块载入和卸载,增强用户的沉浸感,提高系统交互性能。数据分页技术(邓世军等,2013)指在场景漫游时只将位于视椎体内的地形地物模型载入内存,当视点或视向发生移动变换，首先将移出视域的地形地物数据从内存中卸载，再将进入视域新的地形地物数据载入内存渲染。数据分页的动态调度机制如下：在显示当前视域中的水网工程虚拟场景对象（可见对象）的同时，根据视点的移动方向预判下一步可能载入的虚拟场景对象（预可见对象），同时确定短时间内不可能被看到的虚拟场景对象（不可见对象），从而实现对地形地物数据的准确加载和合理卸载。OSG 提供了"osgDB：：DatabasePager"类内置的数据线程 DatabaseThread 实现海量地形地物数据的动态调度，它通过系统的视景器在每帧执行到更新遍历函数 updataTraversal，自动将不在当前页面有一段时间的虚拟场景子节点从系统中移除来释放内存空间，并将进入当前视域页面的虚拟场景子节点加入渲染列表显示在计算机屏幕上。

数据分页调度技术基于 osg：：DataBasePager 和 PagedLOD 节点相结合的方式实现对南水北调中线工程大范围场景模型构成的海量地形地物数据的动态调度。程序设计主要流程如下：

①将生成的南水北调中线工程三维模型转换为 PagedLOD 节点，利用四叉树数据结构组织场景 PagedLOD 节点，形成整个三维场景的金字塔层次结构。

②设置南水北调中线工程场景模型 PagedLOD 节点的相关参数，这些参数包括地形地物模型的存储路径、模型加载的范围和半径、模型中心点位置等。在视点位置和方向发生变化时，PagedLOD 节点依据设置参数自动判定所需加载的模型文件。

③设置南水北调中线工程场景分页数据库类 DataBasePager 的数据调度参数，这些参数包括场景绘制策略、场景数据是否预编译、系统运行时每帧最大和编译的个数、系统仿真的目标帧率、模型数据过期时间、模型数据过期帧数等。

④将南水北调中线工程场景的 PagedLOD 节点注册到 DataBasePager 分页数据库中，同时开启线程 DatabaseThread 处理 PagedLOD 节点的模型数据加载和卸载，加快场景模型的渲染速度。

## 10.5.3　碰撞检测

碰撞检测主要包括闸门起落不穿过地形、视点漫游不穿过地面或者地物、实体模型的鼠标操作选取。闸门所在空间位置的地形高程值不变，而闸门运行遵循一定规则，只需简单几何计算就能判定闸门与地形是否接触。视点与地形的碰撞检测是实时检测比较视点高程与所处位置地形高程值的高低关系，若视点高程值低于地形高程值，将其高程值调整至地面上某一高度。视点与地物模型碰撞检测是通过建立物体最小包围盒，利用包围盒相交测试判定视点与地物模型的相交情况。实体模型的鼠标操作选取与此相类似。

## 10.5.4　闸门建模

南水北调中线工程通过节制闸、分水闸、退水闸等各种功能的闸门对输水渠道的水流过程动态调节，是输（调）水系统中的重点操控的水利工程建筑物。为了实现数字空间中的闸门与物理空间的闸门的联动，需要利用几何建模技术构建闸门模型。按照实际的闸门结构尺寸和本身的纹理从形状和外观上对实体模拟，同时大量采用纹理映射等辅助技术手段，以降低模型的复杂度。主要分为以下四个步骤：①获得闸门建模数据。闸门模型几何形状数据主要来自设计图，包括模型三视图、剖面图等结构尺寸数据；闸门模型纹理数据主要来自实体的三视角正向照片或各部分正向照片。②确定闸门模型的层次结构。MultiGen 建模工具提供了树状层次结构来组织管理模型，为实现闸门模型的特定结构，优化模型渲染效率，建模时需要按树状层次结构对模型各部分进行分解。③闸门模型建立。根据闸门模型结构尺寸和设计的层次结构，在 MultiGen Creator 中采用几何法建立三维模型。按照系统渲染量的要求规划所建模型的总面数，在满足模拟效果的前提下，尽量使用较少的多边形，能合并的面应该尽量合并。同时删除场景浏览时不可见的面（冗余面），如建筑物的底座面、内墙面及建筑物内部的连接面等，以降低整个场景的复杂度，提高响应速度。④使用纹理映射。为显示闸门模型的细节，提高模型逼真度，一般采取纹理映射的方法，在对应位置的多边形面上"贴"上相应的纹理图片来代替详细模型。这样不但可以极大地减少模型的多边形数据和模型复杂度，而且可以有效提升模拟效果，提高图像输出时的显示速度。

对闸门启闭操控涉及闸门部件的运动。对运动部件实体的建模首先要构造运动对象，MultiGen 中提供了功能较强的运动链分析。通过调整模型的结构树层次关系，将需要运动的实体部件按照相互关系分别置于不同的运动自由度（DOF）节点下，而后通过控制 DOF 节点实现部件的运动模拟。因为各 DOF 节点的运动是基于其本身的局部坐标系，因此这些节点的运动可不考虑整体的坐标变换情况，只需提供局部坐标运动方程即可。某 DOF 节点位置的变化会牵动下一级 DOF 节点，以继承上一级节点的运动，同时下一级节点也可在自身局部坐标系下运动，整个运动的合成效果是两种运动的叠加。

## 10.6 水量水质调控仿真平台功能实现

### 10.6.1 场景多模式交互控制漫游

南水北调中线区域的地形地物三维可视化与漫游是通过继承 osg：：Matr ixManipulator 操控摄像机来实现，路径自动漫游由 OSG 提供的 AnimationPathCallback 回调函数实现，该函数有对应格式的文件，当采集路径节点时，需要将获取的摄像机位置和姿态角向量转换为 Path 文件能存储的四元数。通过利用上述类的应用，实现了包含手动、路径和视点定位的多模式的控制等漫游。

## 10.6.2　二维平面与三维场景互动导航

二维平面导航是将三维场景的平面投影区域映射到二维平面导航图上，建立三维场景的真实世界平面坐标与二维平面导航图逻辑坐标系的对应关系。视点在三维场景上的移动变化会实时反映在平面导航图上，与之相应的是，鼠标在平面导航图上的移动变化就会导致视点在二维场景中移动变化，这样可以避免用户在大范围三维场景中漫游时迷失方向，方便用户在真实世界中浏览场景。该功能实现步骤如下：

①利用研究区域和三维场景统一投影坐标系的 GIS 数据文件，在 ArcGIS 软件中导出图片；或者在 Creator 软件平台上打开三维场景，保证视点垂直于地面，用抓屏软件截取对应位置的场景图片保存为 BMP 格式的图形文件，作为平面导航图。

②在编程环境的资源管理器中载入导航图片并赋值 ID 为 IDB_EAGLEBMP，在新建对话框上添加 Picture 控件，选择其关联类型为 BITMAP，然后建立导航图与控件的联系，这样图片会显示在控件中。适当调整对话框大小，使导航图完全覆盖对话框。

③为保证对话框上视点的位置变化与三维场景中视点的变化同步协调，须计算对话框的逻辑坐标系和场景的世界坐标系之间的映射关系，即缩放比例。在三维场景和导航图上分别选择相对应的两处位置作为控制点，其中较简便且保证计算精度的方法是利用左上、右下两个角点的位置坐标，计算出三维场景中纵横方向的平面空间尺度，然后获取导航图的高度和宽度，从而可以计算出真实场景与导航图坐标点之间的转换值。

④平台运行中两个坐标系中视点位置变化实时交互响应，其中用实心椭圆表示视点在平面导航图片逻辑坐标系中的实时位置。随着鼠标在逻辑坐标系中的变化，实时捕捉鼠标的位置，然后通过变换关系，计算出视点在真实世界中的空间位置。当用户在三维场景中视点位置变化时，在对话框类中用函数 SetTimer 设置定时器，通知平台间隔一定时间获取视点在世界坐标系中的位置，将其转换为逻辑坐标系中对应位置。由于平面导航图不能反映视点的高程信息，为防止视点进入地面，导航图中视点坐标值转换到世界坐标系的过程中，则需要开启碰撞检测功能，当检测到视点与地面接触时，此时需要修改视点高程值至距离地面上一定的高度。

经上述四步，就能实现导航图与真实世界的实时联动。

## 10.6.3　基于三维场景的动态查询与显示

三维动态查询是在计算机生成的虚拟环境中动态浏览时，操作鼠标对场景中的水库、分水闸、节制闸、退水闸、倒虹吸、渡槽等实体水利工程属性信息查询。属性信息查询分为基础和动态信息查询(冶运涛，2009)。基础信息查询就是鼠标点中水库、闸门等实体模型时，存储在数据库中与实体相应的基础信息就会以对话框方式显示在计算机屏幕上，如点中"丹江口水库"大坝模型时，丹江口水库名称、位置及水库特性信息就会显示。动态属性信息查询是选中实体模型时，存储在数据库中随时间变化与实体模型相应的属性信息显示出来，并且动态发生变化，如随时间推移，丹江口水库入库流量、陶岔渠首大闸引水流量等均会发生变化。

图 10-5　陶岔渠首属性信息查询

主要利用 OSG 的 Node Vistor 继承类来实现实体模型的拾取和属性信息的查询。首先定义 osgUtil::IntersectVisitor 类对象，并声明线段检测方式，然后利用该线段探测场景中实体模型是否被选中，若选中，则返回实体模型的唯一标识 ID。利用此 ID，就能通过数据库结构化查询语言 select（＊.＊，from database，where ID ="＊.＊"），将与实体模型相关的各类信息以对话框方式显示，如图 10-5 所示。随时间发生变化的属性信息，如分水口的水量过程或者丹江口水库的入流过程，按时间查询语句 select（＊.＊，from database，where time ="＊.＊"）提取时间序列信息，在屏幕或对话框上动态绘制属性值随时间发生变化的曲线图。

## 10.6.4　基于水量调度模型的受水区方案显示

南水北调中线各分水口门的分水量的计算为科学调度提供了依据。为直观地表现推荐调水方案，采用文字标注的方式将计算的方案结果展现在三维场景中，每个地区调水量的显示位置对应于相应的省、地市。对调水量显示时，对应于不同层次采用不同颜色，或分层次显示，即当视点在某个区间范围时，显示对应层次的调水方案。具体过程是：当视点拉远至一定高度时，整个建模区域出现在窗口中，记录此时的视点空间位置。寻找研究区域平面投影的临界外接圆，圆心为 $O$，外接圆与视点的连接即为视椎体观察区域，根据等分 $A_0O$ 的距离确定市级与省级显示临界空间位置为 $A_1$、市级和分水口显示临界空间位置为 $A_2$，分别由 $A_1$、$A_2$ 引出 2 条与 $A_0B_0$、$A_0C_0$ 平行的射线与 $B_0C_0$ 相较于 $B_1$ 和 $C_1$、$B_2$ 和 $C_2$，从而确定显示区域。OSG 提供了三维文字和二维文字显示方法，当场景中文字数据量较多时，使用三维文字会加重系统的渲染负担，因此可以采用二维文字显示方法。文字标注要满足标注位置与显示内容相关，这样就能一目了然地了解各地区的受水情况。考虑到文字的大小、朝向、颜色、对齐方式也影响显示效果，因此首先为显示的文字内容创建一个 Text 对象，并指定文字的位置、文字方向、对齐方式和颜色值等相关参数。文字的字体类型可通过创建 Font 对象指定，并将其与 Text 对象关联；其次为每层显示内容设置一个 Geode 节点，使用函数 addDrawable 将多个 Text 对象添加到相应的 Geode 节点，最后将 Geode 节点添加到场景图形节点中。文字相关属性设置如下代码：

osg∷ref_ ptr<osgText∷Font> font＝osgText∷readFontFile("fonts/宋体.tiff")；//指定文字的字体类型

osg∷ref_ ptr<osgText∷Text> text＝new osgText∷Text；

text->setFont(font.get())；//将字体类型对象与文本对象关联起来

text->setText("水调方案显示")；//设置显示内容

text->setPosition(osg∷Vec3(x,y,z))；//设置字体的空间位置

text-> setAxisAlignment(osgText∷Text∷SCREEN)；//设置始终朝向窗口的广告牌式的效果

text->setAlignment(osgText∷Text∷CENTRE_ CENTRUE)；//设置文字内容水平和垂直均居中位置

text->setColor(osg∷Vec4(red,green,blue,alpha))；//设置字体的颜色,不同层次对应不同颜色

## 10.6.5　基于水动力学模型的水体三维动态可视化

中线工程距离长、沿程控制节点多，来水的不确定性和控制闸门的调整都可能会引起沿程水面线的变化，这种变化是否影响中线输水渠道安全，则需要水动力学模型实时动态模拟来掌握各处水力过程的情况。由于中线渠道断面规则、比较顺直、距离较长，因此，可采用一维水动力学模型来模拟沿程水位变化过程。为直观地表现沿程各处的水位、水量随时间的变化过程，通过实时获取各计算断面处水位值和水面与断面交点空间坐标，构建三维水面网格，并采用透明纹理映射至网格上，从而实现三维水面可视化动态仿真(冶运涛等，2009a)。在三维场景中，既可以直观地观察沿程水位变化情况和控制节点处的水位涨落，又能清晰地查看水体淹没处的渠道情况，如图10-6所示。此外，该功能模块还支持污染物可视化仿真的能力。如果某处发生污染物泄漏情况，则需要辅助水质演变模型计算污染物的扩散运移过程，根据模型计算的沿程污染物分布，通过针对不同的污染物浓度值，建立一一对

图10-6　三维水面动态模拟

应的颜色条带(冶运涛等，2009b，2012)，将其映射到水面网格上，在三维场景上就能直观地显示污染物随着时间推移的空间变化过程。

## 10.6.6　基于水动力学模型的流场动态可视化

南水北调中线工程二维水动力学模拟能够更加准确地描述水力过程特征、解释污

染物扩散机理和调度指令的生成，流场动态可视化能够更加清晰直观和高效地辅助于这些问题的科学研究和生产实践。流场模拟方法有多种，而证明较为有效的方法就是粒子系统的模拟(张尚弘等，2008)。根据粒子的出生、运动和死亡规则，就可以实现对流场

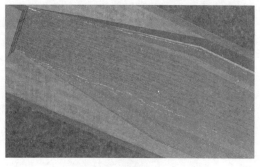

的动态模拟，如图 10-7 所示。粒子的出生位置由计算网格或者虚拟网格控制；粒子运动则由水动力学模型控制，将得到水流欧拉场转换为拉格朗日场，能够更加自然地表示水流运动，粒子属性值则根据计算网格节点属性值通过空间插值完成。为保证相邻时刻的粒子运动能够光滑连续进行，需要对相邻时刻的计算结果进行时间插值。粒子的死亡则根据流场模拟效果和粒子是

图 10-7 流场动态可视化

否移出研究区域边界判断。粒子形状采用线性箭头表示，箭头指向表示流速方向，长短表示流速大小，颜色值可以表示为流速大小、污染物浓度或者水位(冶运涛等，2011)。

## 10.6.7 基于实时调控的闸门可视化动态仿真

南水北调中线工程渠道运行控制是利用建成的闸站监控系统实现全线集中自动化控制，保证节制闸按闸前常水位方式实现实时闭环自动控制。在虚拟环境中对闸门远程控制，能够使操作人员有身临其境的感觉，同时保证操作的准确性。具体方式是利用信息采集系统，获取分水闸、节制闸、退水闸、倒虹吸工作闸、排冰闸等水工建筑物的闸门开度、闸前闸后水位、过闸流量、启闭设备及供电系统运行参数等信息，根据这些信息，在虚拟环境中闸门开度也会发生变化，与现场闸门保持一致；利用闸前闸后水位情况绘制三维水面；同时将启闭设备及供电系统的性能信息显示在虚拟环境中相应位置。用户也可以在平台上设置闸门的开启度及启闭设备的运行参数，远程控制闸门和启闭设备的运行。以节制闸为例，图 10-8 说明了闸门实时调控前后的情景。

(a) 闸门开启前

(b) 闸门开启后

图 10-8 闸门实时调控

# 第 11 章　长江上游梯级水库群水动力水质仿真模拟平台

## 11.1　引言

梯级水库调节过程引发的水动力效应可能导致的崩岸、上游淤积、下游冲刷、污染物累积、航线优选等问题出现,已引起政府和社会的高度关注。国内已经对梯级水库群调度模型(吴昊等,2015)、河道冲淤变化(假冬冬等,2014)、污染物迁移转化(程军蕊等,2014)等带来的水动力水质效应进行了较为系统的研究,积累了丰富成果,但是缺乏有效的集成方法将梯级水库群动态调节带来的水动力水环境效应通过更加科学直观的方式进行研究和展示,不利于科学的决策和高效管理,尤其梯级水库群的调控决策非结构化程度更高(蒋云钟等,2011),需要更多的人机交互,因此,对支撑调度决策系统的时效性和直观性要求更高。

可视化仿真技术能够直观展现梯级水库群调控水动力水质效应的时空过程,能够有效地辅助工程人员的科学决策,有很强的实用性。但是传统的水库群优化调度计算与决策模拟,都是在二维图表或报表展示调度结果和运算过程,整个过程不直观(胡军等,2011),缺乏沉浸感和交互性,且很少考虑由于水库调度造成水力边界的调整引发的水动力水质效应的表达;水库的运行管理基本上还是在二维平面上或者是采用摄像头进行监视,对于利用三维空间技术动态地进行调控和管理决策的研究刚刚开始(胡军等,2011)。虚拟现实技术具有沉浸性、交互性和多感知性等特点,并已在许多领域得到了研究和应用,在水利水电行业也有学者进行了一定的研究。因此,本章将虚拟现实应用到梯级水库群调控水动力水质效应的建模及仿真中,开发梯级水库群水动力水质效应虚拟仿真系统,使工程决策人员真正地融入仿真过程中,实现“人在回路中的仿真”(钟登华等,2009),极大地提高梯级水库群管理的现代化水平。

## 11.2　梯级水库群调控仿真平台系统分析

### 11.2.1　虚拟现实与数值模拟结合

虚拟现实技术(或称为虚拟仿真技术)是采用以计算机技术为核心的现代高新科技

生成逼真的集视觉、听觉与触觉为一体的特定范围的虚拟环境，用户借助必要的硬件设备(如头盔显示器、立体眼镜、数据手套等)以自然的方式与虚拟环境中的物体进行交互，从而产生身临其境的感受和体验。它能使用户融入系统中，并进行交互式的观察和控制。

流域数值模拟是首先通过对流域中的研究对象进行概化，运用适当的数学工具建立利用数学语言模拟现实的模型；再者运用计算机对数学模型求解过程进行辅助支持，它根据实际系统或过程的特征，按照一定的数学规律用计算机程序语言模拟实际运行状况，预测未来发展情景，对研究对象进行定量分析，并提供对象的最优决策或控制。如研究梯级水库调节改变水流运动边界造成的水动力模拟以及伴随水动力特性变化导致的水质迁移转化、泥沙悬浮及沉降的转化等、水库淹没范围的模拟等。

流域仿真模拟是将虚拟现实技术与流域数值模拟相结合而形成的支撑流域综合管理的新型手段和方法。虚拟现实可以为用户提供身临其境般感觉的交互式仿真环境，比一般可视化仿真有更优越的沉浸感和交互性；而数值模拟主要关心流域水循环过程及其调控耦合系统的模拟预测，更具有专业特色，可以为流域管理辅助决策提供依据。因此，可将虚拟现实技术和数值模拟技术两者结合起来，以利用它们各自的特点。通过两者的结合，开发梯级水库群调控水动力水质效应虚拟仿真系统，服务于水库群运行管理。

## 11.2.2 系统的功能分析

(1) 具有碰撞检测功能的场景漫游

系统为用户提供了手动漫游控制方式。通过鼠标和键盘改变观察者在场景中的视角和位置。碰撞检测指的是为防止用户穿过山体等物体的表面而采取的一种控制措施。漫游功能增强了用户在场景中的沉浸感，而碰撞检测使得这种沉浸感更为真实。

(2) 模型信息的实时交互查询

用户通过鼠标左键点击场景中的三维模型从而获得此模型对象的相应属性信息。如通过构建属性数据库存储实体模型信息，鼠标点击实体后即可实现相关信息的查询，加强了用户与场景模型之间的实时交互性。

(3) 闸坝控制的仿真

水库的调节通过闸门的控制实现。通过图形建模方式对水库和闸门进行精细建模，构造其运动节点的自由度，利用鼠标操纵实现闸门的启闭。或者基于远程自动化调度指令信息实现闸门的自动启闭。

(4) 泄流形态的模拟

根据大坝表孔、中孔、底孔的闸门开闭变化，动态演示出流流量的大小变化和影响范围。

(5) 水库淹没过程的模拟

建立地形网格的拓扑关系并获取网格节点高程值；给定水位后，按照基于无向图的洪水淹没过程算法搜索出洪水淹没区。当给定系列水位值后，就可以动态模拟库区洪水淹没过程，在计算机生成的虚拟场景中给人一目了然的感觉。

（6）河道水流可视化模拟

数字流域仿真系统中水流的模拟不仅仅满足视觉的需要，而且要求能够模拟各种来水情况下的真实水流形态，为摸清水流、泥沙或污染物的相互作用机理提供直观的可视化显示手段。

（7）水质迁移转化三维可视化

基于水质模型计算结果或监测数据，通过标量场的可视化表达方式，将模拟或监测结果表现在三维虚拟环境中。

（8）工程方案的论证

以往的工程方案规划设计是基于二维可视化平台进行的，简单的点、线、面所表达的工程方案不够清晰直观，难以理解和多方案比选。而虚拟现实技术所生成的三维场景具有真实的立体感、高度的沉浸感和良好的交互特性。在计算机生成的虚拟环境中，根据规则模型的实际尺寸建模，然后与场景融合，进行多种方案的对比，确定最终方案。

## 11.2.3　系统开发流程及总体框架

该系统所用地形建模软件为 Terra Vista，地物建模软件为 Multigen Creator，三维模型采用 OpenFlight 格式文件存储，三维场景驱动采用 OSG 和 OpenGL2.0 共同完成，整个系统开发采用 Visual Studio 2008。Terra Vista、Creator 和 OpenGVS 三者分别发挥不同的作用，大范围地形生成采用 Terra Vista，具体地物如桥梁、闸门、建筑物建模用 Creator，场景驱动及功能开发采用 OSG，动态水流模拟则采用 OpenGL 基本图元函数绘制而成。系统总体框架如图 11-1 所示。

# 11.3　梯级水库群虚拟环境建模方法

## 11.3.1　地形建模

梯级水库群调控中主要关注河道及坝区环境，因此采用分区建模方法降低渲染负担。河道外的地形地貌采用较粗分辨率的数字高程模型（Digital Elevation Model，DEM）和遥感影像，将其导入到地形建模软件 Terra Vista 中实现大范围多分辨率地形环境的生成（冶运涛，2009）；河道内地形（含消落带区）及坝区地形采用高精度 DEM 和航拍图片生成细分辨率的地形场景，并与河道外地形形成嵌套的建模结构（冶运涛，2009）。

## 11.3.2　地物建模

根据地物模型是否具有行为特性将其分为静态模型和动态模型两类。静态模型

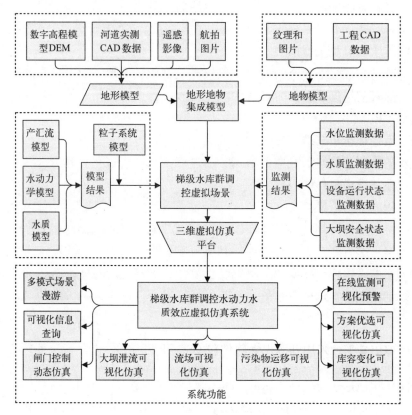

图 11-1　系统总体框架

只进行几何建模和形象建模两个过程，其中几何建模指的是构造与真实世界物体形状相同或相似的模型，而形象建模指的是对构造的几何模型外表添加纹理、贴图、光照等处理，以增强模型的真实感。在场景模型几何建模过程中，对于规则的模型可由系列特征参数和参数之间所满足的几何关系所表示的模型采用参数化建模思想构建。这种建模方法简化了建模过程，提高了建模效率。对于不规则模型则用Multigen Creator 等软件依据物体的外形轮廓由基本的点、线、多边形来构建。场景中的动态模型具有行为特性，需要动态建模不仅丰富和生动系统场景，还能逼真显示大坝调控过程，如对升船机的升降运动、闸门的开闭、水轮机的旋转、航船的运动等动态模型，需要精细的描述实体结构的几何数据来按其具体尺寸和连接结构进行建模。

## 11.3.3　粒子系统建模

粒子系统是不规则模糊物体建模及其图像生成的一种方法，由 Reeves 于 1983 年首次提出，他采用了一套完全不同于以往造型、绘制系统的方法来构造和绘制景物，景物被定义为由大量随机分布的粒子集合组成，由诸多粒子的集合而不是个别粒子形成了景物的整体形态和特征以及动态变化。粒子系统充分体现了不规则模糊物体的动态和随机性，能很好地模拟火、云、水、森林和原野等自然景观，因此被公认为模拟不规则模糊物体最为成功的一种图形生成方法(Reeves，1983)。用粒子系统模拟泄洪及水流流场，可以比较生动地表现水流运动的细节，不但在视觉上有独特的表现力，而且可以与物体的受力运动等物理机制相结合，模拟出高逼真的流体运动状态。但需要更多的空间，不能大范围使用，在实际应用时可根据情况进行处理。

### 11.3.4　数据组织及存储

系统建设中包括空间数据和属性数据两种。空间数据采用 OpenFlight 格式进行组织存储，通过应用 Extern 外部引用节点存储和管理地物模型空间位置信息，并以唯一 ID 进行标识。属性数据则存储于 SQL Server 数据库。空间数据与属性数据的双向连接查询可通过 ID 进行关联，其他专业数据的获取则通过直接搜索数据库实现。

## 11.4　梯级水库群调控仿真平台开发

三维虚拟仿真平台采用开源视景软件包 OSG 开发。OSG 包含了一系列的开源图形库，主要为图形图像应用程序的开发提供场景管理和图形渲染优化的功能，采用 ANSI 标准 C++和标准模板库(STL)编写，使用底层 OpenGL 底层渲染 API，具有良好的跨平台性。它采用自顶向下树状结构的场景图来管理和组织空间数据集。场景图具有大量定义的节点类型及其内部的空间组织结构能力，提高了渲染的效率，被广泛应用于 GIS、CAD、DCC、数据库开发、虚拟现实、动画和游戏等领域。OSG 运行时文件由一系列动态链接库(或共享对象)和可执行文件组成，这些链接库共分为三大类，构成了 OSG 的运行体系，如图 11-2 所示。OSG 核心库提供了基本的场景图形和渲染功能以及 3D 图形程序所需的某些特定功能实现；NodeKits 扩展了核心 OSG 场景图形节点类的功能，以提供高级节点类型和渲染特效；OSG 插件包括了 2D 图像和 3D 模型文件的读写功能库。

三维虚拟仿真平台利用主线程和辅助线程来统领整个系统的操作和渲染工作。系统主要分为系统初始化、场景渲染和系统退出，如图 11-3 所示。系统初始化主要是设置渲染窗口、摄像机初始位置、光照雾化参数初始化、载入地形地物模型等。场景渲染实现了动态几何体更新、拣选、排序和高效渲染，主要完成更新、拣选和绘制三种遍历操作。更新遍历是允许程序修改场景图形，实现动态场景，主要由程序或者场景图形中节点的回调函数完成，如修改摄像机观察参数、光照雾化参数、动态水体模拟、闸门的启闭等动态实体模拟。拣选遍历是检测场景的节点的边界包围盒，判断是否在当前视野内，将在视野内的节点加入渲染列表进行绘制。绘制遍历是调用底层 API 对拣选遍历产生的几何体列表渲染。程序退出是卸载指针对象所占用的内存空间，智能指针能够自动释放。

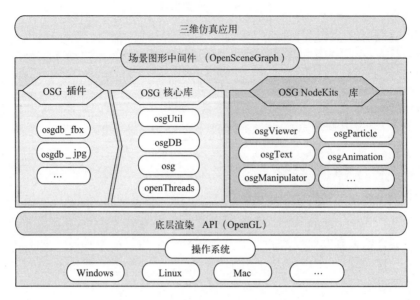

图 11-2  OpenSceneGraph 体系结构

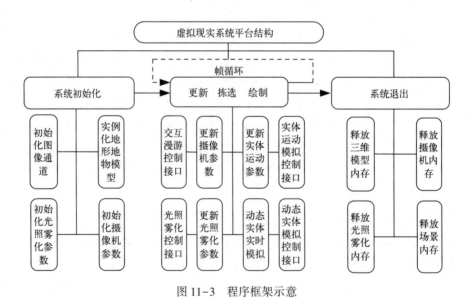

图 11-3  程序框架示意

# 11.5  梯级水库群调控仿真模拟关键技术

## 11.5.1  基于碰撞检测的多模式漫游控制技术

虚拟环境的多模式漫游控制通过键盘、鼠标等基本的输入设备控制视点(或摄像机)的空间位置及旋转变化,实现在场景中飞行或行走,比如前进、后退、左转、右转、上升、下降、俯瞰、仰视等。这不仅增强用户的沉浸感及方便用于检验场景模型正确性，而且能够自由观看水库群调度变化引起的水动力水质效应的时空演变情况，以此检验调度方案的合理性以及水流变化模拟预测的正确性，更为决策者制定可操作的方案提供基础。系统场景漫游包括了固定路径漫游、视点聚焦漫游和手动漫游三种模式，并利用了碰撞检测技术防止漫游中不合理地"穿越"地形或物体。碰撞检测限制了漫游视点与物体之间的几何位置关系，如检测视点与物体的距离判断是否发生了碰撞，当距离小于某值时即认为发生了碰撞，视点会自动向后退移，使用户能够更加真实自然地与场景进行交互。进行碰撞检测的一个常用方法是包围体方法，即将物体用具有简单形状的包围体 BV 包围起来，首先用物体的 BV 进行碰撞检测，如果两个物体相交，则继续判断内部物体是否发生碰撞相交。BV 法虽然增加了碰撞检测的判断次数，但是却减少了不相交判断的计算时间，总体上减少碰撞检测计算的平均代价。完全采用原物体进行碰撞检测显然不太合理，可以采用多个多边形表示包围体，这些多边形将物体包裹起来，并且代替物体进行碰撞检测，多边形划分得越细，则碰撞检测越精确，在判断物体是否相交的过程中，也可以引入 LOD 技术，即用多个不同精度的 BV 包括物体，当确定两个 BV 相交后，再采用更加精细的 BV 进行相交判断。通过设置一些透明的 BV 还可以将用户的活动限制在一定范围内。

## 11.5.2　基于虚拟环境的可视化信息查询与分析技术

可视化信息查询与分析包括双向查询、条件查询与热链接等功能，可视化的信息分析主要分析水位、水质变化趋势及水质多断面评价分析，并用直观的图表显示出来；信息查询包括了某时刻的水位信息、水质信息以及实体信息的查询等。

双向查询实现方法如下：打开并激活要查询的对应实体，用鼠标拾取该实体上任意一点，则可弹出与之相应的信息。其原理是由于系统中属性数据与空间数据的一一对应关系，使得当鼠标激活实体上的某一点时，同时也激活了对应属性数据库中对应该实体的记录，从而把该记录有关字段的内容显示在查询结果对话框中。相反，拾取属性数据库中的某一条记录，即可查询到虚拟环境中对应的实体，被查询到的实体颜色变得鲜亮，以示突出，并且视点会定位到该实体。条件查询是指根据特定的逻辑表达式作为查询条件，可查询到虚拟仿真系统中符合该逻辑条件的信息分布。对于按时间的动态数据的查询，使用条件查询尤为方便。热链接就是把某一实体和另外的图形、文本文件、数据库、应用模型、视频等对象连接起来。当启动热链接，用鼠标点中该实体时，能立刻显示出与该图素相连接的对象。比如，查询各水利工程建筑物设计 CAD 详图就可以通过热链接实现。各个建筑物在虚拟环境中以经过适当简化的三维立体表示，若要了解建筑物的结构设计详图或细部图，就可以用该建筑物对应属性数据库中某个字段的数据（字符型）为公共项数据建立热链接，即将要表示的结构设计图转换成视图文件，赋予与公共数据相同的名称存放在系统文件中，由此建立热键连接关系。查询时，激活该实体和菜单界面中的热链接按钮，以鼠标拾取要查询的建筑物，则弹出一窗口，窗口中显示了与其相连接的该建筑物的设计详图。

## 11.5.3 基于远程自动控制的闸门反馈动态仿真技术

在水库实际调度过程中，大坝孔口闸启闭、船闸启闭以及水轮机旋转速度调整已经实现了自动或半自动的控制，通过传感器设备将采集到的闸门开度信息或水轮机转速信息传递到三维虚拟仿真平台中，驱动虚拟环境中相应实体形态变化，实现物理实体和虚拟实体的双向通信，有助于管理者掌控工程运行。若要对虚拟环境中实体进行可视化与动态模拟，常规的仅仅靠纹理图像配以简单的几何构建难以对实体模型细部结构进行描述及操控，需要按照这些物体的实际尺寸进行详细建模，并按照层次结构进行组织，通过设置运动链和局部坐标对其灵活操控及实时驱动。Multigen Creator 建模软件平台中提供了功能较强的运动链分析支持（张尚弘，易雨君，夏忠喜，2011），通过调整模型的结构树层次关系，将需要运动的实体部件按照相互关系分别置于不同的运动自由度（DOF）节点下，而后通过控制 DOF 节点实现部件的运动模拟。因为各 DOF 节点的运动都是基于其本身的局部坐标系的，因此这些节点的运动可不考虑整体的坐标变换情况，只需提供局部坐标运动方程。某 DOF 节点位置的变化会牵动下一级 DOF 节点，以继承上一级节点的运动和约束，同时下一级节点也可以在自身局部坐标系下运动，整个运动的合成效果则是两种运动的叠加。如三峡升船机、大坝孔口闸门等可通过此种方式完成建模。其关键步骤如下：①在实体模型组节点下创建 DOF 父节点，将设置自由度的模型都移动到该节点下，成为 DOF 节点的子节点；②使用"Local-DOF/Position DOF"功能模块创建局部坐标系，受运动控制的实体部件相对于局部坐标系旋转和移动；③利用"Local-DOF/Set DOF Limits"功能模块设置该 DOF 节点相对局部坐标系的自由度属性；④在仿真程序中对 DOF 节点进行调用，便可模拟相对实体的运动。

## 11.5.4 基于物理模型的大坝泄流过程可视化仿真技术

用计算机逼真模拟高坝泄洪雾化现象，对于直观分析雾化影响范围及程度、方便决策、防范危害、确保工程安全具有现实意义。现有关于泄洪雾化的研究主要集中在理论计算、物理模型或圆形观测方面，而很少涉及泄洪雾化现象的计算机模拟和可视化，尤其是基于一定物理机理、实现不规则泄洪水流运动场景的虚拟，更是一个新的研究课题。大坝泄流过程可视化仿真是在水舌运动轨迹方程、沿程速度方程、水舌扩散模式、水舌跌入水垫面碰溅动量守恒方程以及喷溅水滴运动方程的控制下，利用粒子系统模拟水舌运动、水舌变厚变宽以及水舌跌水碰溅现象（刘东海等，2005）。认为水流由众多类似水滴的粒子组成，每个粒子具有空间位置、运动速度、加速度、大小、形状及生命周期等属性，所有水滴粒子的共同运动构成了泄洪水流运动的整体特征。粒子数量的多少直接决定了水流的密度，数目很少，产生水流失真；数目过多，计算及绘制时间增加。在粒子系统中，新水滴粒子的产生由一个随机过程控制，在每一帧

(每帧对应单位时间)产生的粒子数目表示为围绕均值变化的正态分布随机数。水滴粒子初始产生于挑流出口断面处,且在出口断面上呈均匀分布,运动空间位置变化由水舌运动轨迹方程和沿程速度方程确定。在运动中,每个粒子从出口断面出来后,在沿断面宽度方向没有相对位移,且对于相同时刻产生的每个粒子在纵向上同步运动。但是,为描述水舌在空中的掺气扩散以及水舌运动的一定随机性,需对粒子的空间位置进行修正。水滴粒子的速度是个具有大小和方向的矢量,随时间变化,且具有一定随机性,根据运动速度方程,可以表示为随机变化的值。水滴粒子在系统中不断产生、运动和消亡,反映水流从出口不断喷射、空中运动、水面碰溅甚至湮没于水面或地面的过程。所以,可以认为水滴粒子若碰到地面或溅起后二次跌入水垫面时,则粒子自动消亡。为维持系统中粒子的数量,需不断产生新粒子。其具体的步骤如下:①结合大坝泄洪水流物理机制,建立泄洪挑流水滴粒子的运动轨迹方程;②在大坝孔洞出口断面生成一定数量的具有初始属性的水滴粒子,每次生成的新水滴粒子数目可由一个随机过程来控制;③计算每一帧里所有存活的水滴粒子的运动位置,其中水滴粒子的运动位置可由步骤①中所建立的运动轨迹方程求解得到;④定义水滴粒子从产生到跌入水中所经历的时间为其生命期,即当水滴粒子跌入水中后要消亡;⑤对所有存活的水滴粒子进行图像的绘制,并使系统向前推进一帧。重复步骤②~⑤即可很好地实现大坝泄洪过程的动态模拟。

## 11.5.5　基于水动力学模型的河道水流流场可视化仿真技术

数学模型计算与物理实验、原型观测并列为流域研究的三大手段,已在工程建设的各个阶段发挥了重要作用(王兴奎等,2006)。数学模型计算往往会产生大量数据,但这些数据本身并不能直观形象地揭示现象本质特征,如对流场中特定结构涡核、漩流等。运用可视化技术,结合虚拟现实技术,将计算数据映射为静态或动态数据的图形图像,有助于科研人员进行数据分析,寻找数据关联并进行科学推理。科学计算可视化是利用现代计算机强大的图形功能把科学计算中产生的数字信息变成直观的以图像或图形信息表示的、随时间和空间变化的物理现象或物理量,从而形象直观地反映数据场量的分布情况,并提供处理工具和手段。

运用河道水流模型或水沙模型计算时,首先将研究区域离散化为网格单元,一般为四边形网格、三角形网格或混合网格;然后在网格单元上离散水流模型或水沙模型的控制方程,形成数值方程组;接着,选择数值算法求解数值方程,获得某一时刻计算网格节点上的流速、水位、流量、泥沙量等信息;最后,按照一定的时间步长输出模型计算结果。这些模型计算结果用欧拉场表示,在进行流场可视化仿真时,需要将其转换为拉格朗日场,用于追踪水体粒子的运动轨迹。在流场转换时,视可视化效果选定时间步长驱动水体粒子运动以平滑仿真水体粒子运动,若模型计算结果输出时间步长过长,或缩短模型计算输出时间步长,或将相邻输出时刻的模型计算结果线性插值。

将水体视为水体粒子的集合，可以用粒子系统表示（冶运涛等，2011）。流场可视化仿真可以通过粒子系统中粒子产生、粒子运动、粒子死亡、粒子绘制表达整个水流状态的动态变化情况。粒子产生是基于模型计算网格对空间分布情况控制，并规定每个网格单元内粒子数目阈值；由于粒子运动可能造成单元内粒子数目超过规定阈值，则将多余的"死亡"粒子进行删减，若小于给定阈值，那么产生新的粒子；粒子产生时的粒子属性根据粒子所在网格单元节点的水流特性值插值计算得到。粒子运动由流速、时间和位置组成的常微分方程控制，采用自适应 Runge-Kutta 方法积分常微分方程得到粒子新位置，同时通过扫描数值计算网格，根据所在网格单元节点的属性值插值计算出粒子属性。粒子死亡满足以下两个条件之一：一是网格单元内粒子数目超过规定阈值；二是粒子运动到河道外。粒子绘制是对整个研究区域存在的粒子进行绘制显示，粒子形状设计为一定粗细的三维实体箭头，实体箭头的长度表示流速大小，箭头的指向表示流速方向，实体的厚度表示水深或水位的高低，实体箭头的颜色表示泥沙量浓度大小，这样能够实现标矢量统一表达；根据系统建设需要，也可以对粒子进行线性箭头绘制，线段长度和指向分别表示流速大小和方向，颜色可以表示泥沙量、水深或水位值，设置按钮进行切换用不同颜色显示标量信息时空分布。

在场景控制漫游过程中，视点可能距离关注河道较远，可以自动关闭流场显示，以河道纹理代替显示河道水面，或者削减总数对粒子空间分布进行调整；若部分河道流场位于视点范围内，对位于视点范围外的河道流场进行自动消隐。上述处理方式的目的是降低系统渲染数据量，提高系统运行速度。

## 11.5.6 基于水质模型的污染物运移可视化仿真技术

与河道水流流场不同，水质模型输出的模拟结果属于标量场，其可视化方法包括颜色映射、云图、等值面及体绘制等。颜色映射与云图应用于一维、二维水质模型模拟预测结果的可视化；等值面与体绘制用于三维水质模型模拟预测结果的可视化。

一维水质模型模拟预测可视化仿真步骤如下：①在模型计算断面之间视情况增加用于演示的辅助断面，顺直河段处增加辅助断面少，弯曲河段处增加辅助断面多，计算断面和辅助断面构成可视化仿真演示断面集合。②根据辅助断面与上、下游计算断面的距离，线性插值出辅助断面的水质浓度，依此类推，可以得到演示断面集合的浓度场。③为了使浓度场时序变化更加符合实际情况，需要结合河道地形追踪出每个断面水位与地形相交的淹没点，具体算法见文献（冶运涛等，2009a）。④利用颜色的梯度变化表示断面浓度值的大小，根据断面的淹没点构成三角网格，形成浓度场序列（冶运涛等，2012）。

二维水质模型通常基于规则或不规则网格输出的模型计算网格单元或网格节点的水质浓度值，若模型计算为网格单元的浓度值，可视化之前利用反距离权重插值方法计算出网格节点的水质浓度值。对于规则格网，由于节点和单元之间拓扑结构明显，很容易离散为三角形网格单元；对于不规则格网为三角形单元的网格，不予以处理，对于其他单元，如常用的四边形网格，将其离散化为三角形网格。在三角形网格化的基础上，结合网格节点浓度值，建立与其对应的颜色映射列表，直接绘制浓度场。在此基础上，追踪浓度场的等值线并填充等值线形成表达浓度场的云图。

二维水质模型基于分层网格计算，分层网格构成了水体的真三维数据。三维数据处理方法主要分为两大类：一类是采用光纤透射算法或单元投影法对有限元分析结果数据场进行体绘制；另一类是直接从有限元分析结果数据中抽取出等值面。采用体绘制技术，能够显示出数据场中丰富的信息，图形质量较高，结果保真性较好，但生成每一幅图像十分费时，不利于交互显示有限元数据信息。而采用抽取等值面方法，可以直接利用计算机图形学技术，快速地显示图像，能够更好地满足有限元分析结果实时显示的需求。传统的移动立方体方法（Marching Cube，MC）难以处理任意 8 节点六面体单元的有限元分析结果数据，为避免该不足，利用单元节点相关性的等值面构造算法实现三维模型计算结果的体可视化（王威信等，2000）。以六面体为例，算法描述如下：①根据所给定的值，分别与六面体单元上 8 个节点处的物理量值进行比较判断。②当前六面体单元的 8 个节点均为正点或均为负点，则转至⑥。③搜索当前正点的 3 个相关点。④如果相关点为负点，则在正点与负点之间利用线性插值计算出等值点的坐标。⑤如果相关点为正点，则以该点为当前点，转至③。⑥进行下一单元，做同样处理。⑦将搜索出的等值点连接为等值面片。

## 11.5.7　基于在线监测的水库调控可视化预警技术

可视化预警主要包括水位预警、水质预警、设备运行预警、大坝安全预警等。充分利用河道关键断面处、设备运行关键部件处及大坝关键部位等处布设的传感器设备，实时采集河道的水位、水质、设备运行状态和大坝形变等数据，以无线或有线的方式迅速传输到监控中心，按给定的预警分级指标，发出报警信息；还可以结合数值模型，预测水文安全事件和工程安全事件的演变趋势，适时发出预警，并将这些报警或预警信息以不同的颜色动态显示在三维虚拟环境中，并配以声音播放或解说。以水质预警为例，对水质自动监测站、常规水质监测断面、入河排污口监测站点以及入库污染物的实时监视，监测数据通过 GPRS、局域网等传输方式传送到三维虚拟仿真系统平台，并通过人工选择分析方法、标准和阈值实现分析报警。在此基础上，利用水质预警模型模拟污染物运移变化过程，实现突发性污染事件预警。在应急处理过程中，展示水情、水质信息，包括重要常规水质监测断面水质现状及趋势、实时水情和水质自动监测站监测信息和水质现状评价信息展示。根据实时水质监测结果，显示主要河道的水质评价图，在电子地图上标注常规水质监测断面和自动水质监测站的位置、最新监测数据和现状水质类别；展示自动水质监测站的最新监测信息，以折线图的形式展示监测断面的高锰酸盐指数、氨氮、总磷、总氮等监测指标的变化趋势。

## 11.5.8　基于虚拟环境的多方案优选仿真技术

　　大型梯级水库群承担着防洪、发电、航运、供水、生态等多项任务，为优化水库群调度，发挥综合效益，在对水库的实际管理中，可利用虚拟仿真平台来优化各种工程或调度方案。三峡工程建成后，实行冬季蓄水夏季放水排沙的"蓄清排浑"的运行方案，受水库运行调节及自然环境本底影响与控制，库区 145～175 m 高程将全部成为周期性淹没的消落区，现有的生态系统发生重大演变，很可能导致严重生态环境问题，将破坏三峡水库与库岸景观和旅游环境。为了综合治理消落带生态环境，可以根据不同调度时期的消落带淹没情况种植不同的作物，从而可以防治消落带水土流失、改善生态环境、美化旅游景观，这种效果可以在三维虚拟仿真平台中进行模拟。长江中、上游大型水库修建改善了航运条件，但是由于河道地形复杂，出现了许多碍航河段，同时由于水库调度造成的水动力效应，给航船运行带来了困难。可以结合水动力学模型、数字高程模型、水库调度模型和优化模型，建立航线优选模型，确定最优航线，将最优航线、碍航区域、水流流态不稳定区域通过可视化方式与周围环境相融合，仿真模拟航船的运行调度过程。同样，大坝的阻隔影响了水流的连续性和鱼类的洄游通道，带来的水流流态的变化会影响生物栖息地的变化，结合水沙模型、栖息地模型、水库调度模型识别出栖息地区域，通过三维虚拟仿真平台将栖息地变化情况标识在虚拟环境中，动态仿真不同生物种群的栖息地区域变化。

## 11.5.9　基于水库调度的库容变化可视化动态仿真技术

　　水库防洪作用的大小是由防洪库容决定的。湖泊型水库的水面比较开阔，水流坡降缓且流速很小，水面趋于水平，其淹没区域的动态变化可以采用基于广度优先搜索数据结构的种子点蔓延算法。该算法指在区域选定种子点，赋予特定的属性和作用规则，然后沿围绕种子点的各方向蔓延扩散，将该属性和作用规则扩展到整个区域。利用种子点蔓延算法进行淹没分析，就是按给定水位条件，求取符合数据采集分析精度，且具有连通关联分布的点的集合，该集合计算得到连续平面就是要估算的淹没区范围；满足水位条件，但与种子点不具备连通关联性的其他连续平面，将不能进入集合区内。顾及洪水淹没的实际情况，本章方法的起始淹没点位置一般选在坝前附近的网格内，以该网格为种子点向外遍历其领域网格，将满足淹没条件的网格存入淹没缓存区，并不断迭代计算，直至获取整个淹没区范围。其中，网格淹没判断的条件为：一是是否与已淹没网格相邻；二是网格平均高程是否低于当前种子点修正后的水位。在种子点向外扩散过程中，如果对淹没区内的所有网格进行扩散计算，会降低洪水演进计算的效率，因此，本章算法对淹没区边界网格和淹没区内部网格采用不同的处理策略：对于淹没区的边界网格，将其视为新的种子点，进行新一轮的扩散计算；对于淹没区内部的网格，则在新的水位的基础上，计算更新该网格的水深信息。

河道型水库库面宽度较小，而水库的回水范围可能较长，水面线坡降比较大，不能用"水平面"的方法进行模拟仿真，而采用考虑到水面线演进和变化的动库容计算方法，按照不恒定的水动力学理论和模型进行分析和计算，河道型水库库区的水流演进模拟需要的水动力学方程可以用一维的河道水流运动圣维南方程组描述，方程采用四点线性隐式差分格式进行求解，在实际水库进行计算时，需要将整个水库库区概化为分段河网进行计算。支流调节能力按静库容方法计算（出口水位按动库容计算），支流库容根据实测地形资料分别建立库容曲线；区间和支流水量根据实测资料和降雨径流水文模型计算（丁雨淋等，2013）。由于库区淹没动态变化的可视化仿真基于水动力学模型计算的断面水位，搜索河道的淹没边界、确定淹没区域的网格单元集合，然后进行渲染，即可在三维虚拟环境中演示河道型水库库容的动态变化过程。

## 11.6　工程实例应用

三峡工程是治理和开发长江的关键性骨干工程，是当今世界最大的水利枢纽工程，具有防洪、发电、航运、供水及生态等综合功能。三峡工程在带来巨大社会效益和经济效益的同时，出现了频繁发生的库区支流"水华"现象、水库下游清水下泄导致河道崩岸以及消落带区域的生态环境问题，甚至水电站调节引发的非恒定过程对三峡与葛洲坝两坝间通航条件造成了很大影响。这些问题是由梯级水库群调控水动力水质效应失衡造成的。众多学者通过建设河道整治工程和水库联合调度研究来改变水动力条件，从而解决水库上下游的生态环境、通航及崩岸问题。在这些生产实践和科学研究中产生了由原型观测、物理实验和数学模型计算产生的海量数据，这些海量数据能不能有效地得到解释，从中提炼和挖掘潜在规律，并采用合理的方式进行直观表达，成为研究人员面临的问题。通过构建仿真系统，将这些数据的空间变化通过科学计算可视化技术展现于虚拟环境中，能够直观地表达各种规则数据的时空分布，提高海量数据综合管理和挖掘效率，服务于梯级水库调控。

利用以上技术，构建了三峡–葛洲坝梯级水库调控水动力水质效应虚拟仿真平台。三峡河道地形精度为1∶5 000，河道外地形精度1∶250 000，地表纹理通过对遥感影像合成生成，利用三维建模工具 Terra Vista 对河道及周围场景进行嵌套建模；三峡大坝、升船机及水轮机转子根据实际设计资料在 Multigen Creator 中进行精细建模生成；其他相关属性数据存储在 SQL Server 中。利用开源三维视景软件包 OSG，导入生成的地形地物模型，生成三维虚拟仿真平台，通过研发的虚拟表达关键技术，实现了三维场景的漫游、信息可视化查询分析、闸门控制的动态反馈、泄流的可视化仿真、流场的可视化模拟、水质的可视化、实时数据的预警、三峡消落带方案的优化和库容变化可视化仿真等功能，其效果如图 11-4 至图 11-9 所示。

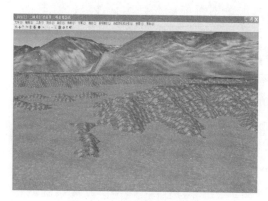

图 11-4　裸露地面消落带

图 11-5　植被覆盖消落带

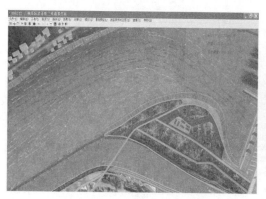

图 11-6　三峡下游的涡流状态

图 11-7　流场信息的查询

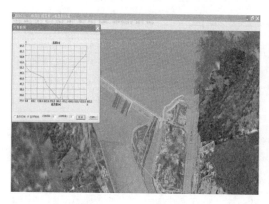

图 11-8　河道断面截取

图 11-9　水淹模拟分析

# 第 12 章 黑河流域水资源调配三维虚拟仿真平台

## 12.1 引言

黑河三维虚拟仿真平台的建设是指根据黑河流域水资源调配管理的应用目标，在数据集成平台的支持下，结合各专业模型，使虚拟系统平台将水资源优化配置及调度管理等仿真模型能够完整地集成在一起，形成一个面向具体应用的虚拟仿真系统。在这个应用虚拟仿真系统中集成了与水资源调配相关的专业知识、模型和推理规则，充分利用 GIS 提供的空间分析功能、优化技术和三维交互技术，并通过虚拟仿真系统将分析结果表现出来。从而为决策者提供友好的虚拟仿真会商平台。

黑河流域三维虚拟仿真平台采用三维可视化的界面来进行各种多源空间数据无缝集成管理，以满足黑河流域水资源调配管理工作所有对信息查询、统计、归档、更新及空间分析等多方面要求；各个流域子模拟仿真系统由系统进行接口的统一集成管理，从而实现各专业决策分析模型的集成管理；利用 GIS 提供的空间分析功能、优化技术和三维交互技术搭建黑河流域数字动态模拟系统，实现多方案的对比研究和方案优化分析，并能通过动态虚拟仿真系统表现各种模拟分析结果。

系统集成以多源空间数据无缝集成技术为核心，设计以 3DGIS 为承载体的(数据类型包括：DEM 数字高程模型、DOQ 数字影像、DRQ 数字栅格地图、DTI 数字专题信息以及文字表格形式)数字摄影测量的数字成果、遥感解译成果、地面水文观测成果、地质调查成果、计算机辅助设计成果、人文与社会经济数据融为一体的数字化集成平台。

系统实现在三维虚拟仿真环境中提供进行距离、高度、体积精确测量，地理环境参数实时调整的数字动态模拟仿真技术。根据虚拟现实系统的体系结构分析数据模型，数据接口与交互的方式，使之能顺利将数据导入虚拟现实系统中，并能在虚拟现实系统平台上进行二次开发。虚拟系统平台采用多媒体技术，在声、光、色等方面动画模拟工程真实环境和不同工程方案的虚拟景观，完成虚拟系统工具组件的开发。

## 12.2　水资源调配仿真平台框架

　　VRMap2 是北京灵图软件技术有限公司自主开发的三维地理信息系统软件平台。这套产品综合了国内外多项最新的三维地理信息技术以及图形图像技术的研究成果，并对其中若干关键技术进行了创新，在三维地理信息技术上有自己的领先的核心技术。这使得 VRMap2 在中高档个人计算机上就可以真实地再现三维地形地貌景观，其场景实时漫游速度、地形数据规模、仿真效果等技术指标均全面领先于国内外其他同类产品。VRMap2 支持 BMP、JPG、USGS DEM、Grid、E00 Grid、Mif、E00、Shp、3DS、Dxf 等多种影像、栅格、矢量和三维造型数据，可以处理 5 000×5 000 规模的 DEM 格网；具有全面的对象管理方式，可以通过修改对象属性对对象进行编辑和精确控制；支持阴影、基于 Light Scape 辐射度的显示效果、各种环境(天空、云等)、粒子系统、雾化效果、点光源和聚光灯；支持 Access、SQL Server、Oracle 数据库；具备 GIS 的测量、统计、查询功能；可进行地形平整、水淹分析等专题操作。此外，VRMap2 还支持 VBA 编程和插件扩展，可以使用 VB、VC 为平台进行插件开发，扩展平台应用，VRMap2 SDK 提供全套的三维 GIS 软件开发解决方案，可以用 VB、VC 等面向对象开发语言编程开发具体的三维 GIS 应用系统子系统。

　　在黑河水资源调配系统中应用虚拟仿真技术，是在三维平台上用多层次、多方向的方法来描述一个大流域的尝试。系统不仅仅是要用三维的方法来显示黑河流域的地物地貌，更是着眼于应用先进的三维图形技术于传统水利工程，将多种信息和模型融合在这个系统中，利用先进的计算机建模技术、高速 3D 图形处理技术、海量数据存储技术、空间动态数据挖掘技术等，将采集来的烦琐、枯燥的信息和处理后的数据用最直接、最精练而又不失真的形式反映到现实中。同时，利用数据仓库、网络、模型库等技术，简化信息传达的通道，自动处理庞大的信息，更加智能、高效地管理黑河水资源信息化数据。这除了需要强大的硬件平台支持外，还需要具有强大的兼容能力、扩展能力和拓扑能力的软件平台支持。黑河三维仿真系统框架如图 12-1 所示。

　　黑河流域虚拟仿真系统主要分为虚拟环境建设和界面功能开发两部分。其中，黑河流域虚拟环境建设是整个虚拟仿真系统构建的基础，又包括基本环境建模(静态)和高级环境建模(动态)两部分。基本环境主要是基本的地形环境的模拟，包括黑河流域的冰川雪地、沙漠、灌木林、疏木林、滩地、城镇用地、沙地、戈壁、

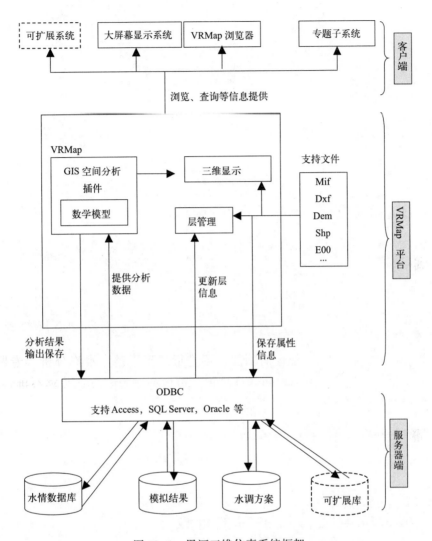

图 12-1 黑河三维仿真系统框架

盐碱地、裸岩、石砾地、山地水田、丘陵旱地和平原旱地等类型。由于目前黑河流域没有大的枢纽性建筑，所以以灌区及生态环境为虚拟环境的主要表现内容。同时，气象站、雨量站和水文站等建筑物用局部建模处理，干线公路和铁路也专门建立相应的模型。高级环境建模主要是模拟地表水流动和地下水汇集，此部分除了采用特殊方法建立模型外，还需要编程控制水流的动态过程。另外，系统还需要方便操作，同时担负起地表和地下水文模型的控制及数据的交互功能。根据以上系统功能的需要，本系统采用如图 12-2 所示的虚拟场景建设框架。

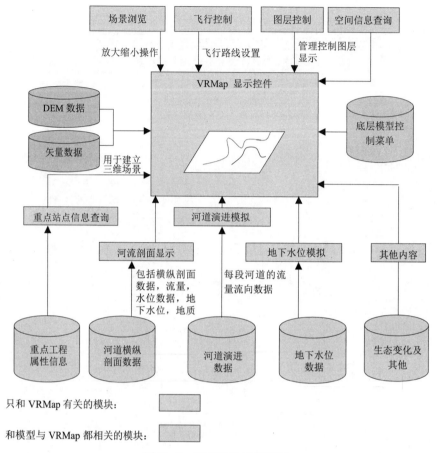

图 12-2　黑河三维场景框架

# 12.3　水资源调配仿真平台关键技术

## 12.3.1　金字塔三维数据引擎

由于应用的不断深入，用户对软件产品支持的数据量需求越来越高，而且这种需求的增长远远超出了硬件能力的增长。庞大的数据量与有限的内存资源和有限的硬件处理能力之间的矛盾越来越大，金字塔三维数据引擎的诞生正好解决了这个难题。

金字塔数据引擎是海量数据解决方案中的核心部分，它不是一种单一的技术，而是海量数据技术构架中多种技术的合集。这些技术涉及各个技术领域：包括磁盘数据存储技术、内存数据组织技术、数据动态装载/卸载技术、纹理动态载入技术、复杂消隐技术（CG）、多分辨率模型（CG）以及相关的其他技术（Moore 等，1993；张柯，2002）。

金字塔数据引擎真正实现了对海量数据的连续浏览，而最具革命性的是，它实现了对不同尺度海量数据的连续浏览，在保证高效浏览效果的同时，保持了整个数据从宏观纵览到每个局部细节的精湛表现，达到了图形表现质量与速度完美的一致性。

金字塔数据引擎的另一个重要优势是其普适性和良好的延展性，不同于某些传统的专业软件，只能对专用数据类型进行优化，而且不易编辑。金字塔数据引擎基于COM技术进行构架，可以延展到任意的数据类型（DEM，矢量地物，复杂模型以及扩展的数据类型），其耦合的特性使得动态编辑和场景的动态链接变为可能。

该引擎在设计之初就瞄准了网络三维这一重要方向，其良好的普适性使其适用于各种数据源，包括局域网和宽带 Web，其架构如图 12-3 所示。

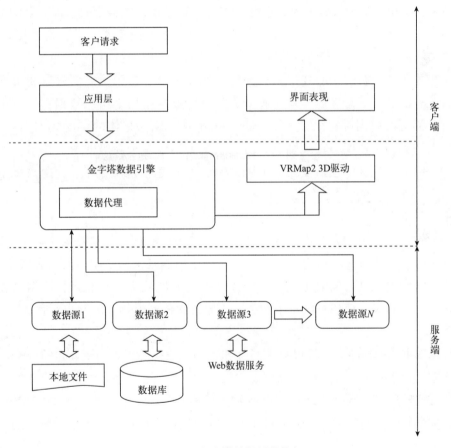

图 12-3　金字塔数据引擎构架

金字塔三维海量数据引擎包括五部分。①分级索引架构（Hierachical Index System）：通过 R 树来组织所有的三维数据元，该技术符合主流商用数据库的空间数据存储标准。②数据异步装载/淘汰引擎：在浏览的动态过程中并行载入数据，并根据需要卸载无用的数据，使得用户可以浏览的数据量与内存大小无关。③分级 LOD 自动生成（Hierachical LOD generation）：大尺度上的 LOD 算法模型，支持跨数据元的 LOD 生成。

多种连续 LOD 算法模型(Continuous LOD)基于地形的视点相关 LOD 技术以及基于二次误差度量(QEM)的 LOD 技术。④分级遮挡剔除(Hierachical Occlusion Testing):采用图形界最新的遮挡剔除技术,与金字塔引擎紧密融合,提供了最佳的地面和室内浏览性能。⑤场景耦合技术:将不同的场景动态组装成一个更大的场景,该技术可以构建真正意义上的海量数据。

## 12.3.2 浏览海量地形数据

在很多 GIS 行业应用中,用户都对系统提出了海量数据处理的能力。在三维地理信息系统领域,海量数据大致可分为两类,即地域广度意义上和细节精细程度上。从广度意义上来说,海量数据指地域跨度非常大的数据量,如整个北京市、全中国乃至全世界,如此地域跨度非常大的地图数据往往数据量大得惊人;从细节意义上来说,海量数据指那些接近真实视觉效果的数据。

系统采用了全新的核心技术来构架海量数据引擎,达到了广度海量和细度海量的完美统一。在广度意义上,系统采用了金字塔数据结构来组织数据,使得用户在任一时刻浏览的数据都只是金字塔中的一个小角,无论整体的广度数据多么庞大,都不会影响到浏览速度。在细度意义上,系统采用了多种高级的图形技术来加速复杂结构的渲染,这其中包括多种 LOD 技术,全自动遮挡排除技术,快速模型生成技术等。

由于三维 GIS 数据极端复杂,且数据量庞大,除了几何数据外,还包括大量纹理贴图数据。如此大的数据量,从载入到开始进入显示状态,常常要花很长的时间,有时甚至长达数十分钟。系统的金字塔海量数据引擎则采用了全新的动态载入架构,在大幅提高浏览速度的同时也提高了载入速度,并实现了并行载入,即浏览和载入同时进行。并行载入使用户察觉不到载入所导致的任何停顿,因此也可称为"零时间载入"。

海量数据的处理能力不仅仅只是浏览和查询,数据的编辑与更新也是一个必须解决的问题。由于系统采用了数据分布式存储技术,根据数据的元数据信息在客户端动态组装,这样用户对数据的编辑和更新就变得相当灵活,不需要考虑局部编辑之后,再与总数据组装。同时也在底层架构好了与空间数据库的接口,为空间数据的统一管理打好了基础。

## 12.3.3 Mesh-Skin 匹配技术

在过去的十几年里,传统的 GIS 在不断深入的应用中得到充分发展,已经形成了成熟的产品系列并积累了大量的应用数据。在不断的客户需求的推动下,GIS 已经逐渐从传统的二维扩展到三维。而三维不同于二维,不仅只是在维度上增加了,在表现手段和方式上要远远比二维更丰富,数据种类与复杂程度也远远高于传统 GIS 数据。

为了充分利用已有的 GIS 软件模块和应用数据，同时发挥出三维真正的优势，通过采用基于 Mesh-Skin 的技术，在传统二维 GIS 和三维之间建起了一座桥梁。

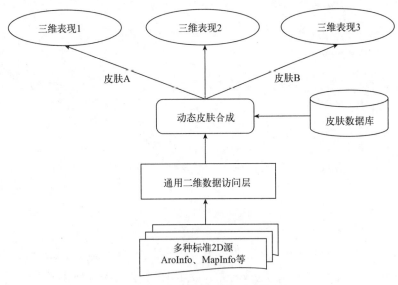

图 12-4　二维数据三维可视化流程

在皮肤技术里，二维 GIS 数据被看作是骨架数据，而三维的表现方式及所涉及的数据作为皮肤数据。这种皮肤与骨架的关系不仅表现在数据层次上，在软件构架上同样如此。

皮肤技术将二维基础数据与表现模型分离开来，而在浏览时刻动态合成，这大大降低了资源消耗，提高了系统效率。它将抽象数据世界（二维）与多态的真实世界（三维）完美地结合起来，例如：抽象的二维点、线、面可以生成标志建筑物、河流、树林等。另外，数据独立的特性使得二维、三维数据的独立编辑成为可能（图 12-5 和图 12-6）。

(a) 点匹配之前的表现形式

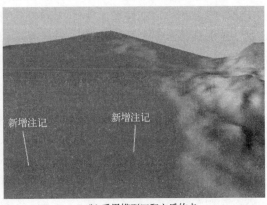

(b) 采用模型匹配之后的点

图 12-5　点匹配示意

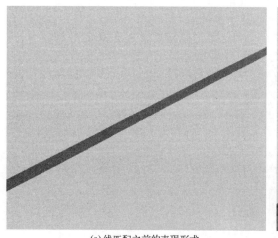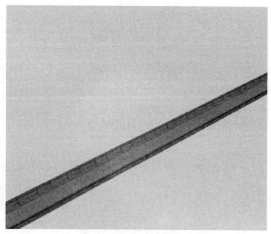

(a) 线匹配之前的表现形式　　　　　　　　　　(b) 采用模型匹配之后的矢量线

图 12-6　线匹配示意

系统中使用如下皮肤技术：①公路，铁路，管线的自动生成。②公路，铁路两侧景观自动生成，如路灯，树林，电线杆等。③楼房，建筑物自动生成，包括各种房型的选择。④区域地块生成，如草地，树林，水域等。

传统二维 GIS 中，利用点、线、面描述地物，对于很多单体，例如：树、电线杆、垃圾桶、里程桩、消防栓等以点来描述，甚至用点表示一个城市，对于这些不同类地物规定了不同的符号。

在三维 GIS 中通过具有真实感的模型来描述一个具体对象。在导入"＊.MIF"或者"＊.SHP"等 GIS 数据时，针对点图层用户可以选择树、模型等，同时也可以设置属性绑定。系统可以自动把这些模型放置到对应点所在位置，并放入一层。用户可以通过编辑层统一调整属性，从而快速建立三维应用。

针对线图层用户可以利用匹配线来从矢量线自动生成公路、铁路、绿化带等线状景观。快速生成、实时更新、没有数据量限制，是用建模方法所无法相比的。由于采用了三维实物模型匹配技术，生成的景观具有极高的精细程度，更重要的是可在匹配的三维实物模型节点外挂微观功能函数，如精确碰撞、投影等。

针对面图层如绿地、树林、湖泊等，用户可以使用匹配面技术。可以根据矢量面数据和设定参数自动生成规则树林、随机林地、湖泊等。

## 12.3.4　使用 COM 技术开发

在黑河流域三维虚拟仿真系统中，COM 技术无处不在，从核心到应用开发界面。不同于某些主流 GIS 平台，只是在应用开发界面上采用了 ActiveX 技术，采用 COM 作为系统构架技术。

组件体系结构的合理性、开放性、前瞻性、扩展性、成熟性，也正是由于采用了先进的系统构架技术，使得系统的扩展性、稳定性、可维护性有了很大的提高，可以方便地通过增加 COM 组件的方法在三维场景中增加表现河道演进、地下水流动的三维对象。

系统分为驱动层、核心层、应用层、扩充集层。用户可以在任何一个层面进行二次开发，例如：在核心层、驱动层增加的海量数据处理能力、高级图形效果都可以方便地提供给用户使用。利用成熟组件体系进行二次开发，可开发出更适合水利行业特点的软件，开发出符合自身特殊需要的成熟的三维地理信息系统和虚拟现实应用，用户不用再一步步从底层做起，可以轻松获得三维地理信息系统和虚拟现实领域的最先进技术，同自己的业务紧密结合，开发出实用好用的系统。

## 12.4　水资源调配仿真基本场景建设

按照先搭建三维场景后连接模型的顺序来开发仿真系统。在黑河流域 1：250 000 的数字高程模型（DEM）上，依次叠加地面纹理贴图、工程仿真模型、水系贴图、注记等。DEM 数据显示黑河流域的地形地貌，水系贴图表现黑河流域水系分布情况，工程仿真模型反映了各个工程的具体方位和结构功能特征。

### 12.4.1　地形三维建模

数字高程模型（DEM）是大范围大流域三维建模的基础，一般有两种数据源，矢量型数据和栅格型数据。其中，格网（GRID）和不规则三角网（TIN）是较常用的 DEM 数据组织形式（Moore 等，1993）。本系统采用的是 GRID 型 DEM 数据，它是一种 XY 平面等间距排列地面点 XYZ 三维坐标的数据形式，其优点是组织结构简单，算法处理速度快，适用于表现起伏变化平滑的地形（张柯等，2002）。地形建模所用的是国家基础地理信息中心发布的 1：250 000 的 DEM，网格尺寸为 100 m×100 m，如图 12-7 所示。

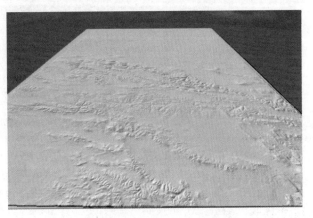

图 12-7　黑河流域 DEM（100 m×100 m）

### 12.4.2　地面纹理贴图

实时浏览三维地形，仅仅靠精确的 DEM 还是不够。DEM 只反映了地形高程的变化，要反映地表植被及土地利用情况，就需要准确的地面纹理贴图来实现。地面纹理贴图就是在 DEM 的封闭网格表面利用像素填充和 RGB 图像映射来增强地形地貌真实感的方法。一般来说，获取地面纹理贴图的方法有：①以目标区的地形图或其他专题图的扫描影像作为纹理图像。②将目标区的矢量数据与地貌纹理复合生成纹理图像。③从各类专业摄影图库中取材，编辑生成纹理图像。④实地摄影获取目标区的纹理图像。⑤从航天、航空遥感影像中获取目标区的纹理图像(张柯等, 2002)。

由于黑河流域范围较大，如果用方法①，则精度不够，方法④和方法⑤缺乏相应的资料，所以采用方法②和方法③相结合的方法来获取纹理。开始尝试用高程分色处理贴图纹理，在灌区使用土地利用数据三维建模，以避免过高的系统负荷，降低系统资源占用率。但在实际应用中系统负荷还是太高，在中高档微机上运行速度明显过慢，而且在远处观察时，由于 VRMap 采用 LOD 技术，系统隐去了大部分的植被模型，场景不是很逼真。据分析，主要是灌区的三维植被模型占用资源太多，后抽疏分布植被模型，并且利用已有的土地利用数据重新制作纹理贴图，既降低了系统资源占用率，也避免了远景时场景失真的缺陷，如图 12-8 所示。

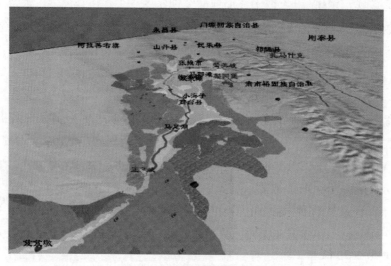

图 12-8  黑河场景纹理贴图

## 12.4.3  工程建筑模型

在建好的场景上还要叠加相应的工程模型，包括雨量站、水文站、气象站、城市、重点铁路、国家级干线公路、灌渠等。这些模型通常要借助计算机辅助设计软件和三维建模渲染软件(如 3DSMax)来单独建模，之后再导入到 VRMap 场景中。除此之外，在场景中还需要添加包括行政分区、水资源分区、观测井等信息。场景中需要显示的信息量比较大，所以需要用一种全新的方法来管理这些信息。系统引进二维 GIS 常用的图层管理方法，将各种工程按类别分成图层，系统可以选择需要显示的工程类别，用户能够直接控制三维场景中的对象，能够方便地对信息进行分类管理。如图 12-9 所示是部分建筑物模型。

(a) 干渠模型

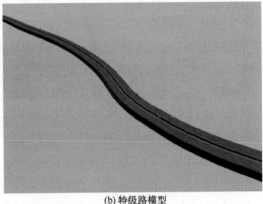
(b) 特级路模型

图 12-9 黑河干渠和特级路模型示意

## 12.4.4 添加注记

在已建好的场景中需要对重点工程、城市和地区进行标注。这些标注不能采用相同的显示距离,并且需要用不同的颜色来区分类型。在 VrMap 平台下,通过设置相应的可视距离和标注属性,可以解决这个问题。对待重点城市、工程和地名,标注大小始终保持不变,而其他的详细标注则需要视点进入一定的范围才显示出来,如图 12-10 所示。

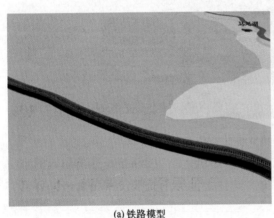
(a) 铁路模型

(a) 场景注记

图 12-10 黑河铁路模型与场景注记示意

# 12.5 水资源调配仿真高级环境建设

## 12.5.1 河道演进模拟

河道演进是黑河水资源调配管理系统建设中比较重要的功能(图 12-11)。对于水量调度来说,随时直观地掌握沿程水量的多少非常重要。大流域三维建模模拟河道演进比较困难，由于要显示全流域的面貌，河道在场景中通常无法显示其宽度。即使放大比例后，依然存在无法显示流量和流速的问题。通常的做法是做局部河段的三维模拟，但这样又无法掌握全局。本系统尝试采用一些特殊方法来进行河道演进模拟。首先，适当放大了河道的宽度，这一宽度在局部浏览时也不会造成失真；其次，放弃了常用的以变化河道宽度的方法来表示流量，因为宽度的变化总是有限，无法确切地表现出流量的相对比例；第三，采用色彩和流速来表现流量，通过颜色深浅的转变显示整条河流的水量变化，同时，在相应的河段上显示流量数据，这样做到了既直观又能纵观全流域的演进模拟。此方法的缺点是，在水位变化较缓和的地方要仔细设置颜色才能形成较好的对比效果，这就需要对黑河历年的水位流量变化情况做深入了解，针对不同的流量，采用不同的色彩纹理。

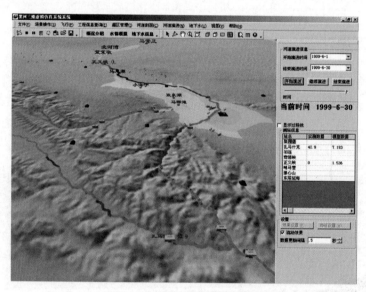

图 12-11　河道演进模拟示意

系统采用色彩和流速来表现流量，通过颜色深浅的转变，能够显示整条河流的水量变化。同时，在相应的河段上显示流量数据，这样做能够既直接又不失真地进行河道演进模拟。

为了更加方便地掌握河道流量，可以显示沿程流量示意图，如图 12-12 所示。

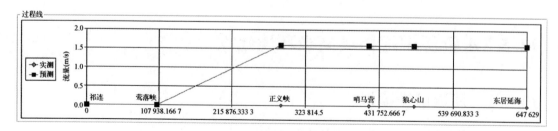

图 12-12　黑河沿程流量示意

## 12.5.2　地下水模拟

地下水模拟也是本次仿真的重点，模拟过程中重点围绕地下水位和流向这两个方面。地下水模拟同时展现地形和地下水位的相应关系，除了用三维视角来表现外，仍旧引入了剖面来进一步细致地表现各层之间的关系。在三维地形上任意选择剖面位置，系统根据地形及地下水数据，实时生成剖面数据，展现地下潜水层时，底层模型通过数据交互传输水位、流速、流向等参数。剥去表层地表后，利用纹理变化技术动态模拟流速及流向的变化情况。这种方法可以表现类似黑河的内陆河流地下水情况，却不大适合地下水资源比较丰富的地区。这是因为在现有条件下，这种方法占用系统资源较多，只能表现较小部分区域的内容。黑河流域的地下水恰好分成彼此隔离的几块，模拟时可以分块显示，如图12-13所示。

## 12.5.3　生态变化

黑河流域生态变化不容乐观，为了反映该变化，在生态恶化最严重的下游，研究人员跟踪了20世纪70年代到2000年的植被覆盖情况。系统根据黑河下游的水文地质情况，结合了气候等情况，对黑河下游生态变化的情况做了一系列的预测(图12-14)。

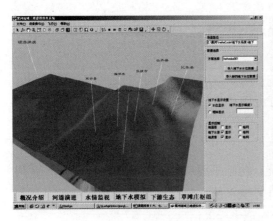
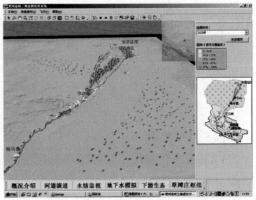

图12-13　地下水模拟示意　　　　　图12-14　黑河下游地区生态变化示意

## 12.5.4　水情监测

为了便于管理人员随时掌握黑河水情及调度的结果，在三维平台上开发了水情监测的模块。系统即时跟踪祁连、扎马什克、莺落峡、正义峡、哨马营、狼心山、东居延海7个重点水文测站的水情信息。系统自动绘制各水文站点的流量过程线，点击站点或过程线后可以查询到详细信息(图12-15)。

### 12.5.5 水利枢纽

黑河流域三维虚拟仿真系统不仅从大尺度方面对黑河流域进行描述,同样也注重细节上的表现。应用三维模型的精细建模,系统重点显示了黑河草滩庄枢纽的面貌(图12-16)。系统预留了接口,可以无限量地添加类似节点。

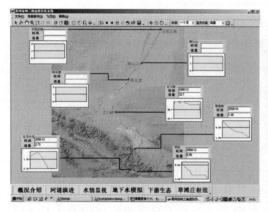 

图 12-15 水情监测示意      图 12-16 黑河草滩庄枢纽示意

## 12.6 水资源调配仿真基本功能建设

(1)交互界面

操作界面工具栏的显示、位置等属性可由用户自己定义以满足不同熟练程度的用户需求。

(2)浏览查询

VRMap 平台提供了很好的场景浏览功能,包括平移、缩放、旋转、飞行等一系列功能,配合键盘快捷键可以方便地浏览虚拟环境系统,包括黑河流域社会经济、水利工程设施、灌区、干渠、铁路、公路、三维地理坐标等信息。

(3)图层控制

系统中包含的内容较多,为了便于组织和浏览,系统用图层的方式对内容进行管理,将不同功能的工程建筑分层管理,并且引入二维 GIS 图层管理的功能,使用户可以主动控制各个图层的属性。通过不同图层之间的组合,能够在一个场景的基础上显示不同主题的内容。这不仅避免了冗余的海量数据,而且无须在不同的场景中来回切换,大大提高了系统的快速反应能力。通过对图层控制栏的简单操作,可以控制系统的展示内容。

# 第 13 章　福建省水资源实时监控三维虚拟仿真平台

## 13.1　引言

当前，水利相关部门已建成了较为完善的雨水情和水资源数据采集设备，收集了大量的雨情、水情、工情及水资源数据，建立了相应的监测站点和管理系统，为实施合理有效的区域水资源监控以及最严格的水资源管理制度奠定了扎实基础。

然而，当前主要以前端的监控和数据采集为主，后端的数据分析与业务应用相对偏弱，普遍存在着基础数据多、用户共享性较差，规范化程度相对较低，系统建设分散导致的异构与重复建设严重，重传统的数据管理，而忽略支撑决策的业务应用开发等问题，尤其是在水资源监控业务应用的三维可视化仿真与集成研究较少。在水利业务可视化仿真领域，诸多专家和学者开展研究，并取得了一些有益的成果。王兴奎、张尚弘等(2006)在三维虚拟仿真场景支撑下，提出了数字流域研究平台建设构想，设计了都江堰虚拟现实系统；钟登华等(2002)提出基于 GIS 的水利水电工程三维可视化图形仿真方法；另外，科学计算可视化仿真、人工耦合技术和虚拟现实技术等可视化技术在不同水利业务中得到应用，以虚拟现实技术为例，由于受到技术和资金等多方面因素制约，未得到大范围推广应用，水利行业涉及的数据量大，应用复杂，数据分析和可视化效果相对不是很好，且存在应用单一和三维空间关联较少等不足。

针对区域水资源监控中存在的问题和当前水利信息技术上存在的不足，采用组件式软件开发技术、框架技术以及计算机三维建模与可视化仿真等技术，基于三维空间地理信息可视化软件 SkylineGlobe 设计了面向区域水资源监控的三维可视化仿真平台（three-dimension visualization simulation platform，3D-VSP），将支撑区域水资源监控的不同业务应用以组件的形式在 3D-VSP 上进行有效协同与集成应用，弥补当前水资源监控建设中存在的不足。融合多源数据资源，进行三维可视化场景建模，采用框架技术将不同的水资源监控业务应用划分为不同的子系统，并最终在三维可视化场景中进行集成，实现面向区域水资源监控的多源信息集成与监测、水资源监视模拟和最严格水资源管理考核等业务应用。以福建省为研究区域，将设计的 3D-VSP 应用到福建省水资源监控中，基于 3D-VSP 开发支撑福建省水资源监控业务应用，为区域水资源管理和水资源可持续利用提供支持。

## 13.2　水资源实时监控仿真平台结构

根据水资源红线管理应用需求，三维监视预警决策平台应具有实时性、可扩展性、较好的三维效果、界面友好与用户交互的特点，遵循"总体设计、模块化划分、组件式开发和集成应用"的思路进行设计与应用开发。

### 13.2.1　平台体系结构

三维监视预警决策平台采用了面向服务的 B/S 架构模式开发，面向服务体系架构充分利用封装、服务组合、松耦合和重用在内的设计原则和模式。利用现有的水资源管理信息系统一期建设好的水资源数据库和业务数据库，借助开放的互联网标准和协议实现数据的互联共享，构建基于 Skyline 的三维监视预警决策平台。该平台整个应用体系由 IT 基础设施层、数据支撑层、应用支撑层和业务呈现层四层结构组成(图 13-1)。

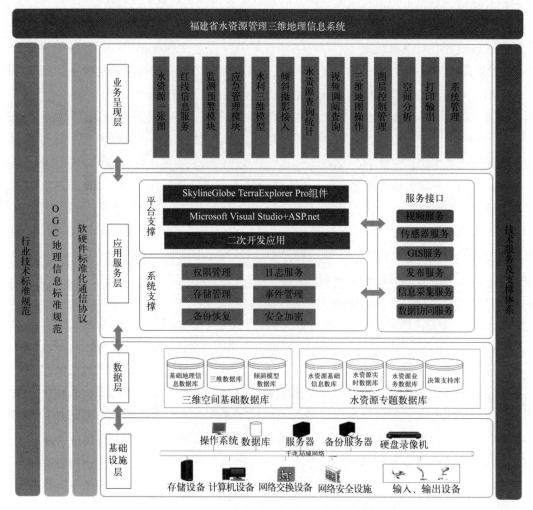

图 13-1　福建省水资源管理三维地理信息系统构架

（1）IT 基础设施层

IT 基础设施层基础网络、服务器、路由器、交换机存储阵列等基础网络硬件设备以及一些通信协议。

（2）数据支撑层

利用 Terra builder 软件将遥感影像数据和高程数据融合成三维的场景，以数据流的方式读取经过高效处理压缩的地形文件（MPT），空间数据以 WFS，WMS 提供二维数据服务。数据支撑层包括基础地理信息数据、影像数据、DEM 数据、三维模型数据及其水资源专题数据、水资源实时数据库等。

（3）应用服务层

应用服务层主要是系统的基础开发和数据发布的支撑平台，及其系统安全运行权限管理、安全加密、备份恢复等系统支撑服务及数据接入服务。

（4）业务呈现层

通过客户端读取网络发布空间数据提供三维数据服务接口，主要包括水资源一张图、红线信息服务、监测预警等模块。

## 13.2.2　基础组件架构

SkylineGlobe 平台作为三维基础平台及其数据发布平台，其架构如图 13-2 所示，由 Terra Builder、TerraGata 和 TerraExploer 组件组成。其数据处理及系统开发流程如图 13-3 所示。

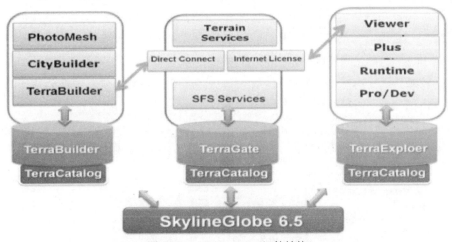

图 13-2　SkylineGlobe 组件结构

TerraBuilder 组件能够创建如同真实照片般的地理精准的三维地球模型。通过叠加航片、卫星影像、数字高程模型以及各种矢量地理数据，迅速方便地创建海量三维地形数据库，并提供给 TerraExplorer Pro 进行数据层和其他内容的叠加。PhotoMesh 利用 2D 图像创建高分辨率纹理的 3D 网格模型。CityBuilder 是 TerraBuilder 中的应用程序，将由 Terra-Builder PhotoMesh 和/或通过图层生成的 3D 网格模型整合成为一个流优化以及全质感的

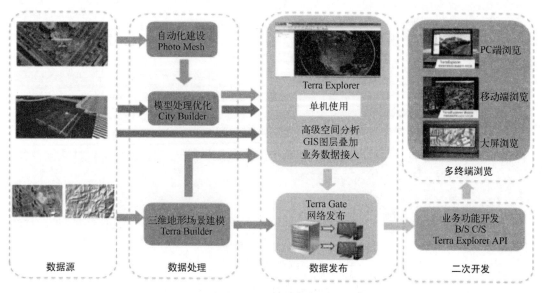

图 13-3　SkylineGlobe 数据处理及开发流程

三维模型。主要用于三维地形数据的创建，可以快速创建大数据量的多分辨率地表数据集 MPT。TerrExplorer 组件用来查看由 TerraBuilder 创建的三维地形数据集场景 mpt 或 tbp 文件。在三维场景中创建二维、三维对象、标注、动态路径、接入 GIS 业务数据，支持浏览、分析等操作。TerraExplorer 的简单易用和灵活性使它能够定制成为多种行业的应用软件。TerraGate 组件用来满足 Skyline 的 3D 技术客户端和服务器的数据传输需求。Terra-Gate 能够将三维地形场景、符合 OGC 标准的 WFS/WMS 图层传输到 TerraExplorer 客户端，在 TerraExplorer 用户之间提供协作会话功能并提高网站整合能力。SkylineGlobe 可以支持桌面端、移动终端、多屏投影等显示终端，可以为每个用户提供量身定做的软件和服务。用户只需提供一定的身份验证，就可以通过自己的终端访问到相应的数据。

　　SkylineGlobe 为 TerraExplorer 用户之间的协作会话提供了主机服务，使用 TerraExplorer 中的协作工具，用户能够实现不同地点、不同部门之间的协作通信，共享三维场景，实现指挥协同工作，如图 13-4 所示。同时可以支持多个节点、多个 CPU 的并行

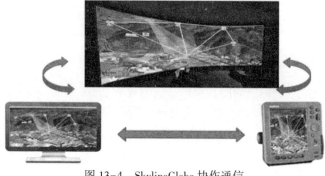

图 13-4　SkylineGlobe 协作通信

计算，并支持在不同服务发布站点的集群式服务，是真正意义上的云计算及云服务解决方案，如图 13-5 所示。

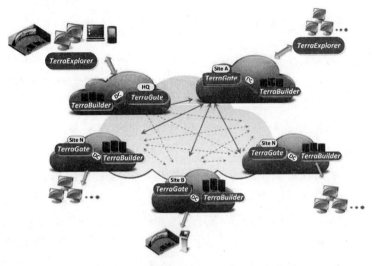

图 13-5 SkylineGlobe 云计算方案

# 13.3 水资源实时监控仿真关键技术

面向三条红线的信息主要包括组件基础数据、水资源管理空间信息与多源基础数据，信息集成是三维可视化环境构建及其应用开发的基础。

## 13.3.1 组件基础数据的高效组织

Skyglobe 支持多源数据，包括影像数据格式、高程数据格式、矢量数据格式、模型数据格式、GPS 定位数据、实时视频传输数据，同时支持多种类型的空间数据库。在海量数据访问方面，能够对海量影像、地形数据压缩，利用静态矢量缓存技术支撑大数据量的矢量数据，具备实时信息流(Streaming)通信技术，可以实现矢量数据的快速调入和显示，模型数据具有细节分级显示 LOD 技术，可以实现基于网络的三维地形数据的实时动态更新。在海量数据的处理和浏览效率方面，影像和地形数据自动识别金字塔级别，地形数据集与原始数据的压缩比例约为 1∶10，并且不损失数据精度；数据处理和网络访问过程，均可以实现网络化的多台计算机、多 CPU 协同运算，分担工作量、提高数据处理和浏览效率；三维地形场景无缝浏览、矢量和三维模型等采用流方式提高浏览效率，三维模型浏览效率增强。

当应用程序发出数据请求时，根据上述存储规则对瓦片数据进行调度，应用程序先获取所需要瓦片数据的行号和列号，若缓存中包括满足条件的瓦片，则直接调用，减轻因海量数据传输导致的网络拥塞并提供数据的响应速度；若没有，则从应用服务器上下载相应分辨率的数据，并在组件三维球体模型的指定位置进行叠加与渲染，构建三维可视化环境。

## 13.3.2 基于 OGC WMS 的水资源空间信息集成

遵循 OGC 规范，将水资源空间信息以 WMS 在三维可视化环境中有机融合与三维可视化。WMS 是 OGC 实现规范之一，地图在 WMS 规范中被定义为地理数据可视化表现，它定义了 GetCapabilities、GetMap 及 GetFeatureInfo 三个基础性操作协议，这三个协议利用 WMS 构建和叠加显示异构服务器上的地图服务。其中，GetCapabilities 操作对请求参数和服务信息内容进行描述，并返回以 XML 形式文件表示的服务元数据，GetMap 操作根据客户端发出的请求参数在服务器端进行检索并返回指定格式的地图图像，GetFeatureInfo 操作可以获取某些特殊要素的地图信息。服务层的 GeoServer 应用服务器通过接收统一规范的 WMS 请求并返回空间信息的地图数据，采用 OpenLayers 封装 WMS 请求，客户端程序发送 GetCapabilities 操作请求获取地图元数据描述，通过解析返回的 XML 文档获取需要的空间地理信息地图，然后发出 GetMap 请求，确认地图的经纬度范围、样式、空间参照系统、输出的格式和大小以及背景色等信息，服务器在获取 GetMap 请求后，根据 HTTP 语句中的相关参数，将地图返回到三维客户浏览器上进行图形化显示。

## 13.3.3 多源基础数据集成应用

水资源管理涉及大量的基础数据，包括区域自然、经济与社会数据、基础地理数据、雨水情数据、气象数据、水文数据和历史数据等，在功能模块开发前，需要对多源数据进行集成。区域地理数据通常以纸质或 CAD 地形图为主，对这些数据进行数字化处理或转换成 GIS 数据存储到 GIS 数据库中，雨水情数据经遥测雨量站、遥测水位雨量站和遥测水位站等自动遥测站采集后，通过水利专网数据通信链路进入数据库，卫星云图、雷达回波及天气预报等气象数据本着"信息共享"的原则，利用水利专网从相关部门实时获取与存储。基础数据的多源性使得不同类别以及来源的数据通常存储在不同数据库中，主要包括自然数据库、水文基础数据库、地理信息数据库、工程基础数据库等基础数据库和实时雨水情数据库、气象数据库、应急数据库、实时工情险情数据库、预案数据库等专业数据库。采用数据融合和数据集成中间件对这些数据库进行整合，并存储到标准数据库中，为应用开发提供数据源。

## 13.3.4 基于倾斜摄影测量的建模方法

### 13.3.4.1 技术流程

基于倾斜摄影测量技术快速构建三维模型技术流程(周晓敏等，2016)：①通过数据资料的分析和预处理，排除资料先天缺陷，确保用于建模的数据和资料完整，格式正确。②将倾斜影像进行空中三角测量，获得所有影像的高精度外方位元素；之后，基于畸变矫正后的倾斜影响和高精度的外方位元素，通过多视影像密集匹配，获得高密度三维点云，构建 3D TIN 模型。③根据 3D TIN 每个三角形面片的法线方程与二维图像之间的夹角选择出相对应的最佳纹理信息，并实现纹理的自动关联。④输出并获得真三维模型成果(图 13-6)。

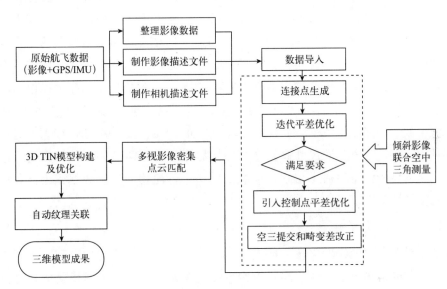

图 13-6　三维模型构建技术流程

## 13.3.4.2　倾斜影像联合空中三角测量

倾斜影像中不仅有垂直摄影数据，还包括大倾角侧视摄影数据，传统的同名像点自动量测算法已不能适用于倾斜影像。以倾斜摄影瞬间 POS 系统的观测值作为多角度倾斜影像的初始外方位元素，结合传感器的成像模型，计算出多视影像上每个像元的物方坐标，利用基于物方的多基线多特征匹配技术，生成倾斜影像之间大量的连接点，结合少量的外业控制点通过区域网平差，实现多视角联合空中三角测量。Street Factory 系统针对目前主流的倾斜相机平台，定制了相应的传感器模型，可以更好地模拟和优化航摄参数，提高连接点匹配效率和精度(黄国满等，2004)。

由于倾斜摄影对同一地物的多角度、多影像覆盖特点，同名点度数甚至会达到 30° 左右，所以空三连接点匹配以及后续误差的调整会花费大量的时间。为提高空中三角测量的效率，实际生产中空中三角测量应分五步进行：①根据航摄区域的大小，将区域网划分为多个子区域网，分别通过连接点匹配、平差计算、自动粗差点剔除、人工点位调整等操作，构建出刚性较强，精度较高的子区域网。②将所有子网合并为一个大的区域网，进行整体区域网的平差，构建出一个连接点多角度、多影像覆盖，位置分布均匀，中误差不大于 0.3 像素的刚性较强、精度较好的区域网。③将外业像控点和检查点引入已经构建好的区域网，并根据其在影像上的准确位置在裸眼立体环境下调整准确。④加入连接点进行整体区域网平差解算，将整个区域网规划至所定义的投影坐标系。⑤提交空三加密成果并输出优化后的高精度影像外方位元素成果和消除畸变差的影像，用于后续的三维模型创建和纹理提取。

### 13.3.4.3  多视角影像密集匹配构架 3DTIN 模型

Street Factory 基于畸变改正后的多视影像和空三优化后的高精度外方位元素，创建立体像对，采用多基元、多视影像密集匹配技术，利用规则格网划分的空间平面作为基础，集成像方特征点和物方面元两种匹配基元，充分利用多视影像上的特征信息和影像成像信息，采用参考影像不固定的匹配策略，对多视影像进行密集匹配，有效利用多视匹配的冗余信息，避免遮挡对匹配产生的影响，并引入并行算法以提高计算效率，快速准确地获取多视影像上的同名点坐标，进而获取地物的高密度三维点云数据，基于点云构建不同层次细节度(levels of detail，LOD)下的三角网(TIN)模型。通过对三角网的优化，将内部三角的尺寸调整至与原始影像分辨相匹配的比例，同时通过对连续曲面变化的分析，对相对平坦地区的三角网络进行简化，降低数据冗余，获得流域3DTIN 模型矢量架构。

### 13.3.4.4  自动纹理关联

实现三维 TIN 模型纹理关联包括三维 TIN 模型与纹理图像的配准和纹理贴附。因倾斜摄影获取的是多视角影像，同一地物会出现在多张影像上，选择最适合的目标影像非常重要。采用模型表面的每个三角形面片的法线方程与二维图像之间的角度关系来为三角网模型衡量合适的纹理影像，夹角越小，说明该三角形面片与图像平面约接近平行，纹理质量越高，通过此方法，使三维 TIN 模型上的三角形面片都唯一对应了一幅目标图像。然后计算三维 TIN 模型的每个三角形与影像中对应区域之间的几何关系，找到每个三角形面在纹理影像中对应的实际纹理区域，实现三维 TIN 模型与纹理图像的配准。把配准的纹理图像反投影到对应的三角面片上，以便随时对模型进行真实感的绘制，实现纹理贴附。

Street Factory 系统的纹理映射过程基于瓦片技术，将整个建模区域分割成若干个一定大小的子区域(瓦片)，基于集群处理系统的并行处理机制，将每个瓦片打包建立成为一个任务，自动分配给各计算节点进行模型与纹理影像的配准和纹理贴附，同时为带纹理的模型建立多细节层次 LOD，便于优化相应的文件组织结构，提高模型分层次浏览的效率。

## 13.3.5  流域地形建模方法

在 Skyline 软件体系下，三维场景的建设过程如图 3-35 所示。
重点介绍福建省三维地形模型制作流程，如图 13-7 所示。

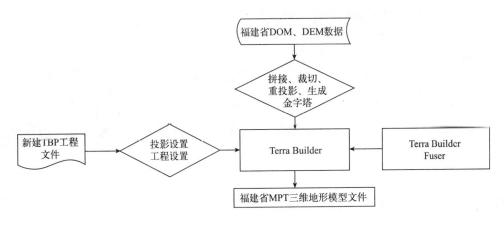

图 13-7　三维地形模型制作流程

# 13.4　水资源实时监控仿真平台功能

## 13.4.1　基于三维场景的水资源空间对象显示管理

将地形数据和遥感影像数据匹配，生成福建省三维虚拟环境；并将三维模型数据、水资源空间对象数据(水功能区、地表取水口、河道断面、取水水源地、河流排污口和取用水测站)、业务数据(视频监控点、水资源现状和水资源红线)等集成在三维虚拟环境中，生成水资源立体可视化仿真平台，如图 13-8 和图 13-9 所示。

图 13-8　信息汇聚展示

图 13-9　河流断面

## 13.4.2　基于三维场景的红线指标信息展示

以三维地图矢量的方式对福建省水资源三条红线指标、实时监测数据和预警信息进行综合展现，监督与预警；同时辅以图表为用户提供统计分析和数据管理功能(图 13-10 和图 13-11)。

图 13-10　入河排污口

图 13-11　取用水测站

### 13.4.3　基于三维场景的水利三维模型集成展示

对于点状分散的水利要素、水利监测站等模型，采用手工建模的方式进行模型的构建，加强还原效果，逼真模拟现场真实情况（图 13-12 和图 13-13）。

图 13-12　水闸模型效果

图 13-13　水利枢纽模型效果

对于连续的如江河等周边水利要素，可以采用倾斜摄影自动建模技术进行模型的构建。系统支持倾斜摄影建模导入，倾斜摄影可自动、快速、批量建立堤坝、桥梁及周边环境的真实三维模型，相对于传统手工建模更加简便、高效、接近于真实世界（图 13-14 和图 13-15）。用户只需定期拍摄航片便可以及时更新三维数据库。同时倾斜建模的好处还在于，它与实际误差很小，高程和水平误差均可优于 1 m，在应用中，可以满足一般的测量需求，免去费时费力的人工测量，提高工作效率。

图 13-14　河道倾斜摄影效果（一）

图 13-15　河道倾斜摄影效果（二）

### 13.4.4　基于三维场景的水资源查询

本模块基于列表和图表的形式及三维地图空间查询的形式对集中供水水源地、地下水、取(用)水口、入河排污口、行政边界断面、水功能区等在线监测及巡测的水情、水质信息及相应的预警信息进行查询与统计分析(图13-16)。方便使用人员快速获取监测信息、及时掌握辖区水质、水量情况及发展变化趋势。

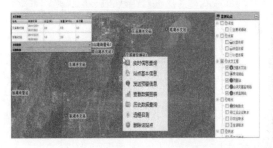

图13-16　信息查询

### 13.4.5　基于三维场景的监测预警

接入前端水利监测传感器数据，在第一时间把握动态水利监测数据，利用三维GIS空间可视化表达直观展现各类在线监测对象的分布和具体实施监测信息，以不同颜色或图标闪烁的方式及声音预警的方式展现警情信息和出现地点，点击监测点图标可进一步查看监测的关联属性信息(图13-17)。

将监测结果借助一期监测信息发布模块进行发布处理，监测信息的发布主要包括集中供水水源地、地下水、取(用)水口、入河排污口、行政边界断面、水功能区等(图13-18)。

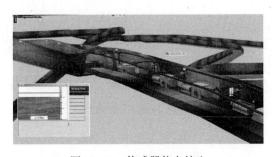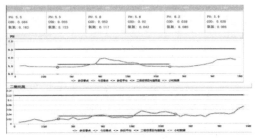

图13-17　传感器信息接入　　　　　　图13-18　监测数据预警

### 13.4.6　基于三维场景的应急管理

接入一期水资源应急管理子系统建设内容，并结合三维地理信息平台的预案演示功能，为水资源突发情况提供辅助指挥决策功能。

如应急预案管理针对突发事件，提供一种快速处置、辅助决策的信息支撑平台。用户可以自定义预案模板，以三维动画的形式生成预案处置内容，可以加强事件处置能力，并可以模拟回放达到演练的效果(图 13-19 和图 13-20)。

图 13-19　预案预警效果(一)

图 13-20　预案处置效果(二)

## 13.4.7　基于三维场景的视频调阅查询

开发视频接入接口，实现和河岸视频监控的无缝对接，按需要调阅对应设施的视频监控。提供列表查询和三维点击查询的方式(图 3-21)。

图 13-21　视频调阅查询

# 第 14 章　金沙江下游梯级电站水沙虚拟仿真分析平台

## 14.1　引言

　　长江干流上游自青海玉树至四川宜宾称金沙江，流经青、藏、川、滇四个省区。从河源至宜宾全长 3 464 km，流域面积 $47×10^4$ km²，雅砻江汇口以下至宜宾为金沙江下游。金沙江水量丰沛，落差巨大，水力资源十分丰富，是我国最大的水电能源基地。2002 年，原国家计委正式同意金沙江下游四座电站的开发规划。金沙江下游河段水电开发任务是发电、航运、防洪、灌溉和水土保持，自下而上分向家坝、溪洛渡、白鹤滩和乌东德四级开发，规划总装机容量达 38 500 MW，多年平均年发电量为 $1 753.6×10^8$ kW·h。按照规划，金沙江下游四座水电站分两期开发。先期开发的是溪洛渡和向家坝水电站工程。目前，包括向家坝水电站在内，金沙江下游四个项目都在按计划科学有序地推进。随着金沙江下游四个梯级水电站规划和建设，金沙江下游河道泥沙问题很快显现出来。为系统掌握金沙江下游梯级水电站泥沙淤积规律，中国长江三峡集团公司适时提出《金沙江下游梯级水电站水文泥沙监测与研究实施规划》，并于 2008 年组织开展了水文泥沙原型观测。随着水文泥沙观测任务的不断展开，水文泥沙数据不断累积。为此，迫切需要建立水文泥沙数据库及相应的信息管理与分析应用系统。金沙江下游梯级水电站水文泥沙三维分析系统（以下简称"金沙江水文泥沙三维系统"）是以水文泥沙数据库为基础，以河流动力学为驱动，采用空间信息可视化技术建立的水沙模拟分析三维平台，是金沙江水文泥沙信息系统的重要组成部分，为金沙江下游梯级水电站的水文泥沙数据分析与管理提供最直观的数据分析和结果展示，为水沙调度提供快捷直观的平台，为各级领导决策提供辅助工具。

## 14.2　梯级电站水沙仿真平台总体设计

　　金沙江水文泥沙三维系统依照功能的不同划分为两个大的主模块：一是三维景观模拟与分析模块；二是水沙运动及冲淤模拟分析模块。三维景观模拟与分析模块的主要功能是提供海量数据浏览及三维 GIS 分析功能，包括海量地形与影像数据的各种飞行浏览；四个梯级电站等重点人工建筑目标或要素的三维建模与叠加；部分三维特效要素的实现；各种三维 GIS 分析如地形因子、水淹、剖面、通视和开挖分析等；实现三维场景与多媒体信息结合；实现三维场景中的快速定位和查询。

金沙江水文泥沙三维系统采用 C/S 结构，部署于企业局域网内，功能结构图如图 14-1 所示。采用空间数据引擎管理流域内水文水位测站，以及流域水系、境界、居民地、道路等空间数据，利用 Oracle 管理各测站实测流量等水文数据，水文预测预报模型计算成果也采用数据库进行管理。三维视景数据库则在切块后发布为数据服务，实现三维地形数据管理。

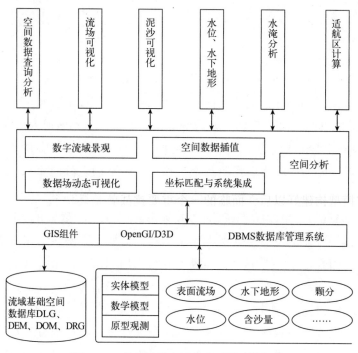

图 14-1　梯级电站水沙仿真系统总体架构

# 14.3　梯级电站水沙仿真虚拟环境建模

## 14.3.1　地形建模

三维系统所需基础地形和影像数据涵盖了金沙江整个流域，其影像局部最高分辨率达 0.5 m，分别由 ETM/ETM＋卫星遥感影像（分辨率 15～25 m）、快鸟卫星影像（分辨率 0.6 m）、航空影像（分辨率 0.5～1.0 m）组合而成，地形数据由 1∶10 000、1∶50 000 和 1∶100 000 比例尺组成，因此整个数据量级别为几十 G，是典型的海量数据浏览系统。一个三维浏览系统为了在通用计算机上运行远超其内存的海量空间数据，必须采用多分辨率(LOD)分时调度策略,该策略要求将原始数据进行多分辨率瓦片切割。通过三维场景中视角和视点的变化,快速地在内存中切换瓦片数据,因此,在计算机内存中仅保留当前视点方向可视范围内(视锥体)的场景数据。

## 14.3.2　地物建模

金沙江下游梯级水电站重点目标与建筑物三维建模功能。重点目标三维建模支持的重点目标模型包括金沙江下游梯级水电站数字模型、大坝整体数字模型、围堰数字模型、淤积三角洲数字高程模型、浅滩数字高程模型、险工护岸数字高程模型、礁盘数字高程模型、钻孔数字模型、塌岸数字高程模型、漏斗数字高程模型。重点目标三维模型提供放大、漫游、缩小、旋转、飞行、步行、航行等基本操作。

在3DMAX中对这些目标进行单独建模,赋以精细的结构和材质。将建好的模型转为"\*.x"或是"\*.flt"格式,该格式的模型文件都比较小,利于加载和显示。这一格式转化过程可通过第三方插件来完成。转换格式之后的模型文件可直接加载到三维场景中,调整好位置和相关属性,从而完成重点目标的建模。

## 14.3.3　地物模型与地形模型集成

三维实体模型构建好以后,面临的一个重要挑战就是模型的实时显示和漫游。随着模型数量的不断增多以及类型和复杂度的不断增加,对于提高大规模、大数量的三维场景的漫游速度和真实感提出更高要求。实体模型是同地形融合在一起,因此必须实现几何实体和地表模型的无缝集成,两者才能成为有机的整体。对于数字流域这样的大型仿真系统,要按照实体位置的分布情况,对场景区域进行分割,并由此划分场景的层次结构,综合每个实体的空间位置关系、模型间的结构关系、模型内部的结构关系来确定三维场景中所有实体模型的层次结构,通过场景模型的层次结构和分块提高模型的可组织性和显示效率,虚拟现实中场景的建模依据物体的几何特征、位置分类划分,从而确定场景的总体层次,再对实体按其结构进行层次分解,利用建模软件建立对应的树状层次结构,直到底层分解到基本图元结构,最终生成多级静态LOD,在场景漫游过程中通过组织调配与实时生成的DEM地形场景动态融合在一起。

实体模型与地形模型融合集成的过程需要注意下面几个关键问题:

(1)地形模型与几何实体往往采用不同的建模工具构建,存在着不同的坐标系统,尺度因子也不尽相同,需要经过合理的转换将几何实体移到实际位置。

(2)随着视点的变化,场景从一个细节层次过渡到另一个细节层次时,场景地形的高程发生变化,这时几何实体模型需要做相应的变动。

(3)同一场景中地形模型是多尺度的,在几何实体同时跨越若干个多分辨率模型的情况下,若处理不当,三维建筑就会在不同分辨率的地形边缘产生倾斜,地形与几何实体之间会出现错位。

（4）地形模型的表面一般有起伏，而建筑实体模型的底面是水平的，并且本身是竖直的，这都会造成几何实体模型与地表模型分离、地物模型方位或空间位置偏离等现象。

图 14-2　实体模型与地形集成

# 14.4　梯级电站水沙仿真分析关键技术

## 14.4.1　水沙动态可视化

采用动态演进的形式显示水文泥沙数据场的连续变化，即针对水文泥沙数据场的时空过程可视化，根据用户任意选择的空间范围和时间跨度实时动态地抽取或生成数据，并以动态演进的方式显示在数字地球球体模型上。在水文泥沙数据分析时，水力学计算模型结果中的水位、水深、流量、含沙量等数据均以标量场的形式出现，标量场的动态可视化是将不同时期获取的数据，通过颜色映射转换为云图，多期云图依据时间轴顺序播放形成动画。矢量场可视化既要展现矢量方向，又要展现矢量大小，目前还没有一种直观、普遍认同的矢量场几何图形映射方法。常见的矢量场可视化方法包括：基于几何形状的矢量场可视化方法，如点图标法；基于纹理生产的矢量场可视化方法，如线积分卷积法；基于光学特性的矢量场可视化方法，如粒子法（谭德宝等，2010；张尚弘，2004）。将粒子的某一具体性质如位置、速度、运动方向等与矢量场中的矢量联系起来，在流场中，将速度矢量映射为粒子运动的动态特性，从而反映出矢量场的变化情况（鲍劲松，2006）。用粒子来显示矢量场比较灵活和方便，但可能会丢失场的连续性信息。

流线的生成方法有多种，为了模拟真实流场，采用的是基于粒子跟踪的方法，流场中的一点可看作一个质点，它的迹线由点在不同的时刻 $t$ 所在场中的位置 $x(t)$ 组成：

$$\frac{\mathrm{d}x}{\mathrm{d}t} = V(x) \tag{14-1}$$

对于运动方程积分得到轨迹方程:

$$x(t + \Delta t) = x(t) + \int_t^{t+\Delta t} V(x)\,dt \tag{14-2}$$

因此,只要选定初始位置,采用数值积分的方法,一步步跟踪下去即可得到粒子的位置随着时间 $t$ 的变化曲线。积分的方法可以选择 Euler 方法、Euler 修正法、二阶 Runge-Kutta 法、四阶 Runge-Kutta 法。基于粒子跟踪的流场可视化的积分参数主要包括种子点、积分步长、传播时间及积分方向。

粒子跟踪的算法描述如下:

```
寻找包含粒子初始时所在的网格元素
While(粒子在网格内)
{
    确定粒子当前位置处的速度;
    积分,计算粒子的下一位置;
    在新位置绘制粒子;
    寻找粒子所在的网格元素;
}
```

为了增强可视化效果,以箭头指向表示流向,箭头的长度表示流速的大小,颜色区分不同等级的流速大小。

流场动态可视化的关键问题在于粒子运动轨迹的实时计算。为了获得流畅的运动画面、平滑的粒子运动轨迹,粒子绘制的刷新率应不低于每秒 24 帧。对实时计算要求较高的大量粒子运动轨迹的迭代计算过程而言,中央处理器(CPU)的计算负担较大,因此必须能高效快速地计算出粒子的实时轨迹。

一方面通过改进算法,优化数据结构。在上述算法描述中,涉及大量的开方、平方浮点运算,通常做法是采用开发平台提供的运行时数学函数库如开方(sqrt)、乘方(pow),这些函数常规的程序开发而言已经够用,但一些软件商还提供了快速算法,相比较而言,快速算法能显著提高程序的运行效率优化数据结构。描述粒子的结构体定义如图 14-3 所示。

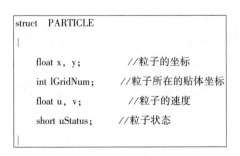

图 14-3　粒子结构体

另一方面，采用多核程序设计技术。多核处理器（Multi-Core CPU）是在单个处理器内封装了两个或多个处理器执行单元，使得开发人员可以大幅提高应用程序的性能。对于常规的多核程序设计中，即便采用了多进程、多线程技术提高程序的计算效率，但其计算依然局限在某一特定的处理器内核中，只采用了"多核"中的"一核"。为此应充分挖掘多核处理器的潜能，从而提高应用程序的并行性。英特尔 C++ 编译器工具是英特尔公司开发的一款优化的编译器，它能够针对特定硬件进行最佳优化应用。

## 14.4.2　空间数据内插

空间数据内插是通过一定的算法内插或外推无数据区域的数据分布情况，从而获得连续的、全覆盖的区域空间分布情况（吴立新，2003）。常见空间插值算法包括反距离加权算法、趋势面、线性插值、双线性插值、克里金插值等，以上各算法的基本原理及适用性本章不做赘述。

一维水动力学模型计算结果的数据，自上游到下游按照水面沿程线呈一维数据点分布。由于数据稀少，直接可视化难以获得良好的视觉效果，必须进行空间数据内插，进而得到布满整个河道的数据场。

由于河道蜿蜒曲折，河道水面宽窄自上而下不一致，一般的插值算法难以获得较好的可视化效果。常规的反距离加权算法在河湾处存在问题。在图 14-4 中，利用反距离加权插值获得 $O$ 点的数值，在插值半径为 $r$ 时，由于在河道弯折处，$O$ 点的数值获得 $A$ 点的"贡献"大于 $B$ 点，但其反距离权重却是 $B$ 点大于 $A$ 点，出现了错误的权重值。叶松等（2014）为解决这类歧义问题，采用一种改进的反距离加权算法，现描述如下：

（1）在河道地形 DEM 基础上，设定一高程水位线，采用种子填充算法，计算河道淹没线，经矢量化得到淹没多边形，并将河道中淹没最深的点依次连接得到深泓线，同样进行矢量化和化简。

（2）将淹没多边形经曲线化简，得到综合后的多边形，利用计算流体力学软件中的河网划分工具，按一定采样间隔，将淹没多边形划分为正交格网。若无划分软件，可以采用人工编辑的方式，划分为近似正交格网。

（3）正交格网分为两个方向，水流方向为 $I$ 方向，河道断面方向为 $J$ 方向。在图 14-5 中，记相邻断面 $m$ 和 $m+1$ 之间深泓线折线长度为 $L(m, m+1)$，分别计算各相邻断面的 $L$ 值存储于断面的属性值中；任意两个断面 $m$ 和 $n(m<n)$ 的计算公式表示为式（14-3）。

$$L(m, n) = \sum_{i=m}^{n-1} L(i, i+1) \tag{14-3}$$

图 14-5 中，定义点 $P$ 到断面线 $m$ 的距离计算公式为式（14-4），式中，$L(P, n)$

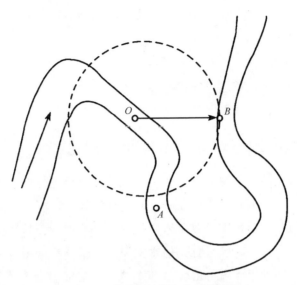

图 14-4　错误的反距离加权插值法

的计算可直接转化为计算 $P$ 到断面线 $m$ 的垂线长度。

$$L(P, m) = L(m, n) + L(P, n) \tag{14-4}$$

（4）在同一断面上，为方便处理，设定其属性值相等，即断面线为等值线（图 14-5 中 $J$ 方向线，如 $m$）。以断面间深泓线折线长度 $L$ 的倒数为权重，利用反距离加权计算公式（14-4）获得各个断面线插值结果。

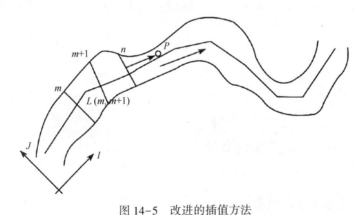

图 14-5　改进的插值方法

（5）在各自断面线上，根据上述设定，断面线即等值线，推算出各网格节点的数据，从而完成离散点插值为连续数据场的过程。设 $P$ 为水文泥沙数据场中第 $k$ 个数据散点，其数值记为 $V(P_k)$。为减少计算量，设定一插值半径 $r$，即散点数据集中，凡是 $L(P, m) < r$ 的散点才参与插值计算。采用该内插方法计算断面 $m$ 的数值 $V(m)$，计算公式为：

$$V(m) = \sum V(p_k) \frac{[1/L(p_k, m)]}{\sum [1/L(P, m)]}$$  (14-5)

式中，$P$ 是数据场中的散点，且 $L(P, m) < r$。

利用此改进反距离加权算法，能很好地将一维水沙计算模型的结果插值为二维的标量数据场，方便实现离散数据点在三维场景中的三维可视化。

### 14.4.3  基于数字地球球体的数据场可视化

基于数字地球球体的水文泥沙数据场可视化方法，能更好地表现研究对象的区域特点，特别是在进行大范围乃至全球性研究时更具优势（董文等，2010）。对数字流域而言，整个流域的数字地形景观以数字地球的形式进行展示，其数据组织均以大地坐标系为基础，通常采用 WGS-84 坐标。但水文泥沙数据场却采用笛卡尔平面直角坐标系，一般为高斯克吕格投影，采用北京 54 坐标或者西安 80 坐标。为了将水文泥沙数据场可视化结果叠加到数字地球表面，必须进行坐标变换。对于标量场的可视化结果，直接把多个关键帧图片经空间匹配后投影到数字地球表面即可。对矢量场而言，情况相对复杂。以二维表面流场为例，采用（谭德宝等，2010；张尚弘，2004）研究的基于粒子流场可视化方法，在数字地球上动态表现流场细节的基本思路是：按照上述文献的描述，在平面直角坐标系下，通过迭代计算，获取每一步中每一个箭头符号的起点坐标和终点坐标，将计算结果保存为磁盘临时文件，然后将迭代计算获得的箭头矢量从平面直角坐标系投影到大地坐标系下。最后，程序读取大地坐标系下的箭头矢量文件并绘制于数字地球表面，形成流场运动动画。由于粒子运动迭代计算是无限循环的，每迭代一次，就形成了流场动画的一个关键帧。考虑系统资源开销，实际操作时，设定一个总的迭代计算次数，形成若干关键帧，然后循环播放，同样可以达到满意的视觉效果。

## 14.5  梯级电站水沙仿真分析主要功能

### 14.5.1  三维虚拟环境漫游

采用高效的海量数据压缩算法将多分辨率的数字高程模型、数字正射影像、流域水系等数据进行统一处理，建立多层次细节模型，在空间信息可视化技术支持下，实现对大场景海量数据的快速六自由度三维漫游。对当前视图窗口中场景进行实时缩放、平移操作，并将当前场景恢复到初始状态。旋转操作能实现自由和绕 $X$、$Y$、$Z$ 轴旋转等，并能方便快速地切换各种视角，提供浏览路线定制，可设定多条浏览路径，系统视窗自动沿固定路径浏览飞行。

## 14.5.2　多种地图要素叠加显示

多要素合成三维建模提供基于数字高程模型的多种地图要素合成三维建模功能。多要素合成三维建模支持的地图要素包括主要水系、等高线、主要交通网、城镇名称标注、水文测站标注、断面标注等(图14-6)。

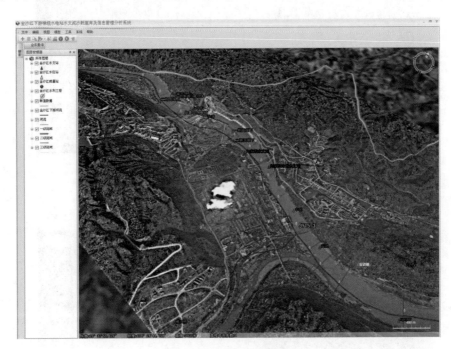

图14-6　多种要素叠加

## 14.5.3　基本地形因子分析

基本地形因子分析是为了满足工程实际应用而提供基于高分辨率的数字高程模型的各种数学分析功能,主要包括各种量算功能,如距离、面积、体积、坡度坡向和地形剖面计算及通视、填挖方分析。

### 14.5.3.1　距离量算

距离量算属于三维场景中的一种几何分析功能,通过鼠标在三维场景中输入两点或者多点,可通过表格修改和保存坐标值。分别计算两点或者多点对应的地形间的地表距离,结果显示在对话框上。地表距离指的是空间三维中两点直线切割地表后形成的曲线长度。通过空间三维场景操作获取 DEM 上两坐标点,由该直线与竖直方向形成的空间平面与 DEM 切割,获取两点间 DEM 剖面线,该剖面线的长度即为地表距离。如图14-7和图14-8所示。

图 14-7　距离量算

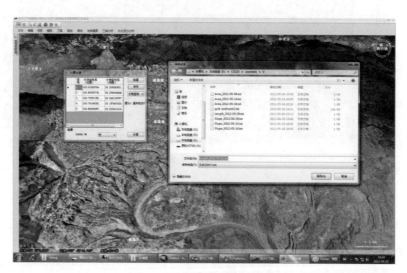

图 14-8　坐标的修改与保存

### 14.5.3.2　面积量算

面积量算属于三维场景中的一种几何分析功能，通过鼠标在三维场景中输入多边形，可对多边形各个顶点坐标进行修改与保存。计算多边形对应的表面面积，结果显示在计算对话框上。地表面积指的是多边形包含地表曲面的面积。

地表面积量算基本原理是通过将多边形三角化，利用原始 DEM 对三角网上每个节点的高程进行双线性插值获取空间三角网，如图 14-9 所示，进而基于每个三角网面积计算得到整个空间三角网面积，即地表面积。

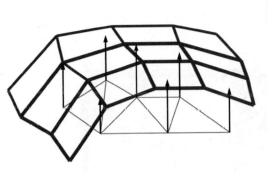
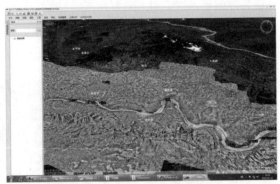

图 14-9　地表面积量算

### 14.5.3.3　体积量算

体积量算属于三维场景中的一种几何分析功能，通过鼠标在三维场景中输入多边形和相对高度或绝对高度，可对多边形各个顶点坐标进行修改与保存。计算多边形对应的投影面积和表面面积。相对高度是某一指定面下降或上升一定高度所成的体积。绝对高度是指某一指定面与当前高度的平面所称的体积(图 14-10)。

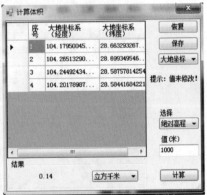

图 14-10　体积计算

### 14.5.3.4　区域坡度坡向分析

坡度分析是通过用鼠标在三维场景中的 DEM 上划定一个多边形范围，计算在范围内每个 DEM 网格法方向与竖直方向的夹角，并以灰度描述，由图 14-11 中结果界面左侧的色表可见，较深颜色代表地形坡度较平坦区域，较浅颜色为较陡峭区域。在得到区域较大比例尺 DEM 数据后，通过各格网单元的领域高程差等运算，可生成此区域的三维场景下的坡度图。

坡向分析是通过用鼠标在三维场景中的 DEM 上划定一个多边形范围，计算在范围内每个 DEM 网格法方向在平面方向上的投影与正北方向的夹角，并以灰度颜色描述，正北方向上灰度为 0, 随着角度从 0 到 360 灰度逐渐增大。在得到区域较大比例尺 DEM 数据后, 通过各格网单元的邻域高程差等运算, 可生成此区域的三维场景下的坡度图 (图 14-12)。

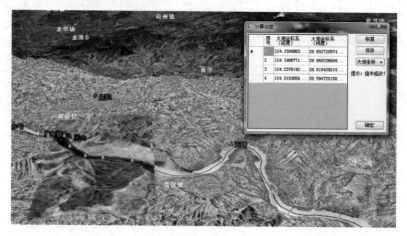

图 14-11    区域坡度

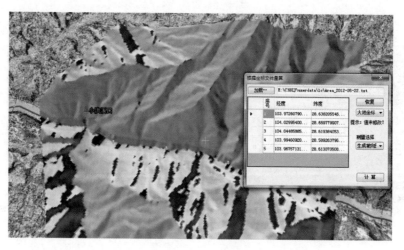

图 14-12    区域坡向

### 14.5.3.5    剖面分析

剖面分析属于三维场景中的一种几何分析功能, 提供直接在三维可视化场景中绘出任意断面的二维剖面图并获取地表剖面, 同时在界面上显示鼠标操作两点间的地表剖面。

基本原理与地表距离测量原理类似, 通过对 DEM 进行切割获取地表剖面。将 DEM 每个格网分别与剖面线求交, 交点连成一条曲线。实现方法: ①判断剖面线段所在 DEM 格网的起始网格和终止网格; ②将剖面线段起始点放入交点列表, 由于直线段与方格最多只有两个交点，且每个格网只需要计算右边界和上边界，将交点保留到交点列表中。交点列表中点的顺序即剖面线段所交 DEM 网格的顺序。

在实际情况下数据库中有两种与地形相关的数据，一种是水文站数据，另一种是水下高精度 DEM。对于水文站数据，采用 IDW(反距离加权)进行空间差值，得到水面 DEM，然后用相同的方法获取水文站 DEM 剖面图(如图 14-13 所示绿线)。对于水下高精度 DEM 则要对采样点进行内插，获取更加密集的点，这样才能更细致地反映高精度 DEM 的实际情况(如图 14-13 所示蓝线)。

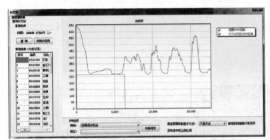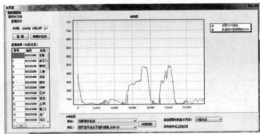

图 14-13　剖面分析示意

### 14.5.3.6　开挖分析

开挖分析属于三维场景的几何分析功能，通过用鼠标在三维场景中的 DEM 上划定一个多边形范围，形成原始与参数输入两个不同的栅格层，节点 XY 坐标相同，上层为 DEM，下层 Z 值通过指定深度获取。计算两层之间的区域体积、投影面积。输入的多边形区域可以通过文本编辑器进行增删改操作。

图 14-14　开挖分析示意

采用垂向区域法来计算开挖体积。如图 14-14 所示，有效区 A 表示关心的开挖区，设计面为工程开挖完成后的形态，原始 DEM 表示还未开挖的情况。垂向区域法充分利用了 DEM 的格网特点，根据 DEM 的网格将开挖体离散成一个个小方柱，每个小方柱的高度根据该网格四个顶点的 Z 值采用距离反比法来拟合，上下两个 Z 值的差即为该小方柱的高度。将落在有效区域 A 里的小方柱的体积累加，即为计算出的开挖量。

### 14.5.3.7　通视分析

通视分析分为两点之间的通视分析及某点的可视域分析。

在通视分析中，两点通视分析的算法可采用剖面法，其基本步骤为：①确定通过两点并与 XY 平面垂直的剖面 S。②求出地形模型中与剖面 S 相交的所有 DEM 格网边。

③输入观察点与被观察点的高程偏移值。④判断相交的格网边是否在两点连线之上，如果至少一条边在其上，则两点不可通视；否则，通视。

在可视域分析中，基于规则格网可视域算法和基于 TIN 的可视域算法不完全一样。在规则格网中，可视域通常是以每个格网点的可视与不可视的离散形式表示的，称为可视矩阵。

基于规则格网的可视域算法的基本思路是：DEM 中的任一格网，将其与视点相连，判断其连线是否与 DEM 其他网格相交。若不相交，在该网格通视；否则，不可视。显然，这一算法存在大量的冗余计算，改进的方法是首先判断连线与 DEM 的其他格网是否相交，若是，则离视点最近的焦点网格为可视，沿连线方向该格网之后的其他格网均不可视，这样就可以减少不必要的计算次数。

图 14-15　两点通视分析示意　　　　　　图 14-16　可视域分析示意

## 14.5.4　水流淹没分析

水流淹没分析属于三维场景中的一种几何分析功能，提供基于金沙江下游数字高程模型的洪水淹没面积分析功能和静库区容量计算/河道槽蓄量计算功能。提供了手动操作在三维场景中选择区域范围，通过界面输入两个水位高程面，并计算水位覆盖面面积，两个不同水位覆盖面积差，水位覆盖体积，即静库区容量/河道槽蓄量，并在三维场景中模拟表达。提供选择区域范围文件的输入和输出功能，并可以通过第三方文本编辑器对区域范围文件内点坐标进行编辑和保存。

水流淹没分析基本原理是利用输入多边形范围和高度与 DEM 进行切割，计算位于该高度以下、多边形范围以内的区域表面积和体积，并通过输入两个高度的结果进行相减获得不同水位覆盖面积与体积变化，如图 14-17 所示，为水淹分析的剖面表达，其中红色和蓝色分别为两个不同高度的水淹区域，通过相减可以获得两个水位面变化

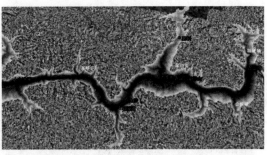

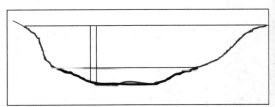

图 14-17　水淹分析示意

导致的水淹面积变化。此外，通过将其中一个水位设置为 0，可以计算河道在多边形内的槽蓄量。

## 14.5.5　流场动态模拟分析

根据各监测站采集的水文数据或者水力学模型计算成果，利用可视化技术动态模拟各个不同时段水位沿程变化和表面流场情况。本质是流速场的三维可视化，本系统中利用基于运动粒子的矢量场三维可视化方法，能够在场景中直观地发现数据场的一些特征结构，如水流的漩涡(图 14-18)。

图 14-18　流场模拟参数设置

## 14.5.6　水沙运动模拟分析

水文泥沙运动模拟是通过多个时期的沿程水文/水位站实测数据对整个金沙江的水位高程和泥沙含量进行水位高程内插和泥沙含量内插，并用序列动态和颜色的方式在三维场景中进行渲染表达。

根据需求选择进行水位或是泥沙的分析，同时输入一个时间序列，系统通过数据库对水位或是泥沙含量实测值进行查询，并进一步进行内插获取多个时段的水位变化和泥沙变化。水位变化使用了辅助网格，将网格的每个节点高程值进行内插，形成空间曲面网格，再将多个时期内插得到的不同曲面网格进行连续播放，形成了水位高程在三维场景中的动态表达。同理，在进行泥沙渲染时，将辅助网格节点赋一个颜色值，该颜色值为泥沙含量的内插结果。通过多个时段泥沙含量的颜色进行动态渲染，在三维场景中形成一个以颜色变化来表达的泥沙含量动态模拟效果。

用户加载三维插件之后用鼠标点击菜单栏三维分析，选择水文泥沙运动功能。弹出如图 14-20 所示的设置界面。

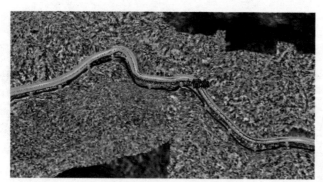 

图 14-19　流场可视化示意　　　　图 14-20　水文泥沙运动模拟参数设置界面

在进行水文运动模拟功能时，首先将选择按钮选到水位，接着选择查询类别，该类别包括日表、月表和年表，这三个查询时间表示拟合是按照日、月和年来选择。选择完查询类别后分别选择开始时间和终止时间。然后还应该设置显示高度，原因在于水位高度与图上 DEM 高度很接近，在视觉上很难分辨高度差别，因此需要人为增加显示高度。选择完起始和终止时间就开始点击"查询"按钮进行查询。在点击播放后，系统进行多个时段的处理。播放完后拖动鼠标，即可看到水位变化情况（如图 14-21，水位的灰度是白色，但是高度是变化的）。

图 14-21　水位运动运动模拟

在进行泥沙运动模拟功能时，首先将选择按钮选到泥沙，接着选择查询类别，该类别包括日表、月表和年表，这三个查询时间表示拟合是按照日、月和年来选择。选择完了查询类别后分别选择开始时间和终止时间（注意时间差不能选择过长，否则计算会非常慢）。此外还要选择泥沙量的最大值。选择完起始和终止时间就开始点击"查询"按钮。出现等待鼠标，开始等待。系统自动根据数据库水文站泥沙值内插并计算一个时期的泥沙变化，以辅助曲面的颜色表达泥沙的含量值，如图 14-22 所示。

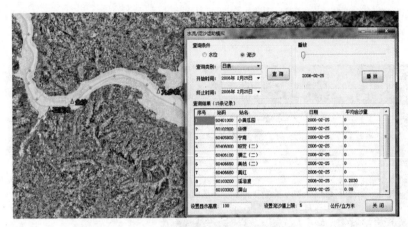

图 14-22　泥沙运动模拟

## 14.5.7　泥沙淤积分析

三维泥沙冲淤分析功能属于专业泥沙几何分析功能，通过多个时期的河床地形分布，在三维场景中直观地显示河床冲淤量分布，方便了解任意两年或两期测图间的冲淤状况。利用可视化技术动态模拟各个不同时段冲淤的变化情况。

三维泥沙冲淤分析功能属于专业泥沙几何分析功能，通过两个不同时期的河床地形分布，在三维场景中直观地显示河床冲淤量分布，方便了解任意两年或两期测图间的冲淤状况。在地图上模拟各个不同时段冲淤的变化情况。

用户加载三维插件之后用鼠标点击菜单栏三维分析，选择泥沙冲淤分析功能（图 14-23）。

图 14-23　泥沙淤积分析功能界面

首先应该选择标签"测站"后测站点，例如图 14-23 选择了"向家坝水电站"，则在测区 1 和测区 2 中会出现该测站所包括的测区。用户选择两个不同的测区，则这两个测区将会被当作不同的测区来分析泥沙的淤积情况。

点击"分析"按钮，程序开始计算泥沙冲淤结果，结果显示如图 14-24 所示。

由图 14-24 可见，淤积的区域用咖啡色来表示，冲刷的区域用绿色来表示。淤积越多，则咖啡色的灰度越高，冲刷越多，则绿色的灰度越高。并且在界面上会显示"总面积"（两块测区数据所相交的总面积）、"冲刷面积"（冲刷区域的面积）、"淤积面积"（淤积区域的面积）、"冲刷体积"（冲刷的泥沙体积）、"淤积体积"（淤积的泥沙体积）。如图 14-25 所示。

图 14-24　泥沙淤积分析渲染结果

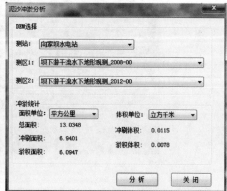

图 14-25　泥沙淤积分析结果

## 14.5.8　适航区分析

航运效益是金沙江水电工程需要考虑的效益目标之一，枢纽运行过程中，调度部门必须及时掌握水库的通航能力，评估、预测通航状况的变化。该功能属于河道地形几何分析，借助金沙江水底地形变化信息以及沿程水位信息，定性、定量地对通航能力进行分析、评估和预测。

适航区基本原理是：通过沿程各水文站实测数据插值计算出金沙江水位曲面，通过设置吃水深度，由水位曲面减去吃水深度得到一个适航的曲面，如图 14-26 所示。该曲面与 DEM 覆盖计算出金沙江内适航区域，以特别的颜色标记，在三维场景中表达出来。

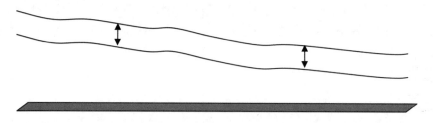

图 14-26　适航区剖面示意

在进行所有与水相关的分析之前必须先载入辅助网格，用于表达水或作为载体表达水中泥沙含量。因此，要进行如下两步：首先，载入辅助网格，一般在程序运行前就载入到内存中；其次，载入沿程水位站数据，或由计算获得的沿程水位线。

　　用户加载三维插件之后用鼠标点击菜单栏三维分析，选择适航区分析功能。在地图中点选第一个点，点击第二个点，选择结束。注意，该功能主要是确定适航区中的河段范围，所以应该点选在河道内部。如图 14-27 所示。

图 14-27　在三维场景中鼠标输入分析河段

　　如图 14-28 所示，程序通过时间段在数据库中查询相关水文水位站的数据，并通过辅助网格进行水位面插值，然后选择水底地形数据。水底地形分为本底数据和数据库的分段测区数据。最后，设置吃水深度，默认深度是 3 m。

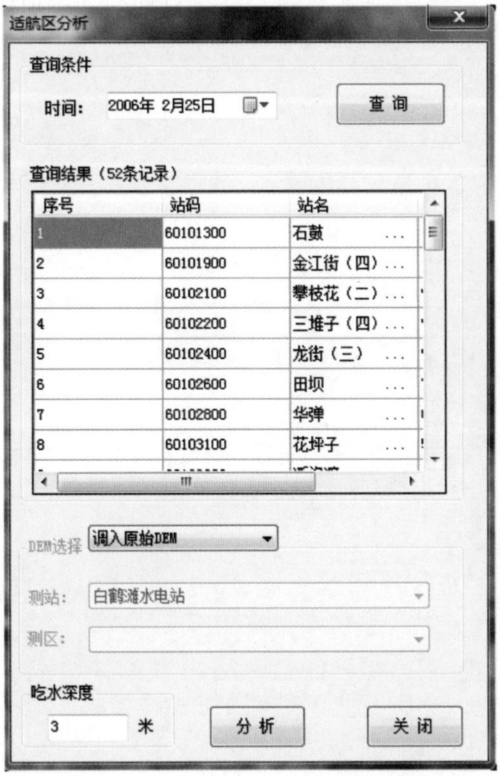

图 14-28　适航区分析参数设置

适航区分析结果以图像形式叠加在三维场景中，如图 14-29 所示，黑色为不可航行区域，白色为可航行区域。

图 14-29　适航区计算结果示意

# 第 15 章 基于三维虚拟环境的水利工程可视化仿真平台

## 15.1 引言

2016 年 4 月，水利部召开网络安全与信息化领导小组第一次全体会议，审议通过了《全国水利信息化"十三五"规划》和《水利部信息化建设与管理办法》，要求将创新作为重要驱动力，深化信息技术与各项水利工作的融合，积极研究大数据、云计算、物联网、移动互联等技术应用，强化信息化对水利各业务领域的服务与支撑，推进各类信息化资源整合共享，最大程度发挥水利信息化资源的应用效率。当前，国务院常务会议审议通过的 172 项重大水利工程正在分批开工建设。这不仅需要相关专业人员的艰辛努力，由于水利工程建设规模、难度、周期等因素限制，还需要充分的信息技术支持和科学决策支持。随着计算机技术的发展，现场环境模拟能逐步通过计算机来显示，水利工程方面的各种仿真可视化系统越来越受到人们的关注。利用计算机的强大计算能力和图形显示能力构建的可视化系统，为工程管理和决策人员提供一个科学、直观、逼真的展示平台和决策平台，帮助他们协调工程各方面的因素影响，把握整体工程的布局(钟登华，李景茹等，2003)。

## 15.2 基于 VRGIS 三维可视化仿真的基本原理

GIS 是一门介于地球科学和信息科学之间的交叉学科，是在地学学科与数据库管理系统、计算机图形学、计算机辅助设计、计算机辅助制造等与计算机相关学科相结合的基础上发展起来的。GIS 是整个地球或部分资源、环境在计算机中的缩影，是反映人们赖以生存的现实世界(资源或环境)的现势与变迁的各类空间数据特征的属性在计算机软硬件的支持下，以一定的格式输入、存储、检索、显示和综合分析应用并采用地理模型分析方法，适时地提供多种空间和动态地理信息的计算机技术系统。GIS 具有对空间数据的处理能力。三维可视化仿真(Three-Dimensional Visual Simulation, 3DVS)(Kamigaki, 1996；钟登华，郑家祥等，2002；刘东海等，2002；于翔等，2016)是计算机仿真技术和系统建模技术相结合后形成的一种新型仿真技术，其实质是采用图形或图像方式对仿真计算过程的跟踪、驾驭和结果的后处理，同时实现仿真软件界面的三维可视化。将科学计算中产生的数据及结果转化为图形或图像的技术已成为可视化仿真的核心技术之一；另一个核心技术就是基于面向对象技术的建模过程图形用户界面的设计，即可视化建模的实现。这两项技术构成了可视化仿真技术中"可视化"的主要内容。

三维可视化体现在以下几个方面(钟登华，宋洋，2004)：①用适当的图形表示方式显示数据场中各类物理量的分布情况；②能对画面进行交互操作，可更改观测位置、缩放等，以使分析者可随时对感兴趣的部分进行仔细分析；③实现动态显示，能连续地显示整体或部分三维数据场在不同时刻的情况，以方便分析；④在友好的可视化人机界面下，实现驾驭式计算可视化。三维可视化的框架模型如图 15-1 所示，在可视化的数值模拟中，用户可以根据显示的图像交互控制模型的各个阶段，直到对所模拟的现象获得理解和洞察。因此，可视化的模型由一个交互过程来描述，用户可以随时对可视化仿真的结果进行交互。

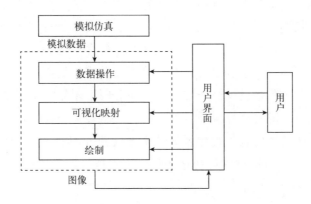

图 15-1　三维可视化的框架模型

GIS 与 3DVS 的结合可发生在原始数据采集及仿真计算数据的可视化表达这两个阶段。二者有两种结合方式：一是融合式，尽管这种集成方式的数据传递方便高效、操作简便，但开发费用高、周期长；二是通过建立二者的扩展模块来实现彼此间数据相互交换和信息共享。此方式开发简便、费用低廉，而且由于二者的相对独立性及可扩展性，便于系统的维护及进一步开发。通常采用第二种方式实现 GIS 与 3DVS 的结合。

## 15.3　面向可视化仿真的空间数据库的建立

实现基于 GIS 的大型水利工程 3DVS，一项重要的任务是把有关工程的所有相关数据输入到数据库中，此过程也称数据采集，并将其属性数据与空间数据连接。数据的存储和管理主要通过数据库管理系统来完成。空间数据库是客观世界的表达模型，它是将表示水利工程场地基本面貌并作为其他专题数据统一的空间定位载体的地形、道路、建筑物、水系、境界、植被、地名等基础空间信息，以结构文件形式组成的集合。系统数据库建立过程如图 15-2 所示（钟登华，宋洋，黄河等，2003）。

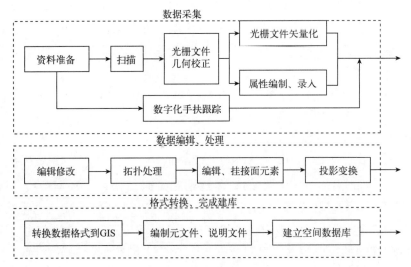

图 15-2　空间数据库建立过程

GIS 的多数据源和面向主题的特性使该空间数据库能够管理 GIS 领域中复杂的数据。可以认为，空间数据库是分布的、专用的数据库系统中数据的中央仓库，数据库中的数据采用统一的模式进行集成，它包含多种数据类型和数据组织方式（钟登华，宋洋，2004）。

## 15.3.1　空间数据库（Elvins，1992）的数据类型

（1）基础地形数据

基础地形数据是地形图的数字形式，采用多要素数字化图，按内容对图形要素进行分层，包括面状要素（如绿地）、线状要素（如地下管线）、点状要素（如各控制点）和注记（如地名）。

（2）基础图形数据

包括永久建筑物、临时建筑物、渣石料场等。

（3）基础属性数据

包括所有与图形相关的属性信息，如大坝某浇筑块的高程、浇注时间、当前浇筑强度等。

## 15.3.2　数据的组织方式

（1）数据的物理分层

库中实体采取分层存储，空间实体数据按空间实体的几何特征和属性特征进行

分层，以便使同一物理层中存储的空间实体数据具有相同的数据文件格式，如水面和溢洪道由于其几何特征不同（分别为面对象和体对象）而存储于不同的数据层中。这种分层存储的数据库结构不仅有利于数据的存储和应用，还有利于数据的共享和更新。

（2）数据文件组织

数据库中的数据文件以图号为依据进行组织，图号既是文件名，也是文件的逻辑目录。元数据文件、数据体文件以及其他相关数据文件逻辑上全部置于同一个文件逻辑目录下。这样，三维图与平面图的对比分析就变得方便了，如厂房的三维图和平面图可根据部分相同（一张三维图可对应多幅平面图）的图号方便的同时打开。当将数据文件分门别类地存储于库中后，空间数据库便建立起来了。

空间数据库具有如下特征（钟登华，宋洋等，2004）：①面向主题性。GIS 数据是面向主题的，它以主题为基础，从高层对数据进行分类、加工，并遵照一个统一的地理信息的分布模型，采用一致的命名规则和编码结构。②数据转换。源数据库中的数据在进入本系统数据库之前必须进行转换，以便数据库统一进行数据管理。③空间序列的方位数据。GIS 中的对象都有自己的空间位置，对象间存在空间的拓扑联系。④时间序列的历史数据。空间数据库包含了空间数据的时间序列，还记录了对象随时间变化在位置和状态上的改变，以满足数据管理的要求。

# 15.4 水利工程三维可视化数字模型构造方法

## 15.4.1 水利工程数字模型建模思路

根据系统分解与协调模式（顾培亮，1998），水利枢纽系统可分解为各层次子系统，包括大坝等主体工程子系统，附属建筑物子系统，以及不断变化的水流子系统等，各层次子系统模型按照特定关系组合成系统模型。由于 VRGIS 能够存储及处理分布于地理空间不同位置的对象之间的空间拓扑关系，所以可以分别对各地物建模，然后变换到统一的地理空间坐标系中。各子模型在具有同一地形背景的虚拟工程环境中实现协调，从而在宏观层次上形成有序的工程系统。

在 VRGIS 中，模型是在几何元素基础上加上属性编码和属性表构成的。基于图形对象与其属性特征的内部关联，获取图形对象的同时也就获得了其空间坐标、拓扑关系及相关属性信息。因此，利用 VRGIS 的数据可视化获取表现为通过直接访问屏幕图形对象获取其相应属性特征的过程。例如，施工时围堰与地形相交的边界线可通过围堰模型与数字地表模型的相对位置与空间关系自动求交得到。

## 15.4.2 各类实物模型的构造

根据不同类型实物的特征，分别采用不同的建模方法（钟登华，周锐等，2003）。

### 15.4.2.1　规则物体三维几何模型的构造

几何模型指能描述对象的几何特征及拓扑关系的空间模型，其构造方法有只描述形体表面的边界表示法(B-rep)和计算实体几何法(CSG)以及既能反映形体表面又能表现其内部属性特征的空间分解法(如八叉树)等。

三维实体模型是用基本体素的组合，并通过集合运算和基本变形操作如平移、旋转、错切、反射等变换来构造的。将三维空间中的物体抽象为点、线、面、体四种基本几何元素，然后以这四种基本几何元素的集合来构造更复杂的对象。这样有利于实现以体、面、线、点为基础的各种几何运算和操作。而且三维实体模型是按绝对真实的尺寸构造出来的数字化矢量模型，因此其上任何要素都是可度量的。

对于一般实体，如果关注的只是其外表几何形状，则采用基于面片表示的面三维实体是适宜的。例如水域、料物堆存转运场地、行蓄洪区等，只需构造出描述其外表面及与地形相交的边界线形状的面状几何对象，即可真实地反映该类实体的特征。而对于大坝等建筑物与地形相结合的部位如坝肩、坝基等，或地下洞室群围岩，以及存在某一重要的地质构造如断层、裂隙、软弱破碎带等区域，有必要采用三维实体模型，以反映其内部特征。

### 15.4.2.2　不规则物体三维几何模型的构造

对不规则物体，如云、山脉、树木等，一般采用随机的分形几何建模方法。分形几何建模方法，是先描述物体大致结构的形状，然后再利用随机仿射变换或光照将物体表现出来，适用于表现静止图像的精细结构(吴家铸等，2001)。

对地形模拟，是依据已知的一系列离散高程点，通过插值方法完成的。既可采用分形几何方法，又可采用曲面建模方法。

曲面建模是将离散的数据点重构出连续变化的曲面。曲面通常采用一组网格多边形来表示，即把曲面离散成许多小平面片，用平面逼近曲面，一般使用许多四边形或三角形来逼近曲面，曲面被离散的越细，逼近曲面的精度就越高。如地形不规则三角网格模型，由一组离散点形成的连续但不重叠的不规则三角形面片来表示。又如层状地质体可视化模型，根据钻孔钻探得到的各已知点按一定算法(最小二乘法、距离加权和法、Shepard 局部插值法、三次曲面拟合法等)拟合所研究区域内地层上下表面，然后用许多四边形面围成的曲面体来表示。

### 15.4.2.3　不规则模糊物体模型的构造

对不规则模糊物体，如火花、烟雾、水流等，难以采用传统的建模工具来描述，目前一般采用粒子系统建模。粒子系统建模的基本思想是：采用大量的、具有一定大小和属性的微小粒子图元作为基本元素来描述不规则的模糊物体。这些粒子均有自己的属性，如颜色、形状、大小、生存期、速度等(詹荣开等，2001)。例如，对于坝身泄洪水流模拟，以前的方法一般是根据水力学计算或模型试验结果，得出水力学特征参数(流速、流向等),纵向水面线方程以及水流厚度沿流向变化规律,水流横向扩散规律等,然后将水流划分为一个个几何体,近似逼近水流几何形态。这种建模方法由于没有考虑到水流是一种连续介质,水流表面具有不确定性、不规则性以及运动变化性,且各质点微粒运动具有很大随机性,很难用一个固定的方程来描述,因此其应用受到了限制。基于粒子系统的水流模拟将水流看作大量的粒子(Particle)组成,由一组预先定义的随机过程来控制粒子的位置、形状特征、方向及动力学性质。每个粒子的运动都具有随机性,对每个粒子参数的取值,首先由给定的平均期望值和最大方差确定一个变化范围,然后在该范围内随机地确定它的值。这种建模方法考虑了水流微粒的随机扰动、雾化等因素,比较符合水流的实际情况。

## 15.5　水利工程静态实体数字模型建立

水利工程施工建设是一个复杂的过程,它不仅涉及施工场地、环境、建筑物布置等静态信息,而且还反映地形填挖等大量动态的施工逻辑关系。利用 GIS 特有的混合空间数据组织形式,为反映工程施工信息管理所揭示的具有时空特征的空间信息提供了条件。实现水利工程施工 3DVS 的基础是建立一个能充分反映工程施工系统信息的三维数字模型,如图 15-3 所示(钟登华,宋洋,2004)。

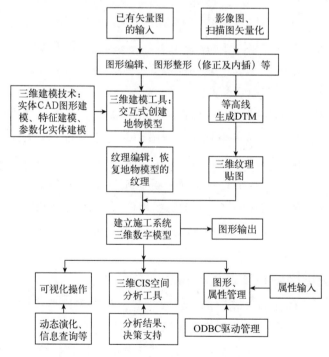

图 15-3　水利工程三维数字模型建立示意

## 15.5.1　地形模型的建立方法

地形模型反映了整个工程的地形、地貌，它不仅是整个工程三维数字模型的重要组成部分，所有工程建筑物布置场所，而且还是施工过程中地形动态填挖的受体。通过 GIS 开发平台，使用不规则三角网格(TIN)将带有高程属性的 CAD 工程地形图转化为三维数字高程模型(DEM)，再经过纹理贴图、光照等加工操作，便能真实地表现地形的高低起伏，形象地反映山川、河谷等地貌特征。TIN 模型是由分散的地形点、按照一定的规则构成的一系列不相交的三角形，能充分地表现地形高程变化的细节(刘东海，钟登华，2003)。TIN 模型的存储采用一组文件集来实现，每个文件分别存储网格的结点坐标、高程坐标、结点号、空间索引标识、渲染以及文件关联指针等信息，该结构具有存储简单、编辑方便、模型精度高等优点(钟登华，李明超等，2005)。

TIN 模型的生成可以由多种算法求得，生成原则为：①TIN 具有唯一性；②力求最佳的三角形几何形状，使每个三角形尽可能地接近等边形状；③保证最邻近的点构成三角形，即三角形的边长之和最小。

DEM 数据包括平面位置和高程数据两种信息，GIS 由等高线生成 DEM 的流程如图15-4 所示。

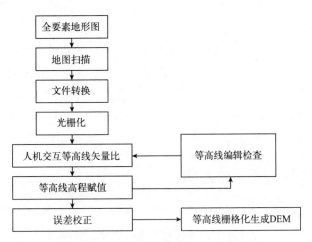

图 15-4　GIS 由等高线生成 DEM 的流程

在 GIS 纹理映射技术的基础上，可把研究区域的照片影像与地形融合在一起，取得更为逼真的三维视觉效果。融合的步骤为：① 把地形数据和照片影像配准，这里的照片影像主要是覆盖植被的地形面貌，根据地形高低起伏对照片进行明暗处理，生成与地形匹配的二维图像并以".jpg"格式存储；②把配准后的二维图像转换成 GIS 二维纹理图像；③计算每个数字地形剖分顶点的纹理坐标，利用纹理映射技术把二维纹理图像映射到数字地形上。在照片影像与地形数据配准的过程中，首先通过同名控制点来建立坐标匹配方程，把照片影像由原坐标系转换到地形数据所用的大地坐标系，与地形数据在位置上达到匹配。二维纹理图像的生成过程实质上就是把影像数据通过比例变换等处理，生成满足纹理映射技术要求的纹理图像。

实际地形是一个非常复杂的三维实体，要保证三维场景的精确度和真实度，就需建立一个多边形数据非常庞大的三维实体和高分辨率的地表纹理影像，这样必然影响场景的实时显示效果，可能导致迟滞现象。虽然近年来计算机硬件能力得到了突飞猛进的提高，但是由于大规模地形可视化的海量数据特性仍然需要利用地形简化、多分辨率建模和 LOD 等技术，以取得显示效果与显示效率间的均衡（唐泽圣，1999）。多分辨率地形模型一般可采用视相关技术或 LOD 技术来实现。由于 LOD 技术较成熟且应用广泛，而且在 TIN 三角形网格基础上进行的动态网格剖分等技术（Scarlatos，1990），可以有效地进行地形模型的动态简化与选择，达到良好的显示效果，因此可以基于 TIN 模型采用 LOD 技术来表达不同层次下多种不同精度水平的 DTM，以实现施工建设巡航所需要的多分辨率地形模型。

根据实际情况，该模型的实现步骤为（钟登华，李明超等，2005）：①精细 TIN 模型生成。综合考虑硬件性能、场景复杂度及纹理的数据量，对施工总布置大地形进行分块，然后利用上述 TIN 实现算法对各块地形等高线进行处理，生成地形块的 TIN 模型；②多分辨率地形建模。为避免层次过渡时产生跳跃感，获得较连续的 LOD 地形模型，基于分割插值原理（涂震飚等，2004），采用图元消去方法对 TIN 地形模型进行简化，并针对不同块各个区域的关注程度建立不同精度的 LOD 模型；③采用多分辨率纹理贴图。地形的真实性是地形可视化的重要组成部分，在多分辨率的地形模型里加入多分辨率的纹理影像（Heckbert 等，1994），并根据视点的变化选择不同分辨率的纹理，不仅可提高地形的真实性，还可有效解决纹理和系统内存之间的矛盾；④地面信息与 DTM 的叠加。根据施工设计提供的资料，将各种信息如道路、河流、料场、渣场、生活区等，叠加到已做好纹理贴图的 DTM 上，最终形成满足要求的多分辨率模型。

## 15.5.2 地物模型的建立方法

在水利工程中，地物实体包括主体工程建筑物、相关土建工程建筑物、附属工程建筑物等。地物实体模型属静态空间数据模型，包括空间位置、形状和空间拓扑关系等信息，静态空间实体之间的空间关系是通过 GIS 内建的拓扑结构来维护的。针对不同类型的建筑物，分别采用有针对性的建模技术建立三维可视化数字模型。

### 15.5.2.1 参数化实体建模方法

该方法的思想是根据一定的几何参数及几何关系建立一系列约束方程，然后由这些方程求解图素的形状、位置以及相互间的组合关系（钟登华，宋洋，宋彦刚等，2003）。参数化设计中，将表现设计对象所有图素的尺寸及位置与一定的约束条件相关联。当某一图素的尺寸和位置发生改变时，系统依据它与周围图素之间的约束条件，自动修改这些图素的尺寸和位置来更新整个图形。该方法具有特点：以变参数的几何模型为基础、具有交互实现参数驱动的功能和提供定义参数化约束的手段三个特点。

在水利枢纽建筑物中有一部分建筑物（如进水塔、围堰、溢洪道等）适合使用参数化实体建模技术建立三维仿真数字模型。首先定义全局变量和局部变量，全局变量作用于整个实体，每一部分都响应它的变化；局部变量只控制指定的部分。编写程序调用属性数据确定建筑物的主要控制点以及形体参数（包括各部分、各方向几何尺寸及拓扑信息），通过使用绘图函数绘出三维数字模型。例如，建立进水塔三维数字模型时，以进水塔中心线底面点为控制点，根据进水塔各组成部分（包括进水塔边墙、启闭室等）的关键点（这些关键点是指绘制该部分时绘图函数需要使用的控制点）距中心点的距离、旋转角度以全局变量的形式，定义定位尺寸以确定其具体位置，根据各部分设计尺寸以局部变量的形式定义形状尺寸，输入这些变量通过 OpenFlight API 自带的绘图对象函数，并调用各自的绘图函数将进水塔各组成部分绘制出来；然后将各部分按照其相互拓扑关系组合在一起，组合时遵循按固定点组合的原则（固定点是建筑物绘制的起始点，无论建筑物的大小是否改变，固定点的坐标位置始终不变），组装完毕后就得到了整个进水塔的三维数字模型。当设计方案变化时，只需改变相应的全局变量或局部变量，重新生成数字模型即可。

### 15.5.2.2　CAD 实体建模方法

CAD 实体建模方法（图 15-5）是指给定一组几何元素和一系列描述几何元素间关系的约束条件，求解这组几何元素以满足这些约束。整个建模过程借助 CAD 软件系统来实现，利用鼠标在计算机屏幕上直接绘制或通过 CAD 自带的编程语言绘制实体；也可以利用模型库中已有的元件，通过"交""差""并"等几何体的正则运算将其拼合成实体空间几何模型。

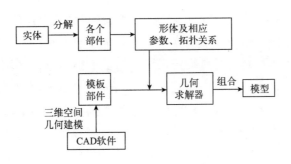

图 15-5　CAD 实体建模示意

以水利工程的土石坝为例进行说明，根据填筑材料及各部分结构形式的不同划分为几个坝块，把整个坝体分为既相对独立又相互联系的各个部件。这些部件形状很不规则，对那些不规则的部件进行细分，直到划分为规则的形状，如长方体、棱柱体等。对划分后的形状规则的小部件分别进行图形建模。这时可以将模型中定量信息变量化，使之成为可调整的参数。参数包括限制元素大小的尺寸约束和限制元素位置的几何约束，给变量参数赋予不同的数值，便得到不同大小和形状的部件。对于形状相同或相似的部分可反复应用缩放、复制、旋转等操作，既加快了建模的速度，又提高了建模的准确性；然后按照各部件间的结构层次关系将各部件连接组合起来就形成了整个大坝模型。每一个部件都有自己的身份标识，当要修改时只需修改相应部件模板的参数，重新调用几何求解器，即可完成模型的修改。在 CAD 中建立起几何模型之后，将构成实体的各面以多边形的形式再生成一次，并以"dwg"或"dxf"的格式保存，这样便可以通过数据传输直接导入 GIS 平台，既发挥了 CAD 软件的建模特长，又充分利用了 GIS 高效的模型管理功能。

### 15.5.2.3 特征建模方法

该方法基于一组预定义的特征，在系统内部预先形成特征库和特征分类，并组织成层次化的结构。在设计过程中用户根据需要交互输入特征类型，然后通过定义尺寸约束和添加位置约束，完成特征约束模型的建立和求解。

具体到水利工程特征建模技术，可应用于两类建筑物的三维数字建模：

（1）主体工程建筑物

整个水利枢纽属于主体工程建筑物，如导流洞、泄洪洞、放空洞等。它们总体上属于一种类型建筑物，即都是洞室类，只是有不同的结构特征。如在断面形式上有圆形、城门洞形，在总体形状上有斜直段、弯曲段、渐变段等，可以采用特征建模技术实现建模。设计过程中根据对象基本形状特征进行分类，根据所有形状特征建立特征几何模型库，分别编写建模子程序，各子程序所取的关键点依所对应的隧洞类型不同而不同。在绘制某一类型隧洞时，输入尺寸参数，调用相应特征库中建模子程序，建立各段实体模型，然后组合相关特征几何模型构建整个实体模型。例如，对于城门洞形斜直状隧洞，可调用相应的绘制子程序，输入前后两个断面的中心坐标、断面高度、中心夹角以及整个隧洞轴线与 $X$ 轴夹角这 7 个控制参数，运行程序即可建立该隧洞模型。对于渐变段，由连接闸门进口段矩形断面过渡至隧洞标准的圆形断面过渡段，一般采用半径渐变的圆弧连接，使内表面顺水流方向平顺渐变。建立模型时，根据进出口断面中心点位置、矩形断面的宽和高、圆形断面的半径、渐变段长度及整个实体段与 $X$ 轴夹角这 6 个基本参数，结合渐变段的几何形状调用渐变段建模子程序，建立渐变段三维数字模型。

（2）附属建筑物

整个工程模型属于附属建筑物，其主要作用是烘托虚拟环境、增强仿真效果。它们没有一定的尺寸，也没有固定的位置。可以采用特征建模技术建立这些模型，在建模的开始阶段完成对模型特征信息操作的定义，系统以特征操作代替传统的模型操作。具体方法如下：选定多种有代表性的模拟对象，对每一种对象通过相关几何关系组合成一系列用参数控制的特征部件，构造出整个几何模型，建模过程可描述成一组特征部件的组装过程，每个部件都由一些关键的参数来定义。按照这一思路编写程序，包括参数获取程序及建模程序。参数获取程序主要获取建模所需的几何参数，建模程序利用这些参数建立模型。

## 15.5.3　地形模型与地物模型的整合方法

地物模型与地形模型建立之后，并不能立即组合以构成整个施工场地模型。因为地物模型与地形模型有可能并不完全匹配，有可能有相互遮挡或相互分离的情况，不能真实地反映施工场地实际情况，需要对它们进行整合。地物模型与地形模型整合的方法主要有如下两种：

（1）改变地物模型

在与地形模型的匹配中，首先寻找出地物覆盖之地形面中的最高点和最低点；然后将模型的水平基准面放在最高点；最后构造地物基准面之下的部分，使地物与地形无缝吻合。该方法适用于相对分散的小型建筑物与地形模型的匹配。

（2）改变地形模型

改变地形模型的整合方法有两种（钟登华，周锐等，2003）：

一是在与地物模型的匹配中，可将地形多边形内的网格点高程置平，将多边形剖分，并将多边形经过的网格重新进行剖分，形成新的地形模型。此法适用于面状特征物与地形模型的匹配。如某施工场地，其水平基准面相同，可以通过对地形模型的改造完成。

二是在与地物模型的匹配中，可以对地形模型进行填挖处理，使之与地物模型无缝连接。水利工程需开挖（或填筑）的地方很多，包括道路边坡、溢洪道、导流洞进出口等。如道路应表现为：道路中心纵截面轴线随地形起伏，道路表面横截面高程相同；周围地形经一定的填挖处理（路面位于地形以下则挖，路面位于地形以上则填）与道路无缝连接。填挖过程实质是对地形 TIN 模型进行操作，其方法如下：首先绘制一个与地形完全相交的开挖体并转化为 TIN 模型，将它与地形 TIN 模型进行 cutfill 操作（类似布尔操作），从地形 TIN 模型中切去交线以内的部分而从开挖体 TIN 模型切去交线以外的部分，再把两个修正后的 TIN 合并，构成一个经填挖后的地形 DTM。在所有数字模型建立之后，需要对全体模型进行综合，以组成施工场景总体模型。各模型之间可能会有相互遮盖、色彩不真实等缺点，如地下引水建筑物被地形所覆盖，从表面看不到建筑物。这时可以对每一部分数据点赋以不同的透明度值、颜色值、光照强度值及光照方向等属性值，然后将虚拟环境中每一个数据点的属性值综合在一起，形成各层可视化仿真数字模型。各层模型作为整体数据模型中的一部分，彼此之间存在着广泛的联系（时间、空间、语义上的联系），组成了最终的工程整体数字模型。本建模方法可视化仿真过程如图 15-6 所示。

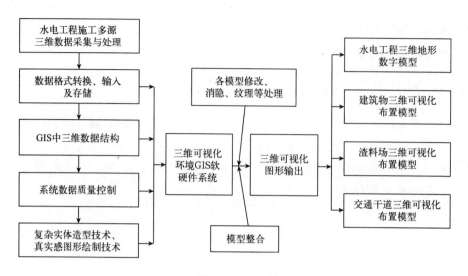

图 15-6  水利工程三维可视化仿真过程

## 15.6  水利工程动态实体数字模型建立

### 15.6.1  施工期水位变化模拟

建筑物的模型可以根据设计提供的建筑物尺寸及结构形式来构造,对水位模拟只能根据已有历史水文资料来推求。根据水文资料经统计分析可得到各时段洪峰流量的分布规律(分布类型及其特征参数),由此可根据各时段导流标准模拟出对应的洪水流量。通过对实测典型洪水过程线进行"按峰放大""按量调整",得到各时段设计洪水过程线。

由于坝体拦洪或围堰挡水,在确定上游雍高水位时一般应考虑水库调蓄作用,由设计洪水过程线、水位库容曲线及泄水建筑物泄流能力关系曲线,经调洪演算,得到调蓄后各时段上游水位及相应的下泄流量。由下泄流量及河床水位流量关系曲线得到相应下游水位。

根据上、下游水位,施工导流方案确定的泄流组合方式,当前施工进度确定的挡泄水建筑物高程以及各泄水建筑物泄流量、闸门开度等,用三维图形表示出当前时刻水流面貌及过流情况。水流采用基于面表示的面片结构,水面与地形模型相交的边界由 GIS 的拓扑关系自动识别与拓扑运算得到,从而实现两者的无缝吻合。水流与建筑物的接触面形态,根据水流特征与建筑物实体模型对边界条件(孔口、导墙、挑坎等)予以数字化,并结合相关水力学计算得到。对各时刻的水位进行类似模拟,可形象地再现施工期水位随时间变化情况(钟登华,宋洋,刘东海等,2003)。

## 15.6.2　洪水模拟

洪水模拟主要采用直接和间接两大途径。前者是依据流量资料建立起反映洪水变化的随机模型，然后直接由随机模型模拟出洪水。间接途径则依据暴雨资料建立反映暴雨变化特性的模型，并由此先模拟出暴雨，然后通过产流和汇流模型(转换模型)模拟出洪水。对于间接途径模拟，其基本过程可用图15-7来反映。

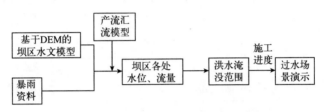

图15-7　基于暴雨资料洪水模拟基本过程

### 15.6.2.1　洪水淹没动态模拟

洪水淹没动态模拟是以三维地形和不同水位来综合演示洪水淹没行为的时空变化及水体形态，侧重于对洪水在不同时刻淹没后状态的表达，通过模拟可以分析在一定的水位下，目标地形淹没的状态。

流域地形模拟一般采用 DEM 模型。DEM 是 DTM 的一种，是表示区域 D 上地形的三维向量有限序列 $\{V_i = (x_i,\ y_i,\ z_i),\ i = 1,\ 2,\ \cdots,\ n\}$，其中 $(x_i,\ y_i \in D)$ 为平面坐标，$z_i$ 为 $(x_i,\ y_i)$ 对应的高程。均匀网格是 DEM 的一种常用面模型。其数据由一系列等间隔的地形高程值表示，代表一块方形网格地形。格网交叉点处的高度就是对应地面某点的高程值。

首先基于 DEM，并结合流域下垫面特性(土壤、植被等)，建立坝区水文模型。然后根据降雨资料，通过产流汇流计算，得到各网格点处洪水流量及水位。在系统中设计一个计时器，每经过一段时间触发系统按新的要求重新绘制地形和淹没后的水面，水面的高度可以逐渐上涨或下降，从而反映洪水淹没随时间动态变化情况。对应某一洪水位用不同颜色高亮显示地形上低于此水位的区域即洪水淹没范围，同时建立基于三维虚拟环境的交互查询机制，点击任一处可直观地查询该处的淹没水深及流速等信息。

### 15.6.2.2　超标洪水过水场景模拟

假设在施工某时刻发生一超标洪水(水位高于堰顶高程或坝体临时挡水高程或流量超过导流洞等泄水建筑物泄流能力)，根据洪水流量，调用调洪演算模块及对应时刻施工进度数据库的数据，模拟超标洪水发生前后坝区各处水位及下泄流量的变化，并三维演示洪水推进运动轨迹及施工场地过流场景。

### 15.6.3 泄流的模拟

#### 15.6.3.1 水流实体数学模型

（1）基本方程

水电站调度是对水的调度，其三维动态图形仿真在一定意义上讲属于水力学问题，为了满足在整个流域内质量和动量守恒，采用方程的守恒形式为基本控制方程。水流连续方程：

$$\frac{\partial z}{\partial t} + \frac{\partial q_x}{\partial x} + \frac{\partial q_y}{\partial y} = 0 \tag{15-1}$$

$$\frac{\partial q_x}{\partial t} + \frac{q_x}{h}\frac{\partial q_x}{\partial x} + \frac{q_y}{h}\frac{\partial q_x}{\partial y} + gh\frac{\partial z}{\partial x} + g\frac{n^2 q_x \sqrt{q_x^2 + q_y^2}}{h^{7/3}} = 0 \tag{15-2}$$

$$\frac{\partial q_y}{\partial t} + \frac{q_x}{h}\frac{\partial q_y}{\partial x} + \frac{q_y}{h}\frac{\partial q_y}{\partial y} + gh\frac{\partial z}{\partial y} + g\frac{n^2 q_y \sqrt{q_x^2 + q_y^2}}{h^{7/3}} = 0 \tag{15-3}$$

式中：$h$ 为水深；$z$ 为水位；$q_x$、$q_y$ 分别为 $x$、$y$ 方向的单宽流量；$n$ 为糙率系数；$g$ 为重力加速度。

（2）数值求解方法

为了满足计算过程中水量和动量守恒，选用 ADI 法对基本方程进行离散化，该方法的基本思路是把时间步长分为两部分，在前半步对 $x$ 方向的偏导项采用隐格式离散求解，对 $y$ 方向的偏导项采用显格式离散求解；在后半步对 $y$ 方向的偏导项采用隐格式离散求解，对 $x$ 方向的偏导项采用显格式离散求解。各物理量在网格点上的布置如图 15-8 所示。

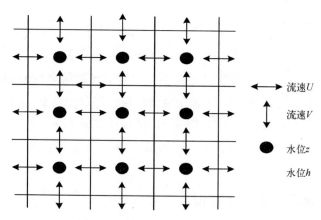

图 15-8　ADI 方法物理量网格布置

离散时采用时间前差分和空间中心差分，对流项采用逆风格式。在前半步 $n\Delta t \rightarrow (n+1/2)\Delta t$，方程（15-1）、方程（15-2）、方程（15-3）离散为

$$a_{i,j}^1 q_{xi-1/2,j}^{n+1/2} + b_{i,j}^1 Z_{i,j}^{n+1/2} + c_{i,j}^1 q_{xi+1/2,j}^{n+1/2} = d_{i,j}^1 \tag{15-4}$$

$$e_{i,j}^2 q_{xi-1/2,j}^{n+1/2} + a_{i,j}^2 Z_{i,j}^{n+1/2} + b_{i,j}^2 q_{xi+1/2,j}^{n+1/2} + c_{i,j}^2 Z_{i+1,j}^{n+1/2} + f_{i,j}^2 q_{xi+3/2,j}^{n+1/2} = d_{i,j}^2 \tag{15-5}$$

$$a_{i,j}^3 q_{yi-1/2,j+1/2}^{n+1/2} + b_{i,j}^3 q_{yi,j+1/2}^{n+1/2} + c_{i,j}^3 q_{yi+1/2,j+1/2}^{n+1/2} = d_{i,j}^3 \tag{15-6}$$

上述离散后的方程组结合边界条件，可求得在前半步的 $Z_{i,j}^{n+1/2}$，$q_{xi+1/2,j}^{n+1/2}$，$q_{yi+1/2,j+1/2}^{n+1/2}$。在后半步 $(n+1/2)\Delta t \to (n+1)\Delta t$ 时间步长中，利用在前半步求解所得的 $Z^{n+1/2}$，$q_x^{n+1/2}$，$q_y^{n+1/2}$。同理可对方程(15-4)、方程(15-5)、方程(15-6)进行离散联立求解得出 $Z^{n+1}$，$q_x^{n+1}$，$q_y^{n+1}$。通过编程就可计算出流域内所有网格点在计算时段中各时刻的水位值及 $x$ 和 $y$ 方向的单宽流量，进而可将水位值输入地理信息系统，在系统中与数字化的地形进行切割计算便可确定出水体边界点及其坐标，将这些数据输入数据库以备后用。

### 15.6.3.2　水流粒子数学模型

一般在水力学上水流形态数学模型的研究可以用纳维-斯托克斯方程来描述相对比较简单的明渠、管嘴(如喷泉等)及引水隧洞等的水流等。但是，对于水坝泄水水流的数学模型就要比这些复杂，这种复杂性体现在水舌的运动过程掺气雾化、水舌与下游水面的碰撞、水花相互碰撞引起的喷溅、多股水舌运动到某一位置时的横向碰撞等。一般水坝的泄水，采用挑流方式居多，在这种方式下，考虑掺气及空气阻力的影响，水舌在空中运动过程的数学描述可表示为(宋洋等，2007)：

$$z = x\,\mathrm{tg}\theta - g(1+k)\,x^2 / 2u^2\cos^2\theta \tag{15-7}$$

以射流出口断面的中心为原点建立坐标系，铅锤方向为 $z$ 轴(向上为正)，沿下游射流方向为 $x$ 正轴，$y$ 轴以正手法则确定。$\theta$、$u$ 为水舌初始挑角、出坎时断面平均流速，$g$ 为重力加速度，$k$ 为一反映掺气及空气阻力影响的修正系数。

水舌沿程断面的平均速度计算可参见文献(胡敏良，1994)。在本章研究中，为使控制方程简单，挑流水舌出坎后沿程速度计算时粗略考虑掺气及空气阻力的影响，即水舌以自由抛射体计算，则沿 $x$，$z$ 向的水流速度为

$$u_x = u\cos\theta / (1+k)，\quad u_z = (u\sin\theta - gt) / (1+k) \tag{15-8}$$

同时，水舌在空中由于掺气扩散，宽度和厚度不断增加(梁在潮，1992)。沿程水舌宽度为

$$b = b_0 + 2x\,\mathrm{tg}\alpha \tag{15-9}$$

式中，$b_0$ 为出坎时的水舌宽度；$\alpha$(刘士和等，2002)取 2.67°。

沿程水舌厚度为

$$h = h_0 / \beta \tag{15-10}$$

式中，$\beta$ 为断面沿程平均含水比，可由(刘士和等，2002)经验公式求得。

此外，当高速水流跌入水面后，其形态分成两种：一种以跌水的形式进入下游水垫，另一种反弹成为溅激水块向下游抛射。若假设水流由众多个单位质量的水滴组成(这与粒子系统模拟水流的基本思想相同)，且认为水滴粒子与水面的碰撞为非完全弹

性碰撞(耗散碰撞),则由动量守恒原理,得水滴粒子碰溅后的反弹抛射速度为:

$$u_1 = (1 + e) \cos\beta u_i / 2\cos\gamma \tag{15-11}$$

式中,$e$ 为耗散系数;$\beta$ 和 $\gamma$ 分别为入射角和反射角;$u_1$ 和 $u_i$ 分别为入射速度和反弹速度。$\gamma$ 和 $e$ 可由试验确定,也可以取 $e=0.55$,$\gamma=136°-2\beta$(梁在潮,1996)。假设水流粒子在空中运动的扩散是均匀的,也就是说,以中心线上的水流粒子为基准,依次向两端扩散,纵向 $x$ 的变化可以认为基本不变,本章加一个相对微小的随机量进行微调,横向 $y$ 及铅直方向 $z$ 的间距方程可如下式计算:

$$y'_i(n) = \begin{cases} y_{i0} + \Delta b_x/NumY, & y_{i0} > 0 \\ y_{i0}, & y_{i0} = 0 \\ y_{i0} - \Delta b_x/NumY, & y_{i0} < 0 \end{cases} \tag{15-12}$$

$$z'_i(n) = \begin{cases} z_{i0} + \Delta h_x/NumZ, & z_{i0} > 0 \\ z_{i0}, & z_{i0} = 0 \\ z_{i0} - \Delta h_x/NumZ, & z_{i0} < 0 \end{cases} \tag{15-13}$$

式中,$\Delta b_x$ 表示纵向位置 $x$ 处的扩散宽度,由式(15-9)求得;$NumY$ 表示沿 $y$ 方向上的粒子数。$\Delta h_x$ 表示纵向位置 $z$ 处的扩散宽度,由式(15-10)求得;$NumZ$ 表示沿 $z$ 方向上的粒子数。

### 15.6.3.3 水体模型的建立

本章考虑水利工程所涉及的水体模型主要是上下游的静止或流动的水体,水电站通过放水至厂房发电或泄洪,会使枢纽上、下游水体的水位及平面面积有相应变化,因此所建立的水体模型主要就是反映这种不断运动的水体。结合上文所述的水流实体数学模型,可以根据式(15-1)和式(15-2),通过编制仿真计算程序计算水体随着时间的推移所占据的实时范围,包括 $x$、$y$ 和 $z$ 三个方向的最大边界值,由于这里的水流实体可看作是一个形状实时变化的物体,所以将通过计算得到的水流实体边界坐标,输入并存储于基础数据库,数据库中除了有绘制图形所需的各控制点的坐标字段,还有相应的属性字段,例如时间、当前水位、当前库容、发电引水流量,泄水流量(发电弃水流量),水电站当前发电功率、电站机组运行效率、电站机组气蚀系数等。

将各控制点的坐标字段输入图形绘制程序,对于不规则边界,可将其离散成小块同时绘制,这样实时生成任意时刻水流实体的三维图形,并将其存入图形库,并通过控制点坐标或时间等字段与当前时刻其他属性建立一一对应的关系。

### 15.6.3.4 水流模型的建立

水库的水流模型主要指在泄洪过程中水流运动相互撞击所产生的飞溅的水粒的模拟模型,在建立这种水流模型时,采用粒子系统来进行模拟。水流实体块的数据存储结构为:

```
Struct waterSegment {
    double  * PointCoordinate_ List;        '流体块形体控制点坐标数组
    shape   * Segment_ Shape;               '流体块图形
    int     Segment_ Id;                    '流体块标识号
    int       Segment_ No;                  '流体块序列号
    double  Runoff;                         '引水流量
    double  waterLevel;                     '坝前水位
}
```

流动并相互撞击的水流难以用传统建模工具描述，因此采用粒子系统建模。其基本思想是：采用大量具有一定大小和属性的微小粒子图元作为基本元素来描述水流。这些粒子均有自己的属性，如颜色、形状、大小、生存期、速度等。基于粒子系统的水流模拟将水流看作大量的粒子组成，由一组预先定义的随机过程来控制粒子的位置、形状特征、走向及动力学性质。每个粒子运动都具有随机性，对每个粒子参数的取值，首先由给定平均期望值和方差确定一个变化范围，然后在该范围内随机确定其值。这种建模方法考虑了水流微粒的随机扰动、雾化等因素，比较符合水流实际情况。对于水舌在空中飞行过程的形体变化情况可按式(15-7)、式(15-9)、式(15-10)、式(15-12)和式(15-13)进行计算，这样水流粒子的运动轨迹就得到了。而对于撞入下游水面的水粒子，可用其与水面的碰撞来模拟，可由式(15-11)表示。粒子系统的某个水滴粒子若与水面碰撞(可通过分析粒子位置与碰撞水面空间是否接触来判断)，则粒子沿反射角 $\gamma$ 按 $u_1$ 速度反弹。同样，为模拟小部分水滴粒子碰撞后淹没于水面，粒子碰溅后反弹与否服从一定的随机性，按某个给定的概率反弹(如取 70%~80%)；对于不反弹的粒子则按消亡处理。反弹后的水滴粒子将受重力、浮力、空间阻力和水舌风的影响，胡敏良(1994)给出了溅水水滴的抛射运动轨迹方程。在时刻 $t$ 水滴粒子 $i$ 的轨迹方程为

$$\begin{cases} Particle\_ PosZ(i,\ t) = u_1(i) \cdot \sin\gamma - 1/[2(g-f)\,t^2] \\ Particle\_ PosX(i,\ t) = u_1(i) \cdot t \cdot \cos\gamma \\ Particle\_ PosY(i,\ t) = Particle\_ PosY(i,\ t-1) + \Delta y \end{cases} \tag{15-14}$$

式中，$\Delta y$ 表示相对微小的均匀分布随机数。对于溅弹的水滴粒子再次下落到水垫面或地面后，能量已经很小，故认为粒子不再反弹，按粒子消亡处理。

# 15.7　与三维数字模型的可视化仿真交互

交互功能在本研究中占据着非常重要的地位，许多图形特征只有通过交互观察才能感知到，主要的交互功能包括与数据的交互、与图形的交互和与可视化参数的交互。

## 15.7.1　与数据的交互

与数据的交互包括数据集的分割、数据范围的设置、数据的计算统计等。如用户

可以通过设置动态演示的时间段，调用按时段演示模型，以观察感兴趣时段内的模拟施工过程[仿真模型在虚拟空间的六自由度(位置、姿态)变化]，动态演示流程如图15-9所示。又如，用户可以通过图形-属性进行双向查询、条件查询及热连接查询，及时获取关心的图形相关信息。双向查询就是根据相应图层中的图元来查找与之相对应的属性，或由属性表中的某一属性来查询对应图层中的图元。而使用条件查询可根据特定的逻辑表达式作为查询条件，查询符合该逻辑条件的图元分布。条件查询语言可表达如下：select * from database where 列名=" * * "。热连接查询则是把某一图素和另外的图形、文件、数据库等对象连接起来，启动热连接用鼠标点中该图素时，能立刻显示出该图素对应的对象。

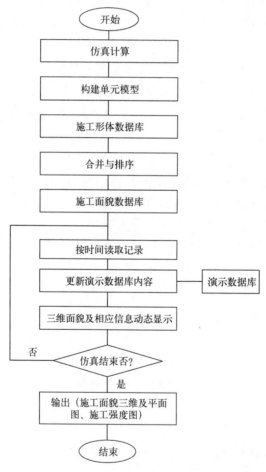

图 15-9  施工过程动态演示流程

## 15.7.2  与图形的交互

与图形的交互包括了传统图形学中的交互，如用户可对虚拟场景进行平移、旋转、无级缩放等操作，从任一角度观察虚拟环境的任一局部。另外，与图形的交互还包括场景的漫游(钟登华等，2002)。使用 GIS 开发平台的 Camera 对象可以实现漫游功能，其中模拟成像控制是重要环节，每一场景均表达为一系列作用于观察内容上的控制约束问题。本功能经过调用相应的控制函数进而支持巡航路线、观察角度、观察距离、观察视角、视点移动速度五种类型的约束。通过设置这五个控制参数，用户可以在场景中随意漫游，在任意位置、从各种角度进行观察。漫游行为包括贯穿漫游(类似于相机在场景中沿着某个方向前进或后退，使用户有在场景中飞行俯视的感觉)，环绕漫游(针对某个固定的位置，环绕场景进行观察，有利于从各个角度观察某一建筑物的细节)，旋转漫游(在某一固定位置对周围进行环视，这种漫游行为和相机的上下左右移动镜头动作非常类似，有利于观察某一地点周围的工程布置情况)。

### 15.7.3　与可视化参数的交互

与可视化参数的交互包括选择和组合合适的显示参数，如用户可自行设置光源方向、光照强度、视点位置、视角大小、明暗程度、显示颜色等。通过对模型的渲染，可以达到更好的显示效果。

## 15.8　工程实例应用

结合长沙市重点水利工程及湘江、捞刀河、浏阳河、沩水四条主要河流的相关流域实际建设需求，以遥感影像和 DEM 数据为基础，利用大数据、云计算、人工智能、无人机航拍实景三维模型和虚拟现实等技术，实现海量数据的存储和快速处理，通过对河流和重点水利枢纽工程的真实场景进行三维实景模拟和展示，直观反映三维河道防洪工程和枢纽工程的分布及周边地形地貌的关系，实时管理流域水利枢纽相关工程情况和雨水情情况，耦合三维模型和水文专业，实现洪水预报调度和水资源调度在三维平台上的管理，为工程设计、防洪调度、资源运行管理和防汛决策提供可视化管理和支持。图 15-10 为洪水淹没仿真模拟图，图 15-11 为生成的水库工程图。

图 15-10　洪水淹没仿真模拟

图 15-11　生成的水库工程

# 第16章  基于数字地球的流域实时感知可视化仿真平台

## 16.1  引言

地理空间传感网是一种互联网环境下包含数据采集、查询和处理的新型观测信息服务系统。它集成了传感器管理、观测数据获取、数据处理和决策支持等服务（李德仁，2012；陈能成，陈泽强等，2012；陈能成，王晓蕾等，2012）。近年来，对地观测传感器类型与数量越来越多，观测数据多样。传感器按观测平台高度可以分为航天传感器、航空传感器、地面传感器等。按工作机制分为可见光、红外、微波传感器等；按监测对象分为位置、气压、湿度、温度传感器等（胡楚丽等，2010；胡楚丽，2013）。传感器观测数据有影像、视频、文本和数值等多种类型。与此同时，各种信息服务资源不断涌现，如传感器的规划、观测、告警服务，数据处理的坐标转换、专题制图服务，决策支持的气体扩散、人员疏散、交通疏导服务等（刘丽丽等，2010；葛文，2012）。这些孤立的信息服务可有效解决单一需求，例如，传感网观测服务可管理传感器的观测数据，传感网目录服务可管理传感器信息。然而，这些信息服务因功能单一难以有效和全面地利用信息资源，如能整合这些信息服务进行服务组合，可扩展整个信息服务功能。例如，组合传感网目录服务和传感网观测服务，可以统一管理传感器及其观测数据，将传感器与观测数据关联起来用于深层次数据挖掘。因此，研究信息服务资源的整合成为提高传感网资源利用效率的一种重要途径。目前，微软的 SensorMap 系统可根据传感器位置信息将温度、风速和视频等原位传感器在地图上表示。虽然它实现了传感器观测数据以图表等形式表达，但系统支持的传感器类型较少、观测数据的表现形式单一（Lee 等，2010）。Daniel Nüst 的 SensorVis 系统通过利用三维技术将无人机位置和观测数据实时显示在虚拟地球上，再由观测数据生成的专题图叠加在地图上，整合了传感器和观测数据的信息。但是，该系统所支持的传感器类型只局限于搭载在无人机上面的湿度传感器等，且不支持历史观测数据的获取与展现。针对现有传感器服务中传感器类型单一且无法实时访问观测数据的问题，本章基于三维虚拟仿真平台、传感网信息模型和服务接口规范，面向异构传感器和观测数据，设计并开发了水利空间传感网信息公共服务平台——

HydroSensor。HydroSensor 系统实现了对遥感、移动和原位等类型传感器及其观测数据等信息资源的在线搜索、即时获取、网络控制和实时制图。

## 16.2　系统总体框架与三维可视化平台

### 16.2.1　面向服务的系统架构

面向服务的体系架构(SOA)是将应用程序中各种服务通过定义好的接口和通信契约联系起来的一种粗粒度和松耦合的软件系统架构(Erl，2005；戴维斯，2010；孙华林等，2007)。它以标准化业务服务方式来提高开发效率，能较好地解决各种服务之间对象封装和跨域调用等问题，使得服务更易于与其他应用软件相集成(陈能成等，2013)。SOA 所采用的接口独立于实现服务的硬件和操作系统，可采用 Web 服务方式或标准中间件技术(如 EJB 等)实现不同系统中各种服务的组合(李安渝，2003；顾宁等，2006)。本章采用 Web 服务方式实现公共服务平台的系统架构。传感网信息公共服务平台框架见图 16-1 所示。系统采用典型的浏览器/服务器三层架构，包含表现层、业务层和基础服务层。表现层采用 FLEX 和 HTML 技术，结合基于 Skyline 开发的数字地球平台，通过 Java Script 和 Struts2 框架下的 JQuery 语言与业务层进行通信，以图表、视频、文本等多种数据形式将传感器、观测数据等数据信息，显示在天地图或页面上；业务层包含传感器检索、观测数据获取、传感器控制和实时制图模块，其可按需调用并组合多种服务。基础服务层主要是提供业务层所需调用的基础服务，包括传感器注册服务、传感器观测服务、传感器控制服务和空间分析服务，它们共同支撑本系统业务层开发。业务层与基础服务层之间以 Web Services 方式通信，与表现层之间以 Web Services 方式或 HTTP 方式通信。

### 16.2.2　三维数字地球平台

基于 Web 的三维可视化技术即在网络环境下构建一个三维地理信息系统，可以向用户形象逼真地展示入河排污口、水利水电工程、河道监测断面等专题信息，并为用户提供进一步的空间分析、决策和信息发布服务。在技术流程中，采用了以下处理方法。

(1) 通过 XML 在客户端和服务器端之间进行数据通信。在 Web 三维 GIS 中客户端和服务器端之间传输数据时引入可扩展标记语言 XML，客户端可以把 XML 标记的地物要素信息提交给服务器，同时也可以获取服务器端地物要素的信息。通过 XML 这种方式来标记模型的参数及其用户提交的数据，用于组织用户需求信息，将三维建模模块与用户需求获取模块隔离开，实现 WebGIS 的平台无关性。

(2) 采用 Ajax 实现三维信息的实时显示。Ajax 使得客户端不刷新页面就可以和服务器进行交互。Ajax 在客户端的作用是以异步模式提交客户端的请求，并把服务器返

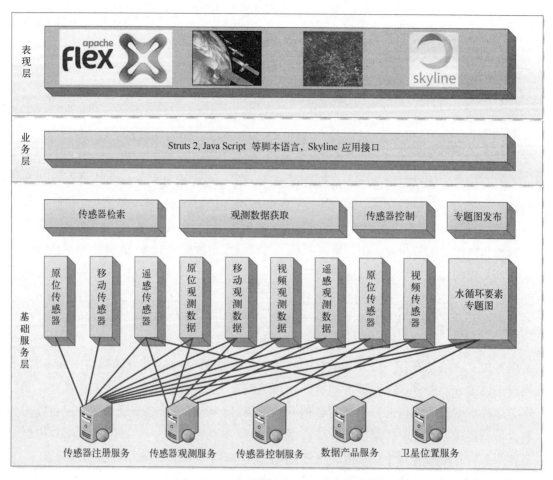

图 16-1　水利传感网公共服务平台框架

回的结果交由 JavaScript 处理，实现按需取数据和局部刷新。将 Ajax 技术应用到 Web 三维 GIS 中以实现浏览三维场景时"看到哪里，显(示)到哪里"。

（3）以 Web 服务的方式发布海量的矢量数据。按照 WFS/WMS 服务规范，Skyline 实现二维矢量数据在三维场景中的分块调用(即流模式)，浏览到哪里，数据就显示到哪里，大大缩短了调用时间，提高了海量矢量数据的传输速度。SFS(Streaming Feature Server)作为 Skyline 的一个组件，可以通过网络以流的方式从 Oracle、SQL、ArcSDE 等高效地读取矢量数据。

（4）在服务器端应用 TerraGate 传输和访问三维数据。TerraGate 使得用户可以通过 Intranet/Internet 进行海量 3D 数据的传输和访问。TerraGate 的空间数据是实时的以数据流方式传输的，就像读取本地机上的文件一样流畅。

实现的技术流程如图 16-2 所示。

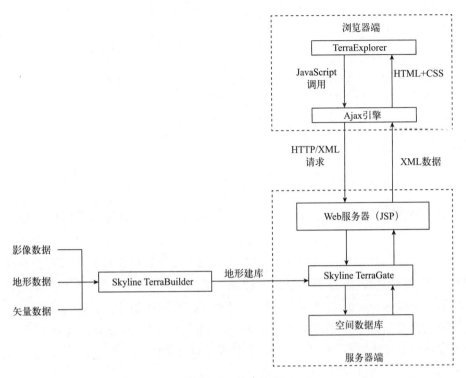

图 16-2　技术流程

# 16.3　传感网资源实时服务技术

## 16.3.1　基于 ebRIM 模型和传感器建模语言的传感器注册服务

原位、移动、视频和遥感等异构传感器，因工作机制和所含属性等不同，需存储的传感器相关信息各异。因此，难以对异构传感器进行统一注册、管理和检索。为了便捷存储与检索异构传感器，传感器注册服务必须满足异构传感器统一注册和管理需求。传感器注册服务流程（Chen 等，2013）如下：首先，通过自定义 XSLT 文件将使用 SensorML（Wenzel 等，2007）格式描述的传感器文档转换成 EbXML（Botts 等，2007）格式文档。其中，异构传感器特有信息可使用 Slot 等可扩展元素描述。其次，解析出 EbXML 中传感器信息并存储在数据表中，这些数据表是通过 EbXML 元素结构映射成数据表结构和表之间关系构建。由于异构传感器中特有信息是使用 EbXML 中可扩展元素如 Slot 等进行统一描述，可以实现对异构传感器的统一注册。最后，以存储在数据表中的传感器信息为数据源，实现传感器的统一查询功能。传感器目录服务基于 ebRIM 信息模型和传感器建模语言（SensorML），实现了网络目录服务核心操作（Nebert 等，2007），包含 GetCapabilities、GetRecords、GetRecordById 和 Transaction 等。其中，

GetCapabilities 操作用于获取传感器网络目录服务相关能力信息，包括支持的操作、操作调用所需参数、服务联系信息、服务支持的过滤能力和空间关系判定规则等；GetRecords 操作根据时间、空间和主题等过滤条件获取所需传感器信息集合；GetRecordById 操作根据选定传感器标识符获取传感器信息；Transaction 操作可以进行传感器资源的注册、更新和删除等。传感器注册服务实现了对遥感、移动和原位等类型传感器信息的注册，满足了针对不同传感器类型的查询需求，有助于传感器的高效管理与精确发现。

## 16.3.2　多协议的传感器观测服务

通过传感器注册服务可管理多种异构传感器，需要一种服务管理这些传感器产生的各种类型观测数据，如影像数据、文本数据、位置数据和数值数据等。传感器观测服务（Bröring 等，2010）可实现对各种观测数据进行统一管理和获取等功能。该服务以相同操作方式对异构传感器观测数据进行统一获取和查询。其流程如下：首先，将异构传感器信息以 SensorML 格式表达，并注册到传感器观测服务；其次，实时将传感器最新观测数据按照观测与测量编码（O&M）（Percivall，2012）格式统一编码，并发送到传感器观测服务进行存储；最后，调用传感器观测服务中 GetObservation 接口，获取传感器在特定时间点或时间段内的观测数据。

## 16.3.3　传感器控制服务

传感网监测到突发事件时，需控制和调度传感器，便于及时获取事件发展态势；或因传感器电源不足、数据采集频率需调整等，对传感器工作方式、工作时间进行调整以延长传感器有效工作时间，并提高工作效率。传感器控制服务分为原位传感器控制和视频传感器控制两部分。原位传感器控制部分实现原位传感器的采样频率调节、休眠、启动等功能；视频传感器控制部分实现视频传感器的启动、关闭、调焦、光圈调整、观测角度调整等。由于不同厂商提供的二次开发包不同，分别开发原位传感器和视频传感器的控制功能。最后，将原位传感器和视频传感器控制功能发布成 Web 服务，供外部系统调用。

## 16.3.4　基于业务流程的实时制图服务

传感器观测数据可以加工成数据产品，以图形、表格和专题图等形式表达，提高观测数据的利用价值。系统提供的以业务流程的实时制图服务可实时生成并发布水利数据产品。首先，调用传感器观测服务，根据时间、空间范围、制图方式等参数条件，获取传感器观测数据；其次，观测数据进行几何校正、辐射校正等数据预处理，生成具有时空位置的观测数据；再次，采用特定数据处理方法与技术，生成水利专题图；最后，发布成可以供其他服务调用的水利专题图产品。

### 16.3.5　基于 SGP4 的卫星位置服务

卫星位置服务可用于获取卫星平台和遥感传感器的实时位置和历史运行轨迹。卫星平台实时位置可通过 SPG4 轨迹演化模型计算获取(刁宁辉等，2012)。遥感传感器搭载在卫星平台上，故其位置和运行轨迹可通过搭载的卫星平台相关位置信息间接获取。卫星位置服务调用流程如下：首先，动态更新计算卫星轨迹时所需的 TLE 参数文件(吴昊等，2010)；其次，利用最新的 TLE 参数文件调用 SPG4 轨迹演化模型获取卫星平台位置，并间接获取遥感传感器实时位置；最后，通过设置时间段，可获卫星平台或遥感传感器在此时间段内的运行轨迹。

## 16.4　卫星在轨运行可视化仿真技术

### 16.4.1　星历数据获取和卫星轨道计算

#### 16.4.1.1　卫星星历数据的获取

可视化仿真系统所使用的外部数据文件是卫星的两行轨道根数文件，其文件采用 TXT 格式。卫星被发射之后，就会被立即列入 NORAD 卫星星历编号目录。其运行数据会一直进行下载和更新，直到卫星的寿命终结。能够描述卫星的位置和速度的文件，称为卫星星历，又被叫作两行轨道数据(Two-Line orbital Element，TLE)，该格式的卫星星历是由美国 celestrak 机构发明创立的(丁建林，2012)。卫星星历中的数据表示卫星的基本参数，比如偏心率、发射时间、轨道半长轴等。利用这些数据经过计算可以确定卫星的坐标和速度。卫星的星历是定时更新，所以具有较高的观测精度。

每颗人造卫星运动轨迹由两行 TLE 轨道参数数据描述，每一行由包括空白字符在内的 69 个字符组成。另外，提供 TLE 数据的网站通常会在两行参数上添加卫星的名称(表 16-1 至表 16-3)。

表 16-1　名称行

| 序号 | 列范围 | 内容释义 |
| --- | --- | --- |
| 1 | 01-24 | 卫星名称 |

表 16-2　第一行 TLE 数据释义

| 序号 | 列范围 | 内容释义 |
| --- | --- | --- |
| 1 | 01-01 | 行号 |
| 2 | 03-07 | NORAD 给出的卫星编号 |
| 3 | 08-08 | 密级：U 表示不保密，公布的 TLE 数据都是 U 级 |
| 4 | 10-11 | 发射年份 |

| 序号 | 列范围 | 内容释义 |
| --- | --- | --- |
| 5 | 12-14 | 发射次数 |
| 6 | 15-17 | 发射序号 |
| 7 | 19-20 | 与后面一组数据共同表示这组轨道数据的时间点 |
| 8 | 21-32 | 与前面一组数据共同表示这组轨道数据的时间点 |
| 9 | 34-43 | 平均运动的一阶时间导数除以2 |
| 10 | 45-52 | 平均运动的二阶时间导数除以6 |
| 11 | 54-61 | 用于轨道摄动模型内的 BSTAR 阻力系数 |
| 12 | 63-63 | 轨道模型类型：不同数字代表不同模型，一般都是0，也就是采用了 SGP4 或 SDP4 轨道模型 |
| 13 | 65-68 | 表示这是关于这个卫星的 TLE 组数 |
| 14 | 69-69 | 校验位 |

表 16-3　第二行 TLE 的数据释义

| 序号 | 列范围 | 内容释义 |
| --- | --- | --- |
| 1 | 01-01 | 行号 |
| 2 | 03-07 | NORAD 卫星编号 |
| 3 | 09-16 | 轨道倾角(角度制) |
| 4 | 18-25 | 升交点赤经(角控制) |
| 5 | 27-33 | 轨道偏心率 |
| 6 | 35-42 | 近地点幅角(角控制) |
| 7 | 44-51 | 平近点角(角控制) |
| 8 | 53-63 | 每天环绕地球的圈数，其倒数就是运行周期 |
| 9 | 64-68 | 发射以来飞行的圈数 |
| 10 | 69-69 | 校验位 |

　　由于 TLE 格式的文件结构固定，数据存储量较大，因此采用 TXT 文本格式对其进行存储和读取，实现这部分功能主要分为两个步骤(Bolandi 等，2015)：第一步，实现对外部文件路径的读取并获取文件中的数据；第二步，按照 TLE 的基本格式编写程序，并将格式存储书，并实现对 TLE 文件格式的识别。

### 16.4.1.2　卫星轨道的计算

　　TLE 数据只是提供某颗卫星的轨道参数，卫星实时状态的测算需要将 TLE 轨道参数与具体的轨道运算模型或算法结合，才能得到较为精确的结果。通常是将 TLE 根数与同是由 NORAD 开发的"简化扰动模型"(Simplified Perturbations Model)结合，进行卫星位置、速率等物理量的计算，来得到更好的计算精度。简化扰动模型是由 NORAD 发布的五种数学模型：SGP（Simplified General Perturbations model）、SGP4、SDP4（Simplified Deep-space Perturbasion Version 4）、SGP8 和 SDP8。有关简化扰动模型构建的详细资料可以从 Hoots 等（1988）发表的空间跟踪报告（SPACETRACK REPORT）查阅。简化扰动系列模型考虑了地球形状、大气阻力、宇宙辐射以及来自其他太空物体的干扰，计算地心惯性坐标系下卫星、空间碎片等人造太空物体的时间-位置和时间-速率等物理量（刁宁辉等，2012；Vallado 等，2006）。简化扰动模型通常代指 SGP4 模型，这是因为 SGP4 模型是使用最广泛的简化扰动模型，许多学者对它的精度和误差分析也进行了大量研究（Miura 等，2009；韦栋，2008；韩蕾等，2004），通常认为 TLE 结合 SGP4 模型计算卫星位置和速度是比较可取的，能得到较高精度的预测结果，能满足一般地面监控和科研需要（刁宁辉等，2012；何丽娜，2015；Bdandi 等，2015）。因此，可以采取 TLE 根数与 SGP4 模型的经典组合进行导航卫星轨道数据的计算。

卫星轨道动力学的计算实现的方法是（翟小珂，2016）：首先利用轨道解析模型对载入的卫星星历进行解析，然后将轨道动力学模型应用程序语言进行表达，最终计算出卫星轨道的数据。

## 16.4.2　卫星在轨运行三维可视化

### 16.4.2.1　卫星轨道的可视化

卫星轨道的关键技术有两点：一是要利用 OpenGL 中的函数绘制卫星轨道；二是要不断更新卫星在空间中的坐标。根据 TLE 格式的卫星数据文件和卫星轨道动力学计算此时仿真卫星的轨道和形状，然后利用 OpenGL 将卫星轨道绘制出来。

卫星的坐标需要实时更新，可以定义场景更新函数 DrawOrbit 来进行数据更新。在更新场景之前，首先获取卫星的 ECI（Earth-Centered Inertia）坐标数据，并进行坐标的初始化。读入数据之后，将此时的 ECI 坐标复制给一个全局数组，然后再更新函数中按照不断更新的数据一次更新卫星的坐标（彭剑，2005）。其中，更新场景函数由定时器触发，并对卫星坐标的序数进行标记。坐标序数随着卫星数据的更新而自增，从而使卫星的坐标有序地进行更新。

### 16.4.2.2　卫星三维模型的建模

在仿真系统中，借助三维建模软件 3DS MAX 建造卫星模型，这样既能实现三维仿真，又便于模型运动的计算和控制，减少工作量。模型建立后保存为 3DS 数据格式，需要注意的是，3DS 数据格式只能保存和转换几何信息，色彩、材质等信息可能会在转换时丢失，在系统开发中要对色彩、材质等进行程序处理（翟丽平，2005）。对于数据格式的转换，主要核心是对模型的构造数据进行转换，形成 OpenGL 模型构造列表，作为 OpenGL 的显示列表进行模型重构。

在数据转换过程中，模型的数据主要是对以下三个关键数据进行处理（董加强和任松，2008）：①顶点集（Vertices）：顶点的组表及其法向量的列表；②多边形列表（Polygon List）：对应的是一组三角形，主要记录各个模型的显示属性，是在 OpenGL 中进行模型重构的重要部分；③相关三角形列表（Common Triangle List）：指向多边形列表中每一个包含该顶点的三角形链表（Hoppe，1998）。

### 16.4.2.3　卫星覆盖垂向区域可视化

在卫星三维仿真场景中，可以用三维的锥形来表示卫星覆盖区域。在 OpenGL 中，用圆锥顶点和底面圆上的点来绘制兰角形片，从而构建卫星的覆盖区域的几何模型。一维纹理贴图过程与二维的相类似，只是要注意，圆锥顶点纹理坐标为 S，则底面圆上所有点的纹理坐标为 S+N。对于不断运行中的卫星，其在轨道中的位置和覆盖范围随着时间的变化而变化，所要设置卫星轨道的更新函数。在绘制卫星时，先利用平移函数将此时的局部坐标系平移到更新后的卫星坐标上，然后用新的数据绘制出卫星的轨道和覆盖范围（张彤，2011）。

## 16.4.3　星下点轨迹及覆盖区域可视化

### 16.4.3.1　星下点轨迹可视化

星下点轨迹是指卫星在绕轨道运行时卫星和地心的连线与地球表面形成的交点序列。星下点轨迹可以揭示卫星在整个运行过程中曾经或即将飞临地球的哪些地方。星下点轨迹图通常是一个二维图形。为了在视景仿真时，可随时了解卫星正飞临地球的什么地方，也可在三维虚拟场景中绘制星下点轨迹和卫星轨道。

利用卫星轨道计算方法（杨平利等，2012）可以给出任一时刻卫星在地心直角坐标系中的直角坐标以及经纬度坐标，这样就可以计算卫星星下点坐标。有了这两个坐标，就可以在三维场景或二维星下点图中确定卫星位置并绘制星下点轨迹。

绘制星下点轨迹二维图就是在以横向坐标轴为经度坐标轴、纵向轴为维度坐标轴的坐标系中，将每个时刻卫星的星下点轨迹（以经纬度表示）依次连接形成星下点轨迹曲线。经度坐标轴上的经度刻度范围为−180°~180°，负值表示西经，正值表示东经；纬度坐标轴上的范围为−90°~90°，其中负值表示南纬，正值表示北纬。

星下点轨迹图在图上仅标出经纬度坐标显然不够直观。因此，在绘制的星下点轨迹图的下方衬以同样比例大小的长方形二维地图，就可以直观清楚地看到卫星在运行过程中飞临的地区，提高图形的可视化能力。

### 16.4.3.2　覆盖区域可视化

对于线推扫式的遥感卫星，其扫描覆盖区域是具有一定幅宽的条带，如图16-3所示。由此可见，遥感卫星的覆盖范围主要取决于卫星传感器视场角的大小和卫星飞行高度。成像扫描时，首先在垂直于飞行方向的像面上形成一条线影像，然后沿预定轨道逐行推扫，形成二维影像。

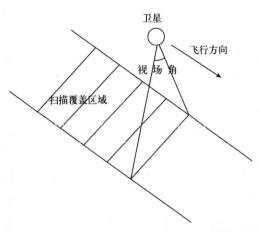

图 16-3 线推扫式遥感卫星扫描区域覆盖示意

计算卫星覆盖区域就是计算每一时刻的扫描条带左右边界 $L$ 和 $R$ 的坐标值，如图 16-4 所示。根据 TLE 的轨道根数，可求得卫星在某一时刻的位置 $\vec{S}$ 和速度 $\vec{V}$，其动量矩为

$$\vec{H} = \vec{S} \times \vec{V} \qquad (16-1)$$

位置和动量矩对应的单位向量分别为

$$\vec{s} = \vec{S}/\parallel\vec{S}\parallel, \quad \vec{h} = \vec{H}/\parallel\vec{H}\parallel \qquad (16-2)$$

左边界所在的直线 $l$ 的方向向量为

$$\vec{l} = -\vec{s} \cdot \cos\alpha - \vec{h} \cdot \sin\alpha \qquad (16-3)$$

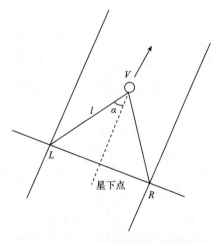

图 16-4 卫星区域覆盖计算示意

受地球公转等因素的影响，地球是一扁球体，但地球扁率较小且仿真中地球模型尺度较小，可将地球等效为一半径为 $R$ 的球体，其球面的表达式为

$$x^2 + y^2 + z^2 = R^2 \qquad (16-4)$$

根据直线 $l$ 的方向向量和经过点的坐标可求得直线 $l$ 的表达式，代入式(16-3)可求得扫描条带的左边界点 $L$。扫描条带的右边界点 $R$ 也可以通过该方法获得(朱政霖等，2017)。

显示覆盖区域需绘制卫星推扫产生的条带。卫星覆盖的区域是地球表面的一个球面四边形，其四个顶点并不位于同一平面，故绘制以上区域需要调用 OpenGL 的绘制三角面的接口并关闭背面消隐功能。

## 16.5 空间数据服务及网络可视化技术

### 16.5.1 空间数据引擎

空间数据引擎，简称 SDE，是一种空间数据库管理系统的实现方法，即在常规数据库管理系统之上添加一层空间数据库引擎，以获得常规数据库管理系统功能之外的空间数据存储和管理能力。具有代表性的是 ESRI 的 SDE。空间数据引擎在用户和异种空间数据库的数据之间提供了一个开放的接口，它是一种处于应用程序和数据库管理系统之间的中间件技术。使用不同厂商 GIS 的客户可以通过空间数据引擎将自身的数据提交给大型关系型 DBMS，由 DBMS 统一管理；同样，客户也可以通过空间数据引擎从关系型 DBMS 中获取其他类型 GIS 的数据，并转化成客户可以使用的方式。

### 16.5.2 空间数据服务

开放地理空间联盟(OGC)的 Web 地图服务(WMS)规范是一种在 Web 上提供和使用动态地图时需遵守的国际规范。如果要在不同的平台和客户端之间以一种开放并经认可的方式提供 Web 地图，则 WMS 服务非常有用。任何原生支持 WMS 规范的客户端均可查看和使用地图服务。到目前为止，已发布了四个版本的 WMS 规范。客户端应用程序通过向服务的 URL 附加参数来使用 WMS 服务。WMS 服务支持：请求服务的元数据、请求地图图像、请求关于地图要素的信息、请求用户自定义样式和请求图例符号的操作。WMS 服务无须支持所有操作，但如果作为基本 WMS，则必须至少支持 GetCapabilities 和 GetMap 操作，如果作为可查询 WMS，则需支持可选的 GetFeatureInfo 操作。GetStyles 和 GetLegendGraphic 操作都只适用于样式化图层描述符(SLD)WMS 服务。

WFS 服务标准的全称是网络要素服务接口规范，其提出的目的是为了规范对 OpenGIS 简单要素的数据编辑操作，从而使得服务器端和客户端能够在要素层面进行"通信"。WFS 是通过 Web 提供地理要素服务的开放规范。通过 WFS 服务提供数据服务，任何使用 Web 服务的应用程序均可从地图或地理数据库中访问地理要素。与返回地图图像的 OGC Web 地图服务(WMS)不同，WFS 服务返回带有几何和属性的实际要素，客户端可以将这些要素与属性用于任何类型的地理空间分析。WFS 服务也支持过滤器，由此用户可以在数据上执行空间查询和属性查询。

Web 覆盖服务(WCS)面向空间影像数据，它将包含地理位置值的地理空间数据作为"覆盖(Coverage)"在网上相互交换。网络覆盖服务由三种操作组成：GetCapabilities、GetCoverage 和 DescribeCoverageType。GetCapabilities 操作返回描述服务和数据集的 XML 文档。网络覆盖服务中的 GetCoverage 操作是在 GetCapabilities 确定什么样的查询可以执行、什么样的数据能够获取之后执行的，它使用通用的覆盖格式返回地理位置的值或属性。DescribeCoverageType 操作允许客户端请求由具体的 WCS 服务器提供的任一覆盖层的完全描述。

## 16.5.3　WebGL 技术

WebGL 是一种 3D 绘图标准，这种绘图技术标准允许把 JavaScript 和 OpenGL ES 2.0 结合在一起，通过增加 OpenGL ES 2.0 的一个 JavaScript 绑定，WebGL 可以为 HTML5 Canvas 提供硬件 3D 加速渲染，这样 Web 开发人员就可以借助系统显卡在浏览器里更流畅地展示 3D 场景和模型，还能创建复杂的导航和数据视觉化。WebGL 技术标准免去了开发网页专用渲染插件的麻烦，可被用于创建具有复杂 3D 结构的网站页面。相对于插件式的三维客户端，无插件式模式通过浏览器本身实现性能良好的三维应用，为开发者和最终使用者提供了良好友善的开发与访问体验。在 Web 端访问三维场景仅需输入地址即可浏览，省去了下载、安装插件的烦琐步骤，节省了操作时间，并且无插件安装更有利于用户的安全性体验。WebGL 作为一种 3D 绘图技术标准，采用统一、通用的技术标准使其具有跨浏览器、跨操作系统的良好兼容性能，适用于 Windows、Linux、Mac 操作系统，应用程序可运行在任何支持 WebGL 的浏览器上。

## 16.6　网络水利信息的实时获取技术

近年来，随着互联网的快速发展，水利行业与互联网的结合越来越紧密。随着水利信息化与公共信息公开化进程的加快，大量水利信息数据开始在相关网站中，以网页表格形式呈现给公众(莫荣强等，2013；艾萍等，2016)。这些数据往往来源广泛，时效性强。面对这些复杂的网络数据，如何合理地整合与利用，成为水利信息化研究者关注的课题。

传统的水利信息数据收集与检索工作通常依靠人工完成。通过人工采集与整理的水利信息数据往往具有精度高、数据格式规整、可信程度高、但数据量小，来源单一和时效性较差等特点。与此相对应，网络水利信息数据量大，来源广泛，时效性强，但数据格式复杂多变，收集和整理网络水利信息数据需要耗费大量的人力。因此，传统的人工数据采集与整理方法不适用于网络水利信息。

在大数据时代，搜索引擎在信息检索方面起着关键性的作用，为人们快速准确地提供所需要的信息。网络爬虫作为搜索引擎的关键组成部分，为信息的准确收集与检索提供了基础(周德懋等，2009)。其中，高效率的抓取策略是网络爬虫算法的核心内容，即通过尽可能爬取和用户兴趣相关的网页，提高爬取内容的准确性。因此，可以基于网络爬虫技术，研究基于网络的水利信息实时获取技术，用于大数据网络水利信息的自动采集与整理工作。

## 16.6.1 网络水利信息获取流程

网络水利信息获取流程如图 16-5 所示。

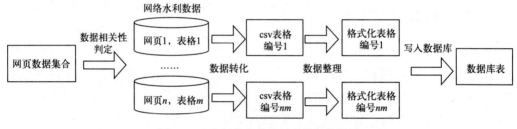

图 16-5 水利信息检索的总体架构设计

根据网络数据爬取特性与水利表格数据特点，将总体架构设计从左至右分为以下四个步骤(巫义锐等，2017)：①水利主题爬虫设计。通过主题爬虫技术判定网页数据与水利主题的相关性，如表格数据与水利相关，则将数据下载至本地，并给予统一编号。②数据格式转化。将本地下载的表格转化为通用的数据格式。③数据格式整理。根据网络表格的呈现形式，自适应地进行数据的整理与合并，形成规整的数据文档。以利于数据库写入。④数据库写入。首先自动建立数据库表，然后为待写入数据添加索引项，最后将规范数据逐条写入本地数据库中，供用户检索使用。

## 16.6.2 水利主题爬虫设计

网络爬虫是一种自动抓取网页并提取网页关键信息的程序，是搜索引擎的主要信息获取渠道。在给定一个或多个初始采集点的情况下，网络爬虫从初始网页开始采集，在抓取网页的过程中，不断将新的检测到的网络地址放入待爬行的网络地址队列中，直到满足一定条件(如待爬行队列为空或达到指定爬行数量)，停止爬行。在网络爬虫的基础上，主题爬虫按照预定义的爬行主题，应用关键字或主题分析算法，对爬行网页进行内容相关性分析，过滤与主题不相关的网页(Wang 等，2013)。因此，主题爬虫不同于通用网络爬虫，起始数据采集点必须是预定义的与主题高度相关的页面，主题爬虫仅收集与主题相关的网页。基于主题爬虫的相关特点与水利数据的特性，水利信息获取通过以下策略的应用，设计水利主题爬虫，用于网络水利信息的爬取与筛选(巫义锐等，2017)。

（1）主题描述

即如何描述爬取的对象，水利信息获取通过字典集合方法定义水利主题。收集与水利相关的常用业务词语，例如降雨、水情、水库、水污染等，并使其构成集合，用于定义水利主题的外延含义。

（2）主题爬行策略

主题爬虫需要按照一定的规则抓取网页。首先定义起始数据采集点。基于水利信息公开化现状，选取在互联网上公开的网页作为主题爬虫的起始爬取点，如全国雨水情信息网站、全国重点站点实时雨情、日降雨量和天气网站等。为了适当减少爬取复杂度，采用深度优先的爬取策略，并将深度值限制在合理范围内。此外，由于网页表格中往往含有丰富的数值信息，而这些信息对于水利情况描述具有决定性作用。因此，在爬取过程中仅关注网页中存在的表格信息。

（3）主题相关性判断

对于爬取的相关网页，所设计的主题爬虫首先获取页面的文本内容或者页面表格的表头信息；然后，采用关键字匹配方法，与定义的水利主题描述进行对比，以判断所爬取网页是否与水利主题相关。如果数据与水利主题相关，水利信息获取将下载相关页面的对应表格到本地服务器，并给予独立编号，编号由网页与网页表格编号 2 部分构成。

## 16.6.3 数据格式转化

水利主题爬虫所下载的网页表格数据的格式为 HTML5。HTML5 格式存储的数据成高度离散化状态，即 HTML5 格式对数值与文字描述进行了混合描述。为了后续步骤的顺利进行，水利信息获取要转化使用数据格式，将离散化的数据描述转化为易于提取与处理的通用数据格式，即常用于数据表格描述的 CSV 格式。

对 HTML5 数据特征进行观察后，使用基于启发式的算法进行数据格式转化。在对 HTML5 网页所含标签关键字进行处理时，如检测到关键字 table，则将表格数据写入 CSV 文档；如检测到关键字 tr，将在 CSV 文档中开始写入新的数据行；如检测到关键字 td，将在 CSV 文档中写入新的数据列。通过简单的转化规则，水利信息获取模块能够成功地将数据由复杂的 HTML5 格式转化为易于处理的 CSV 格式。此外，数据表格的编号将转化为统一标注，并建立数据内容与编号的对应关系表。在对应关系表中，将具体记录某编号表格的爬取时间、下载表格表头、更新时间等数据来源信息，以供后续的数据库表自动建立与写入步骤使用。

## 16.6.4 数据格式整理

由于水利数据的呈现形式没有统一的规范，所获取的标准 CSV 文件中存在着大量不规范的数据表现形式。因此，可以分析几类常见的表格数据呈现形式，运用自适应检测方法，对数据呈现形式进行整理。为了整理多变的表格数据形式，提出依据以下判断准则进行自适应处理(巫义锐等，2017)：①判断一行是否存在同名项，如存在，则依据某一重复的项，将原数据表分割成多个独立表；②判断某行是否缺失，如存在数据缺失情况，则使用上一行中的同列数据项进行填补。经过自适应处理，能够成功地将非规范的数据整理为规范化数据。规范化数据表中的每一行均为一条完整的水文信息数据。

## 16.6.5　数据库建立与数据写入

将整理后的水利数据逐条写入关系数据库将有助于数据的结构化与检索。用户在检索相关数据时，只需设置带关键字的 SQL 查询语句，即可方便快捷地获取相关水利数据信息。为实现水利数据获取与检索过程的自动化，将主要聚焦于建立适应于水利数据写入的数据库。

首先基于对水利数据表格表头信息与首行的分析，建立数据库表。表头信息中一般包含对表格数据信息的概述，将该概述信息作为数据库表名，能够简明扼要地对数据主体进行描述，有利于简化用户后期的检索操作。为此，将表头信息作为数据库表名。

建立数据库表时，还需要定义字段及主键。其中，字段内容来自对数据表格首行的分析。此外，还将加入一些额外的字段，对数据的爬取属性进行描述，包括爬取与数据更新的时间。其中，数据更新时间来源于网页表头信息分析，部分网页该项可能呈缺失状态，此时将主要依赖于爬取时间对于数据的时效性。

主关键字用于唯一地标识表中的某一条记录。建立适应于数据内容的主键将有助于数据信息去重。在水利信息检索系统中，在数据更新时间项存在时，将主键设置为数据更新时间。假使数据更新时间缺失，则将多数据项作为联合主键。通过如此设计，当爬虫获取重复数据时，数据将因为主键限制而无法写入数据库。数据库中存储的数据将是无重复数据，对于用户的检索使用将提供便利。

在查找到相关水利表格页面时，将数据库建立要素写入数据库脚本，并执行该脚本，以建立数据库表项。在数据库表建立后，将整理好的水利数据内容，逐行写入已建立好的数据库表。水利信息检索系统能够自动将网络上存在的水利数据，通过爬取、数据整理及数据库写入步骤，转化为易于检索的规范化数据。

# 16.7　系统功能实现

## 16.7.1　虚拟环境显示参数设置

视图设置包含图层列表、恢复窗口、隐藏地形、经纬度、导航模式、视场参数、特效设定、时间轴、太阳等相关设置(图 16-6)。

## 16.7.2　基于虚拟环境的三维标绘

三维标绘包括选择、删除、标记、绘制、三维模型、图片、折线、多边形、文本标注、图片标注、折线标注、多边形标注等地图标注功能(图 16-7)。

图 16-6　视图设置效果　　　　　图 16-7　三维标绘效果

## 16.7.3　基于多模式的导航控制漫游

导航控制包括平移、滑动、转向、3D、2D、平面指北、缩放、指北、旋转等二维和三维空间数据浏览操作模式(图 16-8)。

## 16.7.4　在线监测实时跟踪

数据获取空基、天基、地基和网基,分别包含各项数据获取来源。

空基分为在轨卫星查询和实时轨迹查询,其中在轨卫星查询展示全球监测卫星示意图,分别对各个卫星各时刻监测位置提供查询,实时轨迹查询展示全球各主要卫星的运行轨迹(图 16-9)。

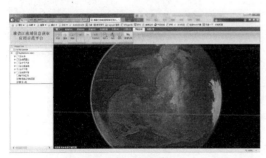 

图 16-8　导航控制　　　　　　　图 16-9　在轨卫星查询效果

天基包括中空遥感、无人机采集、无人机数据,中空遥感展示固定翼飞机在中层空间进行遥感数据采集及数据合成处理后的展示,无人机采集展示旋翼无人机按规定线路实时采集数据,无人机数据则展示实时合成的三维侧视数据景象(图 16-10)。

地基包含各类监测站点，包含水文站、气象站、雨量站、水质自动站、位移监测、渗压监测、测雨雷达等监测点分布及监测数据(图 16-11)。

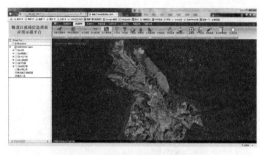

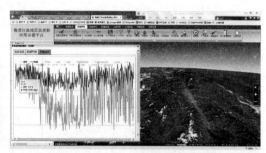

图 16-10　无人机数据效果　　　　　图 16-11　水质站点查询

网基包含各类互联网信息，包含全景图、天气查询、地震信息、水文数据、在线水情等内容(图 16-12)。

## 16.7.5　专题制图显示

系统可以根据应用对象的区域范围和需要来提取降水、蒸散发、土壤含水量等水循环要素。它能够自适应地获取覆盖区域的卫星遥感数据和地面监测数据，利用数据融合和数据同化手段生成相关水利要素的数据产品，自动将数据产品进行制图，并在三维虚拟环境中动态可视化显示(图 16-12 和图 16-13)。

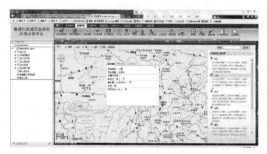

图 16-12　在线水情查询　　　　　图 16-13　数据同化分析

# 第 17 章 结 论

虚拟流域环境，一方面，通过逼真再现真实流域环境并提供辅助空间决策功能；同时模拟那些在真实世界里难以发生或者难以重现的以及人们只有抽象概念而难以直接感知的空间现象和地理过程，如台风演进、洪水淹没、大气污染等的仿真、历史过程的反演以及未来发展的推演，可以深刻地表达、分析并研究流域环境对人类社会的影响；另一方面，通过将人类行为模型纳入虚拟环境之中，与环境模型进行综合运算，可以清晰地反映人类活动与流域环境演化的关系。之前的研究仅仅局限于单个模块建设和单项工程应用，尚没有从系统的角度认知虚拟流域环境的建设。本书探索了虚拟流域环境理论框架和关键技术，并在洪水、干旱、水资源、水利工程、监测等方面进行示范应用，取得的主要成果如下：

（1）在研究了虚拟地理环境的体系架构、研究思路和功能框架的基础上，提出了虚拟流域环境的技术框架，包括 VWE 数据环境、VWE 建模环境、VWE 表达环境和 VWE 协同环境。利用虚拟地理环境理论技术，可以为用户创建立体直观和高度沉浸感的虚拟环境，水利专业模型能够真实模拟预测水流运动过程和闸门的实时调度方式。以虚拟仿真表达和水利数值模拟相结合为核心的虚拟流域环境系统可以为流域综合管理提供新的视角和研究思路。

（2）阐释了虚拟流域环境三维图形生成原理，研究了流域三维景观的纹理映射技术，总结分析了碰撞检测基本原理与方法，研究了流域虚拟环境的交互漫游方式，探索了海量流域地形数据的组织方法，研究了海量地形地物的实时调度技术，提出了基于 OpenGVS、OSG、Vega Prime 和 Skyline 的虚拟流域环境系统开发框架。

（3）阐述了 Terra Vista、Multigen Creator、Terra Builder、3DS MAX 和 Sketch 三维建模软件平台基本情况。研究了基于 Terra Vista、Creator Pro、CTS、Terra Builder、VPB 的三维地形建模方法以及基于 Creator、3DS MAX 的三维地物建模方法。分析了倾斜摄影测量的原理和特点，研究了倾斜摄影测量系统组成，论述了常用的倾斜影像数据处理软件系统，研究了倾斜摄影测量建模流程及关键技术。

（4）对数字流域和各种水现象进行模拟仿真，如果要同时满足实时性、逼真度和交互性三个方面的要求，则对于动态的河流，一般采用求解二维浅水方程来实现；对于相对平静的大面积海洋、湖泊的仿真一般采用基于统计的方法或基于 Perlin 噪声的方法来实现；对于波涛汹涌的波浪，宜采用基于 Gerstner 波或基于流体动力学的方法来构造；一些特效，如溢洪道泄水过程以及翻滚的浪花、泡沫等，则宜采用基于粒子系统的方法来实现。

（5）开发了唐家山堰塞湖溃决洪水三维虚拟仿真系统，将唐家山堰塞湖及周边的地形地貌在计算机上虚拟再现。系统实现了堰塞湖空间分布在三维场景中的显示，以及唐家山堰塞湖蓄水过程的动态模拟。在与溃坝二维水流模型结合的基础上，提出了河道边界的搜索算法，设计了水动力学模型与仿真系统交互的数据接口，实现了洪水的动态淹没过程可视化仿真，而且用颜色映射的方式表现水深的时空分布，采用点图标方法模拟溃坝水流的流场分布。同时系统还具备了场景漫游、信息查询、文字标注等功能。

（6）为了对洞庭湖区进行综合管理，提高防洪抗汛效率，开发了洞庭湖三维虚拟仿真平台，将整个洞庭湖区及周边场景在计算机中虚拟再现。系统开发中应用大范围DEM 数据、遥感影像数据、航拍数据和水系、道路、堤岸等矢量数据及实景图片资料，采用地形自动建模软件 Terra Vista 和地物建模软件 Creator 完成了大范围的地形地物建模。建立了三维可视化平台，实现了场景的三维可视化及漫游、1954 年和 1998 年历史洪水在三维场景下淹没范围的显示以及重点垸和蓄洪垸的显示；对蓄洪垸洪水的动态演进过程进行了模拟，能够实时显示对应时刻该蓄洪垸的进水量。

（7）结合现代图形学技术构建了集三维可视化、信息查询显示和数学模型计算于一体的哈尔滨城区溃堤水流三维可视化系统。该系统具有技术先进，信息表达多样化、用户界面友好、操作简单等特点。从空间数据和属性数据两个方面讨论了数据存储、查询以及两者之间的联系。在三维可视化与数据库的交互中，实现了基于三维虚拟场景的动态查询与数据的实时显示功能，可以方便地为哈尔滨市的水利规划设计工作提供基础信息，同时利于不同工程方案的比较和分析。在数值模型计算过程中，系统可以将计算结果实时显示在可视化平台上。防洪决策者可以根据系统的此项功能方便快捷地制定防洪抢险的最佳方案，确定最佳救援路线，以提升防洪抢险的工作效率。

（8）提出了数字仿真系统"四层"体系架构，构建了玛纳斯流域干旱演化与评估数字仿真系统。该系统能够在生成的玛纳斯流域虚拟环境中进行多模式控制漫游，同时能够交互地进行时空数据查询与显示、实体信息查询与显示、文字动态标注、多媒体仿真等，还实现了干旱指数计算、干旱演化参数的图形表达、干旱数据空间插值、干旱演化时空动态可视化等专业功能，为流域抗旱工作提供了辅助决策支持平台和工具。研发的系统实现了信息技术与专业理论方法的有效融合，能够提高玛纳斯河流域防灾减灾的信息化水平，同时系统建设中关键技术和仿真方法可以为其他流域抗旱管理提供借鉴与支持。

（9）以南水北调中线工程为例，探索了数字水网水量水质调控平台实现方法。研究了基于 OSG 的海量地形地物数据的组织、动态调度以及交互仿真技术，实现了南水北调中线工程渠道、闸门、桥梁、倒虹吸等实物及周围场景的真实再现。将一维和二维水动力、自适应调控的模型计算结果以可视化仿真方式融合到南水北调中线渠道中，不仅为预演各种调度方案下的水流运行状态，而且对闸门启闭变化导致的水流变化情况进行仿真模拟。可以接入实时监测数据进行模拟计算，将一维和二维水动力学模型的三维水面和流场变化可视化，同时将调控模型计算的闸门启闭开度信息反馈到虚拟环境和真实环境中，达到真实闸门和虚拟闸门的联动实时控制。

（10）对梯级水库群调控的功能进行了分析，并设计了系统总体框架，开发了梯级水库群调控综合管理平台，研究梯级水库群虚拟环境建模方法和梯级水库群调控下水动力水质效应虚拟表达关键技术，包括基于碰撞检测的多模式漫游控制、基于虚拟环境的可视化信息查询与分析、基于远程自动控制的闸门反馈动态仿真、基于物理模型的大坝泄流过程可视化仿真、基于水动力学模型的河道水流流场可视化仿真、基于水质模型的污染物运移可视化仿真、基于在线监测的水库调控可视化预警、基于虚拟环境的多方案优选仿真和基于水库调度的库容变化可视化动态仿真等技术。

（11）提出了黑河流域水资源调配仿真平台的框架，研究了金字塔三维数据引擎、浏览海量的数据、Mesh-Skin 匹配、COM 组件等水资源调配仿真平台关键技术，利用地形三维建模、地面纹理贴图、工程建筑模型建模、添加注记等方法实现了水资源调配仿真基本场景的建设，研发了河道演进模拟、地下水模拟、生态变化模拟、水情监测、水利枢纽调控等高级环境功能。

（12）提出了福建省水资源实时监控仿真的平台体系结构和基础组件架构，研究了组件基础数据高效组织、基于 OGC WMS 的水资源空间信息集成、多源基础数据集成应用、场景自动化建模以及流域地形建模等关键技术，实现了基于三维场景的水资源空间对象显示管理、基于三维场景的红线指标信息显示、基于三维场景的水利三维模型集成展示、基于三维场景的水资源查询统计、基于三维场景的监测预警、基于三维场景的应急管理、基于三维场景的视频调阅查询等功能。

（13）设计了金沙江下游梯级电站水沙仿真系统总体框架，研究了流域地形建模、地物建模以及地形模型与地物模型集成方法，研究了用于水沙仿真分析的水沙动态可视化、空间数据内插和基于数字地球球体的数据场可视化等关键技术，实现了三维虚拟环境漫游、多种地图要素叠加显示、基本地形因子分析、水流淹没分析、流场动态模拟分析、水沙运动模拟分析、泥沙淤积分析和适航区分析等功能。

（14）阐释了基于 VR-GIS 三维可视化仿真的基本原理，探索了面向水利可视化仿真的空间数据库的建立方法。提出了水利工程数字模型建模思路，总结了规则物体三维几何模型、不规则物体三维几何模型、不规则模糊物体模型的构造方法。研究了水利工程静态实体数字模型建立方法，包括地形模型以及由参数化实体建模、CAD 实体建模、特征建模等组成的地物模型建立方法，还有地形模型和地物模型的整合方法。研究了包括施工期水位变化模拟、洪水模拟和泄流模拟的水利工程动态实体数字模型建立方法。分析了与三维数字模型的可视化仿真交互模式。

（15）提出了流域实时感知可视化仿真平台的总体框架，并建立了三维可视化平台。研究了基于 ebRIM 模型和传感网建模语言的传感器注册服务、多协议的传感器观测服务、传感器控制服务、基于业务流程的实时制图服务、基于 SGP4 的卫星位置服务等传感网资源实时服务技术。研究了星历数据获取和卫星轨道计算技术、卫星在轨运行三维可视化技术以及星下点轨迹及覆盖区域可视化。建立了空间数据服务及网络可视化技术，包括空间数据引擎、空间数据服务和 WebGL 等技术。研究了网络水利信息的实时获取技术，包括网络水利信息获取流程、水利主题爬虫设计、数据格式转化、数据格式整理、数据库建立与数据写入。实现了虚拟环境显示参数设置、基于虚拟环境的三维标绘、基于多模式的导航控制漫游、在线监测实时跟踪、专题制图显示等功能。

# 参考文献

艾萍，袁定波，边世哲，等. 2016. 水利信息化发展状况简要分析方法[J]. 水利信息化，(6)：6-9.

鲍劲松，许长春，杨艳春，等. 2006. VR环境下的矢量场可视化交互感知技术研究与应用[J]. 系统仿真学报，18(1)：125-127.

柴毅，翟丽平，李尚福，等. 2006. 虚拟现实建模技术在数字化发射场中的应用[J]. 计算机仿真，23(9)：211-214.

常静. 2010. 基于WebGIS的洪水淹没三维可视化技术研究[D]. 郑州：郑州大学.

常禹，何兴元，Ian D. Bishop，等. 2006. 岷江上游杂谷脑流域景观可视化初探[J]. 生态学杂志，25(10)：1229-1233.

陈能成，陈泽强，何杰，等. 2012. 对地观测传感网信息服务的模型与方法[M]. 武汉：武汉大学出版社.

陈能成，王晓蕾，王超. 2012. 对地观测语义传感网的进展与挑战[J]. 地球信息科学学报，14(6)：673-680.

陈能成，杨训亮，王晓蕾. 2013. 地理空间传感网信息公共服务平台的设计与实现[J]. 地球信息科学学报，15(6)：887-895.

陈鹏霄，成鹏，张穗. 2004. 长江荆江河段防洪调度三维可视化[J]. 长江科学院院报，21(3)：51-53.

陈文辉，谈晓军，董朝霞. 2004. 大范围流域内水体三维仿真研究[J]. 系统仿真学报，16(11)：2409-2412.

陈小钢. 2003. 虚拟地理环境和地学认知检验—以澳大利亚维多利亚省卡集洼汇水盆地为例[J]. 地理研究，22(2)：245-252.

陈阵初，蔡宜平. 1991. 计算机图形显示原理[M]. 长沙：国防科技大学出版社.

程军蕊，王侃，冯秀丽，等. 2014. 基于GIS的流域水质模拟及可视化应用研究[J]. 水利学报，45(11)：1352-1360.

程甜甜. 2008. 面向太湖水域的动态水面场景建模方法研究[D]. 苏州：苏州大学.

丛威青，潘懋，庄莉莉. 2009. 3DGIS在城市地下空间规划中的应用[J]. 岩土工程学报，31(5)：789-792.

崔巍，付辉，谢省宗，等. 2007. 三维视景仿真技术在调水工程中的应用研究[C]. 第三届全国水力学与水利信息学大会论文集：529-535.

崔巍，杨开林，谢省宗，等. 2008. 长距离调水工程虚拟仿真系统开发研究[J]. 水利水电技术，39(3)：70-74.

崔巍，杨开林，谢省宗，等. 2009. 基于TerraVista的调水工程大规模三维地形建模技术[J]. 水力发电学报，28(4)：153-158.

戴晨光，张永生，邓雪清. 2005. 一种用于实时可视化的海量地形数据组织与管理方法[J]. 系统仿真学报，17(2)：406-409.

戴维斯. 2010. 开源 SOA[M]. 北京：电子工业出版社.

邓世军，王永杰，窦华成，等. 2013. 数据分页技术的海量三维数据模型动态调度[J]. 测绘科学，(4)：101-104.

刁宁辉，刘建强，孙从容，等. 2012. 基于 SGP4 模型的卫星轨道计算[J]. 遥感信息，(4)：64-70.

丁建林. 2012. 基于两行轨道参数的卫星跟踪应用[J]. 中国科技信息，(8)：54-55.

丁雨淋，杜志强，朱庆，等. 2013. 洪水淹没分析中的自适应逐点水位修正算法[J]. 测绘学报，42(4)：546-553.

董加强，任松. 2008. 基于 OpenGL 的卫星在轨运行可视化仿真系统设计与实现[J]. 计算机测量与控制，16(6)：824-826.

董文锋，袁艳斌，杜迎泽，等. 2001. 流域三维地形仿真及洪水演进动态模拟[J]. 水电能源科学，19(3)：37-39.

董文，张新，江毓武，等. 2010. 基于球体的海洋标量场要素的三维可视化技术研究[J]. 台湾海峡，29(4)：571-577.

杜清运，刘涛. 2007. 户外增强现实地理信息系统原型设计与实现[J]. 武汉大学学报(信息科学版)，32(11)：1046-1049.

方贵盛. 2016. 涌潮形态的三维实时虚拟仿真[J]. 系统仿真学报，28(10)：2600-2606.

方贵盛，潘志庚. 2012. 水体虚拟仿真与应用综述[J]. 计算机仿真，29(10)：30-33.

方贵盛，潘志庚. 2013. 水虚拟仿真技术研究进展[J]. 系统仿真学报，25(9)：1981-1989.

冯敏，尹芳. 2009. 基于开放互操作标准的分布式地理空间模型共享研究[J]. 遥感学报，13(6)：1067-1073.

甘治国，蒋云钟，赵红莉. 2005. 黑河流域虚拟仿真系统建设[J]. 水利水电科技进展，25(3)：58-60.

高俊，夏运钧，游雄，等. 1999. 虚拟现实在地形环境仿真中的应用[M]. 北京：解放军出版社.

葛文. 2012. 地理信息服务发现方法研究[D]. 郑州：解放军信息工程大学.

龚建华. 1997. 地学可视化—理论、技术及其应用[D]. 北京：中国科学院地理研究所博士后出站报告.

龚建华. 2006. 基于虚拟地理环境的人地关系探析[C]. 第六届全国地图学与 GIS 学术研讨会会议，中国武汉.

龚建华. 2008. 面向"人"的地学可视化探讨[J]. 遥感学报，12(5)：772-779.

龚建华，李文航，周洁萍，等. 2009. 虚拟地理实验概念框架与应用初探[J]. 地理与地理信息科学，25(1)：18-21.

龚建华，林珲. 2001. 虚拟地理环境-在线虚拟现实的地理学透视[M]. 北京：高等教育出版社.

龚建华，林珲. 2006. 面向地理环境主体 GIS 初探[J]. 武汉大学学报(信息科学版)，31(8)：704-708.

龚建华，林珲，谭倩. 2002. 虚拟香港中文大学校园的设计与初步试验[J]. 测绘学报，31(1)：39-43.

龚建华，林珲，张健挺. 2002. 面向地学过程的计算可视化研究-以洪水演进为例[J]. 地理学报，57(增刊)：37-43.

龚建华，周洁萍，徐珊，等. 2006. SARS 传播动力学模型及其多智能体模拟研究[J]. 遥感学报，10

（6）：829-835.

龚建华，周洁萍，张利辉. 2010. 虚拟地理环境研究进展与理论框架[J]. 地球科学进展，25（9）：915-926.

顾宁，刘家茂，柴晓路，等. 2006. Web Services 原理与研发实践[M]. 北京：机械工业出版社.

顾培亮. 1998. 系统分析与协调[M]. 天津：天津大学出版社.

郭新蕾，杨开林，乔青松，等. 2007. 调水工程变比例三维视景仿真系统构建技术[J]. 系统仿真学报，19（12）：2750-2752，2756.

"国家智能水网工程框架设计"项目组. 2013. 水利现代化建设的综合性载体-智能水网[J]. 水利发展研究，（3）：1-8.

韩蕾，陈磊，周伯昭. 2004. SGP4/SDP4 模型用于空间碎片轨道预测的精度分析[J]. 中国空间科学技术，24（4）：65-71.

何秉顺，丁留谦，王玉杰，等. 2009. 四川安县肖家桥堰塞湖稳定性初步评估[J]. 岩石力学与工程学报，28（2）：3626-3632.

何丽娜，庄启智，陈瑞耀. 2015. 基于 TLE 的北斗 MEO 卫星轨道预报及精度分析[C]. 第六届中国卫星导航学术年会论文集.

胡碧松. 2009. 基于社会关系网络的传染病时空传播模型研究[D]. 北京：中国科学院遥感应用研究所.

胡昌伟. 2003. 东苕溪防洪决策支持系统研究[D]. 北京：中国水利水电科学院.

胡楚丽. 2013. 对地观测网传感器资源共享管理模型与方法研究[D]. 武汉：武汉大学.

胡楚丽，陈家赢，陈能成，等. 2010. 传感器建模语言（Sensor ML）在南极中山气象站的应用[J]. 测绘通报，（10）：31-34.

胡军，黄少华. 2011. 丹江口水库调度管理三维仿真系统开发与应用[J]. 人民长江，42（1）：87-89.

胡孟，杨开林，石维新. 2005. 南水北调中线北京段输水系统数字三维视景仿真[J]. 南水北调与水利科技，3（2）：6-8，11.

胡敏良. 1994. 挑流水舌雾化的研究[J]. 水动力学研究与进展（A 辑），9（3）：343-349.

胡少军，何东健，马理辉，等. 2006. VR 技术在渠系仿真中的应用[J]. 水利水电技术，37（3）：63-66.

胡少军，何东健，汪有科，等. 2007. OpenGL 与 Creator/Vega 结合的渠系仿真优化设计[J]. 系统仿真学报，19（5）：1157-1160.

胡四一，施勇，王印堂，等. 2002. 长江中下游河湖洪水演进的数值模拟[J]. 水科学进展，18（3）：278-286.

胡兆量，陈宗兴，张乐育. 1998. 地理环境概述[M]. 北京：科学出版社.

黄国满，郭建坤，赵争，等. 2004. SAR 影像多项式正射纠正方法与实验[J]. 测绘科学，29（6）：27-30.

黄健熙，毛锋，许文波，等. 2006. 基于 VegaPrime 的大型流域三维管理系统实现[J]. 系统仿真学报，18（10）：2819-2823.

黄文波，黄健熙，吴炳方. 2005a. 基于虚拟现实技术的流域仿真系统实现[J]. 计算机工程，31（16）：182-184.

黄文波，黄健熙，吴炳方. 2005b. 基于数据应用及系统构架的流域三维可视化研究[J]. 计算机仿真，

22(8)：166-169，273.

霍凤霖，贾艾晨. 2006. 河道的防洪预警模拟及其三维地形可视化[J]. 海洋测绘，26(5)：54-57.

贾艾晨，苏江锋. 2007. 基于OpenGL的河道地形实时仿真方法[J]. 计算机辅助工程，16(6)：20-23.

贾连兴，韩世刚，裴波，等. 2006. 基于CTS创建三维大地形数据库研究[C]. 系统仿真技术及其应用
学术交流会论文集.

假冬冬，邵学军，周建银，等. 2014. 水沙条件变化对河型河势影响的三维数值模拟研究[J]. 水力发
电学报，33(5)：108-113.

江辉仙，林广发，黄万里. 2006. 基于VRGIS的库区三维仿真系统设计及应用[J]. 福建师范大学学报
(自然科学版)，22(4)：40-44.

蒋云钟，冶运涛，王浩. 2011. 智慧流域及其应用前景[J]. 系统工程理论与实践，31(6)：1174-
1181.

靳文忠，左鲁梅，黄心渊. 2004. 城市仿真中地形的快速构建方法[J]. 系统仿真学报，16(8)：1732-
1734.

乐世华. 2013. 三维数字航道构建与预警技术研究[D]. 北京：华北电力大学.

雷菁，叶松，张治中. 2009. 虚拟仿真系统在长江防洪模型项目中的应用[J]. 人民长江，40(4)：
58-59.

黎夏，叶嘉安，刘小平，等. 2007. 地理模拟系统：元胞自动机与多智能体[M]. 北京：科学出版社.

李安福，曾政祥，吴晓明. 2014. 浅析国内倾斜摄影技术的发展[J]. 测绘与空间地理信息，37(9)：
57-59.

李安渝. 2003. Web Services技术与实现[M]. 北京：国防工业出版社.

李波. 2010. 复杂环境下的海面实时建模与仿真研究[D]. 武汉：华中科技大学.

李超，罗传文. 2013. 基于ArcGIS Engine的森林资源管理系统的设计与实现[J]. 森林工程，(1)：
15-20.

李德仁. 2012. 论空天地一体化对地观测网络[J]. 地球信息科学学报，14(4)：419-425.

李德仁，龚健雅，邵振峰. 2010. 从数字地球到智慧地球[J]. 武汉大学学报(信息科学版)，35(2)：
127-132.

李德仁，李清泉. 1997. 一种三维GIS混合数据结构研究[J]. 测绘学报，26(2)：128-133.

李德仁，李清泉. 1999. 地球空间信息学与数字地球[J]. 电子科技导报，(5)：33-36.

李发文. 2005. 洪灾避迁决策理论及其应用研究[D]. 南京：河海大学.

李广鑫，丁振国，詹海生，等. 2004. 一种面向虚拟环境的真实感水波面建模算法[J]. 计算机研究与
发展，41(9)：1580-1585.

李宏宏，康凤举. 2015. OpenFlight模型组合建模技术研究[J]. 系统仿真技术，11(2)：124-128.

李鸿祥. 2013. 三维城市规划辅助决策支持系统的设计与实现[D]. 厦门：厦门大学.

李景茹，钟登华，刘东海，等. 2006. 水利水电工程三维动态可视化仿真技术与应用[J]. 系统仿真学
报，18(1)：116-119.

李青元. 1997. 三维矢量结构GIS拓扑关系及其动态建立[J]. 测绘学报，26(3)：235-240.

李清泉，杨必胜，史文中，等. 2003. 三维空间数据的实时获取、建模与可视化[M]. 武汉：武汉大学
出版社.

李爽, 孙九林. 2005. 基于虚拟地理环境的数字黄河研究进展[J]. 地理科学进展, 24(3): 91-100.

李爽, 姚静. 2005. 虚拟地理环境的多维数据模型与地理过程表达[J]. 地理与地理信息科学, 21(4): 1-5.

李苏军, 杨冰, 吴玲达. 2008. 基于 Gerstner-Rankine 模型的真实感海洋场景建模与绘制[J]. 工程图学学报, 29(2): 77-82.

李文航, 龚建华, 张利辉, 等. 2007. 面向移动的协同虚拟地理研讨室[J]. 武汉大学学报(信息科学版), 32(9): 817-820.

李祎峰, 宫晋平, 杨新海, 等. 2013. 机载倾斜摄影数据在三维建模及单斜片测量中的应用[J]. 遥感信息, 28(3): 102-106.

李毅, 龚建华, 周洁萍, 等. 2010. 协同虚拟地理实验系统设计与初步试验[J]. 高技术通讯, 20(4): 431-435.

李英杰. 2014. 航空倾斜多视影像匹配方法研究[D]. 北京: 中国测绘科学研究院.

李永进, 金一丞, 任鸿翔, 等. 2010. 基于物理模型的近岸海浪建模与实时绘制[J]. 中国图象图形学报, 15(3): 518-523.

李宗花, 叶正伟. 2007. 基于元胞自动机的洪泽湖洪水蔓延模型研究[J]. 计算机应用, 27(3): 718-720.

梁犁丽. 2011. 西北内陆河流域干旱演化模拟与评估理论方法研究[D]. 北京: 中国水利水电科学研究院.

梁在潮. 1992. 雾化水流计算模式[J]. 水动力学研究与进展(A 辑), 7(3): 247-255.

林珲, 龚建华. 2002. 论虚拟地理环境[J]. 测绘学报, 31(1): 1-6.

林珲, 龚建华, 施晶晶. 2003. 从地图到 GIS 和虚拟地理环境-试论地理学语言的演变[J]. 地理与地理信息科学, 19(4): 18-23.

林珲, 胡明远, 陈旻. 2013. 虚拟地理环境研究与展望[J]. 测绘科学技术学报, 30(4): 361-368.

林珲, 黄凤茹, 闾国年. 2009. 虚拟地理环境研究的兴起与实验地理学新方向[J]. 地理学报, 64(1): 7-20.

林珲, 徐丙立. 2007. 关于虚拟地理环境研究的几点思考[J]. 地理与地理信息科学, 23(2): 1-7.

林珲, 朱庆. 2005. 虚拟地理环境的地理学语言特征[J]. 遥感学报, 9(2): 158-165.

林开辉, 陈崇成, 唐丽玉, 等. 2006. 基于 HLA 的森林灭火仿真系统的关键技术研究[J]. 系统仿真学报, 18(S1): 88-91.

刘东海, 崔广涛, 钟登华, 等. 2005. 泄洪雾化的粒子系统模拟及三维可视化[J]. 水利学报, 36(10): 1194-1198, 1203.

刘东海, 钟登华. 2003. 基于 GIS 的水电工程可视化辅助设计理论与方法[J]. 水利水电技术, 34(9): 8-11.

刘东海, 钟登华, 周锐, 等. 2002. 基于 GIS 的水电工程施工导流三维动态可视化[J]. 计算机辅助设计与图形学学报, 14(11): 1051-1055.

刘海燕, 刘晓民, 魏加华, 等. 2013. 组件式流域模拟模型集成技术进展及发展趋势[J]. 南水北调与水利科技, 11(1): 140-145.

刘惠义, 李晓芳. 2008. 大型水利工程复杂虚拟视景建模与实时绘制[J]. 水力发电学报, 27(1):

124-128.

刘家宏，王光谦，王开. 2006. 数字流域研究综述[J]. 水利学报，37(2)：240-246.

刘立嘉，刘裕嘉. 2009. OpenFlight 模型编辑器的设计与实现[J]. 石家庄铁道学院学报(自然科学版)，22(2)：54-58.

刘丽丽，夏小杰，杨小铮，等. 2010. 地理空间信息资源共享服务的应用[J]. 北京测绘，(2)：35-37.

刘南威，郭有立. 1998. 综合自然地理[M]. 北京：科学出版社.

刘宁，钟登华，张平. 2012. 高心墙堆石坝施工现场交通可视化仿真研究[J]. 水利水电技术，43(4)：73-78.

刘士和，曲波. 2002. 平面充分掺气散裂射流研究[J]. 水动力学研究与进展(A 辑)，17(3)：376-381.

刘亚文. 2004. 利用数码相机进行房产测量与建筑物的精细三维重建[D]. 武汉：武汉大学.

刘云，李义天，谈广鸣，等. 2008. 洞庭湖分蓄洪区实时洪水调度系统的研制[J]. 武汉大学学报(工学版)，41(2)：46-51.

间国年. 2011. 地理分析导向的虚拟地理环境：框架、结构与功能[J]. 中国科学(地球科学)，41(4)：549-561.

马登武，叶文，李瑛. 2006. 基于包围盒的碰撞检测算法综述[J]. 系统仿真学报，18(4)：1058-1061.

马骏，朱衡君，龚建华. 2006. 基于 Cg 和 OpenGL 的实时水面环境模拟[J]. 系统仿真学报，18(2)：395-400.

孟丽秋. 2006. 地图学技术发展中的几点理论思考[J]. 测绘科学技术学报，23(2)：89-100.

莫荣强，艾萍，吴礼福，等. 2013. 一种支持大数据的水利数据中心基础框架[J]. 水利信息化，(3)：16-20.

倪明田，吴良芝. 1999. 计算机图形学[M]. 北京：北京大学出版社.

宁津生，姚宜斌，张小红. 2013. 全球导航卫星系统发展综述[J]. 导航定位学报，(1)：3-8.

彭剑，陈文彤，贾东乐，等. 2005. 利用 OpenGL 技术实现的卫星轨道可视化[J]. 计算机工程，31(14)：62-63.

清华大学，都江堰管理局. 2004. 数字都江堰工程总体框架及关键技术[M]. 北京：科学出版社.

曲兆松，禹明忠，王世容，等. 2006. 流域三维虚拟仿真平台研究[J]. 水力发电学报，25(3)：40-44.

阮本清，梁瑞驹，王浩，等. 2001. 流域水资源管理[M]. 北京：科学出版社.

尚建嘎，刘修国，郑坤. 2003. 三维场景交互漫游的研究与实现[J]. 计算机工程，29(2)：61-62.

石松，陈崇成，王钦敏，等. 2009. 一种面向协同虚拟地理环境的并发控制机制[J]. 系统仿真学报，21(22)：7180-7184.

舒娱琴，彭国均，池天河，等. 2003. 三维地形的生成技术及实现[J]. 测绘工程，12(3)：10-13.

宋洋，钟登华，段文泉. 2007. 基于 VR 的水电站调度三维图形仿真研究[J]. 系统仿真学报，19(3)：649-653.

苏红军，盛业华，温永宁，等. 2009. 面向虚拟地理环境的多源异构数据集成方法[J]. 地球信息科学学报，11(3)：292-298.

孙海，王乘. 2008. 基于 ArcGIS Engine 的洪水淹没可视化方法的研究[J]. 人民黄河，30(9)：15-17.

孙华林，赵正文. 2007. 基于 Web Services 的面向服务架构(SOA)的探索与研究[J]. 信息技术，(1)：50-53.

孙家广，杨长贵. 2000. 计算机图形学(第三版)[M]. 北京：清华大学出版社.

孙九林. 1999. 资源环境科学虚拟创新环境的探讨[J]. 资源科学，21(1)：1-8.

孙敏，陈军. 2000. 基于几何元素的三维景观实体建模研究[J]. 武汉测绘科技大学学报，25(3)：233-237.

覃士欢，袁艳斌，杜迎泽，等. 2001. 洪水演进仿真系统河道边界搜索模型及算法分析[J]. 水电能源科学，19(3)：34-36.

谭德宝，叶松，黄艳芳，等. 2010. 基于 Vega Prime 的流场三维动态可视化研究[J]. 长江科学院院报，27(1)：1-3.

谭德宝，张治中，雷天兆. 2006. 河道交互式三维可视化平台的建立[J]. 人民长江，37(8)：21-23.

唐泽圣. 1999. 三维数据场可视化[M]. 北京：清华大学出版社.

田君良，谢云开，唐小贝，等. 2013. 基于 TerraVista 的真实大地景模拟仿真[J]. 指挥控制与仿真，35(1)：83-86.

田宜平，刘刚，韩志军，等. 2000. 三维地理信息系统中纹理的非参数映射及矢量剪切[J]. 地质科技情报，19(2)：103-106.

童若锋，汪国昭. 1996. 用于动画的水波造型[J]. 计算机学报，19(8)：594-599.

童小念，罗铁祥，李雯. 2008. Vega Prime 的渲染功能及其仿真实现[J]. 计算机与数字工程，36(2)：115-117.

涂震飚，刘永才，苏康，等. 2004. 一种面向大场景三维显示的地形建模方法[J]. 测绘学报，33(1)：71-76.

万定生，徐亮. 2009. 基于 OSG 的水利工程三维可视化系统研究与应用[J]. 计算机与数字工程，37(4)：135-150.

万华根，金小刚，彭群生. 1998. 基于物理模型的实时喷泉水流运动模拟[J]. 计算机学报，21(9)：774-779.

汪定国，王乘，张勇传. 2002a. "数字清江"工程实现策略及进展(I)[J]. 湖北水力发电，(3)：1-3.

汪定国，王乘，张勇传. 2002b. "数字清江"工程实现策略及进展(II)[J]. 湖北水力发电，(4)：2-4.

王长波，全红艳，谢步瀛，等. 2008. 基于物理的真实感火灾疏散仿真[J]. 计算机辅助设计与图形学学报，20(8)：1034-1037.

王长波，张卓鹏，张强，等. 2011. 基于 LBM 的自由表面流体真实感绘制[J]. 计算机辅助设计与图形学学报，23(1)：104-110.

王长波，朱振毅，高岩，等. 2010. 基于物理的台风建模与绘制[J]. 中国图象图形学报，15(3)：513-517.

王乘，周均清. 2005. Creator 可视化视景仿真建模技术[M]. 武汉：华中科技大学出版社.

王丹力，戴汝为. 2002. 专家群体思维收敛的研究[J]. 管理科学学报，5(2)：1-5.

王光谦，刘家宏. 2006. 数字流域模型[M]. 北京：科学出版社.

王光谦，刘家宏，李铁键. 2005. 黄河数字流域模型原理[J]. 应用基础与工程科学学报，13(1)：1-8.

王光谦，刘家宏，孙金辉. 2003. 黄河流域三维仿真系统的构想与实现[J]. 人民黄河，25(11)：1-3.

王玲. 2004. 基于 Vega 的数字流域三维可视化仿真系统的应用研究[D]. 武汉：华中科技大学.

王玲，谈晓军，王乘. 2004. 虚拟现实技术在数字流域中的应用初探[J]. 水电能源科学，22(2)：

86-88.

王乾伟,钟登华,佟大威,等. 2017. 基于数值模拟的注浆过程三维动态可视化[J]. 天津大学学报(自然科学与工程技术版), 50(8): 788-795.

王世新,周艺,魏成阶,等. 2008. 汶川地震重灾区堰塞湖次生灾害危险性遥感评价[J]. 遥感学报, (6): 900-907.

王太伟,张天翔,张尚弘. 2017. 水体视觉效果模拟与实现[J]. 河南科技, (5): 29-31.

王威信,邓达华. 2000. 基于任意六面体单元数据场的可视化研究[J]. 计算机辅助设计与图形学学报, 12(8): 605-608.

王伟,黄雯雯,镇娇. 2011. Pictometry 倾斜摄影技术及其在 3 维城市建模中的应用[J]. 测绘与空间地理信息, 34(3): 181-183.

王伟星,龚建华. 2009. 地学知识可视化概念特征与研究进展[J]. 地理与地理信息科学, 25(4): 1-7.

王晓东,毕开波. 2007. 基于 Creator 的飞行视景三维模型数据库优化技术[J]. 系统仿真学报, 19(12): 2716-2719.

王晓航,盛金保,张行南,等. 2011. 基于 GIS 技术的溃坝生命损失预警综合评价模型研究[J]. 水力发电学报, 30(4): 72-78.

王兴奎,张尚弘,姚仕明,等. 2006. 数字流域研究平台建设刍议[J]. 水利学报, 37(2): 233-239.

王永伟,刘芳宇,时淑英,等. 2010. 水资源管理决策支持系统的应用及其发展趋势[J]. 农业与技术, 30(4): 15-17.

王兆其,汪成为. 1998. 面向对象碰撞检测方法及其在分布式虚拟环境中的应用[J]. 计算机学报, 21(11): 990-994.

王志强,洪嘉振. 1999. 碰撞检测问题研究综述[J]. 软件学报, 10(5): 545-551.

王中根,李宗礼,刘昌明,等. 2011. 河湖水系连通的理论探讨[J]. 自然资源学报, 26(3): 523-529.

韦栋. 2008. SGP4/SDP4 模型精度分析[D]. 北京: 中国科学院研究生院.

魏一行. 2015. 城区水库溃坝洪水演进三维动态情景仿真[D]. 天津: 天津大学.

魏一行,任炳昱,吴斌平. 2016. 城区水库溃坝洪水演进三维动态情景仿真研究[J]. 重庆理工大学学报(自然科学版), 30(11): 141-149.

巫义锐,黄多辉,周逸祥. 2017. 基于网络爬虫的水利信息检索系统的设计与实现[J]. 水利信息化, (4): 36-41.

吴昊,纪昌明,蒋志强,等. 2015. 梯级水库群发电优化调度的大系统分解协调模型[J]. 水力发电学报, 34(11): 40-50.

吴昊,李传荣,李子扬,等. 2010. 基于 ArcGIS Engine 的卫星轨迹可视化仿真[J]. 微计算机信息, (10): 170-172.

吴家铸,党岗,刘华峰,等. 2001. 视景仿真技术及应用[M]. 西安: 西安电子科技大学出版社.

吴杰,黄春生,范绪箕. 2004. 基于 OpenGL 的 CFD 设计平台中流场可视化技术及其实现[J]. 工程图学学报, (2): 65-72.

吴俊. 2006. GPS/INS 辅助航空摄影测量原理及应用研究[D]. 郑州: 解放军信息工程大学.

吴俊,许斌. 2006. GPS/INS 组合系统的工作原理及其在航空遥感中的应用现状[J]. 测绘科学与工程, 26(1): 12-14.

吴立新，史文中. 2003. 地理信息系统原理与算法[M]. 北京：科学出版社.

吴立新，张瑞新，戚宜欣，等. 2002. 3 维地学模拟与虚拟矿山系统[J]. 测绘学报，31(1)：28-33.

吴娴，李树军，龚建华，等. 2006. 网格虚拟地理环境体系结构研究[J]. 海洋测绘，26(5)：71-74

吴献. 2009. 基于物理模型的实时水波动画[D]. 合肥：中国科学技术大学.

吴献，董兰芳，卢德唐. 2010. 一种基于邻域传播的水波模拟方法[J]. 中国科学技术大学学报，40
　　(3)：278-282.

吴晓君，王昌金. 2005. 基于 Creator/Vega 的战场飞行视景系统的实时仿真[J]. 系统仿真学报，17
　　(9)：2297-2300.

向云飞. 2016. 基于机载 LiDAR 和倾斜摄影的城市建筑物三维建模[D]. 成都：成都理工大学.

熊忠幼，张志杰. 2002. 实现"数字长江"宏伟构想[J]. 中国水利，(4)：45-47.

徐丙立，林珲，朱军，等. 2009. 面向珠三角空气污染模拟的虚拟地理环境系统研究[J]. 武汉大学学
　　报(信息科学版)，34(6)：636-640.

鄢来斌，李思昆，张秀山. 2000. 海浪实时生成技术[J]. 计算机辅助设计与图形学学报，12(9)：
　　715-719.

闫福根，钟登华，任炳昱，等. 2014. 基于 B/S 结构的三维交互式灌浆可视化系统的研制及应用[J].
　　水利水电技术，45(11)：66-69.

颜停霞，许金朵，林晨，等. 2016. OpenMI 技术在水文模型集成中的研究进展[J]. 南水北调与水利科
　　技，14(5)：13-17.

杨光，王伟，郭霞. 2017. 大区域河道水面模拟方法研究[J]. 测绘地理信息，42(2)：36-39.

杨怀平，胡事民，孙家广. 2002. 一种实现水波动画的新算法[J]. 计算机学报，25(6)：612-617.

杨怀平，孙家广. 2002. 基于海浪谱的波浪模拟[J]. 系统仿真学报，14(9)：1175-1178.

杨军，贾鹏，周廷刚，等. 2011. 基于 DEM 的洪水淹没模拟分析及虚拟现实表达[J]. 西南大学学报
　　(自然科学版)，33(10)：143-148.

杨丽，李光耀. 2007. 城市仿真建模工具-Creator 软件教程[M]. 上海：同济大学出版社.

杨平利，黄少华，江凌，等. 2012. 卫星运行三维场景及星下点轨迹可视化研究[J]. 计算机工程与科
　　学，34(5)：101-106.

杨在兴. 2012. 基于多分辨率 LOD 的流域三维可视化研究[D]. 西安：西安科技大学.

姚本君，赵欢，李传良，等. 2009. 飞行视景仿真中三维大地形的生成[J]. 系统仿真学报，21(6)：
　　1633-1636.

姚崇，陈玉峰，金万峰. 2015. 基于 VPB 的大规模地形构建[J]. 软件导刊，14(7)：192-193.

姚凡凡，梁强，许仁杰，等. 2012. 基于 Vega Prime 的三维虚拟战场大地形动态生成研究[J]. 系统仿
　　真学报，24(9)：1900-1904.

姚国章，袁敏. 2010. 干旱预警系统建设的国际经验与借鉴[J]. 中国应急管理，(3)：43-48.

姚仕明. 2006. 三峡葛洲坝通航水流数值模拟及航运调度系统研究[D]. 北京：清华大学.

冶运涛. 2009. 流域水沙过程虚拟仿真研究[D]. 北京：清华大学.

冶运涛，蒋云钟，梁犁丽. 2011. 流域虚拟仿真中水沙模拟时空过程三维可视化[J]. 水科学进展，22
　　(2)：249-257.

冶运涛，蒋云钟，梁犁丽，等. 2012. 虚拟流域环境中河道演变的整体自动建模及可视化分析[J]. 水

科学进展，23（2）：170-178.

冶运涛，张尚弘，王兴奎. 2009a. 三峡库区洪水演进三维可视化仿真研究[J]. 系统仿真学报，21（14）：4379-4382.

冶运涛，张尚弘，王兴奎. 2009b. 三峡库区河道泥沙冲淤过程动态仿真研究[J]. 系统仿真学报，21（15）：4806-4810.

叶松，黄艳芳，张煜，等. 2014. 水文泥沙数据场可视化关键技术研究[J]. 人民长江，45（2）：86-89.

叶松，谭德宝，陈蓓青，等. 2008. 水污染扩散模拟三维可视化研究[J]. 系统仿真学报，20（16）：4451-4453.

尹灵芝，朱军，王金宏，等. 2015. GPU-CA 模型下的溃坝洪水演进实时模拟与分析[J]. 武汉大学学报（信息科学版），40（8）：1123-1129.

于翔，解建仓，姜仁贵，等. 2016. 水利工程三维可视化仿真研究与应用[J]. 水资源与水工程学报，（4）：152-156.

余伟，王伟，蒲慧龙，等. 2015. 河道流动水体三维仿真方法研究[J]. 测绘通报，（9）：39-43.

袁文. 2004. 地理格网 STQI 模型及原型系统[D]. 北京：北京大学.

袁艳斌，王乘，董文峰，等. 2002. 流域地理景观生成中纹理映射技术[J]. 长江流域资源与环境，11（4）：344-348.

袁艳斌，袁晓辉. 2002. 洪水演进三维模拟仿真系统可视化研究[J]. 山地学报，20（1）：103-107.

袁艳斌，张勇传，王乘，等. 2002. 流域地理景观的 GIS 数据三维可视化[J]. 地球科学进展，2002，17（4）：497-502.

苑希民，万洪涛，万庆，等. 2009. 三维电子沙盘建设在防汛抗旱中的应用[J]. 中国防汛抗旱，19（2）：51-56.

翟丽平. 2005. 基于 MultiGen 的虚拟现实三维建模技术研究与实现[D]. 重庆：重庆大学.

翟丽平，白娟. 2008. 基于 MultiGen 的视景仿真建模优化技术[J]. 现代计算机（下半月版），（1）：7-9.

翟小珂. 2016. 卫星运行可视化仿真平台的设计与实现[D]. 呼和浩特：内蒙古大学.

詹荣开，罗世彬，贺汉根. 2001. 用粒子系统理论模拟虚拟场景中的火焰和爆炸过程[J]. 计算机工程与应用，（5）：91-92.

张成才，刘丹丹，余欣，等. 2008. 基于 ArcGIS 东平湖洪水淹没场景的三维可视化[J]. 郑州大学学报（工学版），29（1）：88-90.

张大伟. 2008. 堤坝溃决水流数学模型研究及应用[D]. 北京：清华大学.

张桂娟，朱登明，邱显杰. 2011. 一种自适应的粒子水平集算法[J]. 计算机研究与发展，48（3）：477-485.

张昊. 2010. 基于 OSG 的道路三维实时交互式可视化技术研究[D]. 长沙：中南大学.

张柯. 2002. 数字三维地形技术[J]. 湖南地质，21（2）：150-153.

张丽娟. 2013. 基于 OSG 的矿井突水应急虚拟仿真系统关键技术研究[D]. 北京：中国矿业大学.

张尚弘. 2004. 都江堰水资源可持续利用及三维虚拟仿真研究[D]. 北京：清华大学.

张尚弘，陈垒，赵登峰，等. 2004. 基于粒子系统的流场实时模拟[J]. 水利水电技术，35（9）：47-50.

张尚弘，陈忠贤，赵刚，等. 2007. 三峡与葛洲坝梯级调度三维数字仿真平台开发[J]. 水科学进展，

18(3)：451-455.

张尚弘，乐世华，姜晓明. 2012. 基于 VPB 和 osgGIS 的流域三维虚拟环境建模方法[J]. 水力发电学报，31(3)：94-98.

张尚弘，李丹勋，张大伟，等. 2011. 基于虚拟现实的城市溃堤洪水淹没过程仿真[J]. 水力发电学报，30(3)：104-108.

张尚弘，易雨君，王兴奎. 2011. 流域虚拟仿真模拟[M]. 北京：科学出版社.

张尚弘，易雨君，夏忠喜. 2011. 流域三维虚拟环境建模方法研究[J]. 应用基础与工程科学学报，19(增刊1)：108-116.

张尚弘，张超，郑钧，等. 2006. 基于 Terra Vista 的流域地形三维建模方法[J]. 水力发电学报，25(3)：36-39.

张尚弘，赵刚，宋博，等. 2007. 南水北调中线工程三维仿真系统开发[J]. 南水北调与水利科技，5(2)：31-33.

张尚弘，赵刚，冶运涛，等. 2008. 数字流域仿真系统中水流模拟技术[J]. 系统仿真学报，20(10)：2628-2632.

张天翔. 2017. 三维数字流域平台的开发与应用[D]. 北京：华北电力大学.

张彤. 2011. 基于 OpenGL 的卫星发射入轨系统的研究及仿真实现[J]. 电脑知识与技术，7(6)：3933-3935.

张行南，张文婷，刘永志，等. 2008. 风暴潮洪水淹没计算模型研究[J]. 系统仿真学报，29(z2)：20-23.

张勇传，王乘. 2001. 数字流域—数字地球的一个重要区域层次[J]. 水电能源科学，19(3)：1-3.

张煜，白世伟. 2001. 一种基于三棱柱体体元的三维地层建模方法及应用[J]. 中国图象图形学报(A辑)，6(3)：285-290.

张哲，宋敏，刘大昕，等. 2009. 一种支持分布式系统集成的数据模型[J]. 系统仿真学报，21(3)：818-822.

张之沧，间国年，刘晓艳. 2009. 第四世界：一种新时空的创造与探索[M]. 北京：人民出版社.

张宗麟. 2000. 惯性导航与组合导航[M]. 北京：航空工业出版社.

张祖勋，张剑清. 1996. 数字摄影测量学[M]. 武汉：武汉测绘科技大学出版社.

赵博华. 2015. 三维数字航道平台开发关键技术研究[D]. 北京：华北电力大学.

赵欣，李凤霞，战守义. 2008. 基于小振幅波理论的浅海波浪建模及动态仿真[J]. 系统仿真学报，20(2)：281-284.

郑付联. 2010. 3DMAX 建模技术及其优化的研究[J]. 大众科技，(2)：43-44.

钟登华，陈永兴，常昊天，等. 2013. 沥青混凝土心墙堆石坝施工仿真建模与可视化分析[J]. 天津大学学报，46(4)：285-290.

钟登华，贾晓旭，杜成波，等. 2017. 心墙堆石坝 4D 施工信息模型及应用[J]. 河海大学学报(自然科学版)，45(2)：95-103.

钟登华，李超，孙蕊蕊，等. 2015. 长距离调水工程高填方渠道溃堤三维洪水演进情景仿真[J]. 水力发电学报，34(1)：99-106.

钟登华，李景茹，黄河，等. 2003. 可视化仿真技术及其在水利水电工程中的应用研究[J]. 中国水利，

（1）：67-70.

钟登华，李明超，王刚，等. 2005. 水利水电工程三维数字地形建模与分析[J]. 中国工程科学，7(7)：65-70.

钟登华，任炳昱，吴康新. 2009. 虚拟场景下高拱坝施工仿真建模理论与应用[J]. 系统仿真学报，21 (15)：4701-4705.

钟登华，石志超，杜荣祥，等. 2015. 基于 CATIA 的心墙堆石坝三维可视化交互系统[J]. 水利水电技术，46(6)：16-20.

钟登华，宋洋. 2004. 大型水利工程三维可视化仿真方法研究[J]. 计算机辅助设计与图形学学报，16 (1)：121-127.

钟登华，宋洋，黄河，等. 2003. 基于 GIS 水电工程施工系统三维动态图形仿真技术[J]. 系统仿真学报，15(12)：1766-1770.

钟登华，宋洋，刘东海，等. 2003. 大型引水工程施工三维可视化仿真系统研究[J]. 系统工程理论与实践，23(11)：111-118.

钟登华，宋洋，宋彦刚，等. 2003. 大型水利水电工程建筑物三维可视化建模技术研究[J]. 水利水电技术，34(2)：62-65.

钟登华，张元坤，吴斌平，等. 2016. 基于实时监控的碾压混凝土坝仓面施工仿真可视化分析[J]. 河海大学学报(自然科学版)，44(5)：377-385.

钟登华，郑家祥，刘东海，等. 2002. 可视化仿真技术及其应用[M]. 北京：中国水利水电出版社.

钟登华，周锐，刘东海. 2003. 水利水电工程施工系统三维建模与仿真[J]. 计算机仿真，29(2)：86-91.

周成虎，孙战利，谢一春. 2001. 地理元胞自动机研究[M]. 北京：科学出版社.

周德懋，李舟军. 2009. 高性能网络爬虫：研究综述[J]. 计算机科学，(8)：26-29，53.

周杰. 2017. 倾斜摄影测量在实景三维建模中的关键技术研究[D]. 昆明：昆明理工大学.

周珂，陈雷霆，何明耘. 2009. PC 平台下海量地形的分页调度和实时渲染[J]. 计算机应用研究，26 (9)：3575-3577.

周晓敏，孟晓林，张雪萍，等. 2016. 倾斜摄影测量的城市真三维模型构建方法[J]. 测绘科学，41 (9)：159-163.

周扬. 2002. 城市景观三维可视化技术 [D]. 郑州：解放军信息工程大学.

周云波，闫清东，李宏才. 2006. 虚拟环境中碰撞检测算法分析[J]. 系统仿真学报，18(S1)：103-107.

周振红，杨国录，周洞汝. 2002. 基于组件的水力数值模拟可视化系统[J]. 水科学进展，13(1)：9-13.

朱军，林珲，林文实，等. 2008. 用于大气污染扩散模拟的虚拟地理环境构建研究[J]. 系统仿真学报，20(S)：76-180.

朱庆，林珲. 2004. 数码城市地理信息系统：虚拟城市环境中的三维城市模型初探[M]. 武汉：武汉大学出版社.

朱庆平. 2003. "数字黄河"工程规划项目综述[J]. 人民黄河，25(8)：1-2.

朱庆，徐冠宇，杜志强，等. 2012. 倾斜摄影测量技术综述[EB/OL]. 北京：中国科技论文在线.

http：//www. paper. edu. cn/ releasepaper/content/201205-355.

朱政霖，林友明，黄鹏，等. 2017. 遥感卫星对地覆盖仿真系统的设计与实现[J]. 计算机技术与发展，27(10)：126-129.

祝瑜，周绍江. 2009. Google Earth 在流域水资源保护监督管理中的应用[J]. 人民珠江，40(4)：77-80.

Akinci N，Ihmsen M，Akinci G，et al. 2012. Versatile Rigid-Fluid Coupling for Incompressible SPH[J]. ACM Transactions on Graphics(S0730-0301)，31(4)，Article 62：1-8.

Attaway S W，Hendrickson B，Plimpton S J，et al. 1998. A Parallel Contact Detection Algorithm for Transient Solid Dynamics Simulations Using PRONTO3D[J]. Computational Mechanics，22(2)：143-159.

Baboud L，DÉCoret X. 2006. Realistic Water Volumes in Real-Time[C]. Proceedings of Eurographics Workshop on Natural Phenomena 2006，Vienna，Austria. Oxford：Cambridge University Press：1-8.

Bainbridge W S. 2007. The Scientific Research Potential of Virtual Worlds[J]. Science，317(5837)：472-476.

Batty M. 1997. Virtual Geography[J]. Futures，29(45)：337-352.

Batty M，Dodge M，Doyle S，et al. 1998. Modeling Virtual Environments[A]. Longley P A，Brooks S M，Mcdonnell R，et al，eds. Geo Computation：A Primer[C]. NewYork：Jone Wiley & Sons：139-161.

Bender J，Finkenzeller D，Oel P. 2004. HW3D：A Tool for Interactive Real-time 3D Visualization in GIS Supported Flood Modeling[C]. In Proceedings of the 17th International Conference on Computer Animation & Social Agents，Geneva(Switzerland).

Bier E A，Sloan K R. 1986. Two-part Texture Mappings[J]. IEEE Computer Graphics and Applications，6(9)：40-53.

Blinn J F，Newell M E. 1976. Texture and Reflection in Computer Generated Images[J]. Communications of the ACM，19(10)：542-547.

Bolandi H，Ashtari Larki M H，Sedighy S H，et al. 2015. Estimation of Simplified General Perturbations Model 4 Orbital Elements from Global Positioning System Data by Invasive Weed Optimization Algorithm[C]. Proceedings of the Institution of Mechanical Engineers，Part G：Journal of Aerospace Engineering，229(8)：1384-1394.

Botts M，Robin A. 2007. OpenGIS Sensor Model Language(SensorML) Implementation Specification[R]. OpenGIS Implementation Specification OGC：07-000.

Bröring A，Stasch C，Echterhoff J. 2012. OGC © Sensor Observation Service Interface Standard[R]. OpenGIS Implementation Specification OGC.

Brudea G，Coiffet P. 1994. Virtual Reality Technology[M]. New York：John Wiley & Sons Inc.

Buhmann E，Pietsch M. Interactive Visualization of The Impact of Flooding And of Flooding Measures for The Selke River，Harz[EB/OL]. 2008. http：// www. kolleg. loel. hs-anhalt. de/studiengaenge/mla/ mla_ fl/ conf/pdf/conf2008/Tagungsband_ 2008/Buh_ 152-162. pdf. 2008/2009-09-09.

Butler D. 2006. Virtual Globes：The Web-Wide World[J]. Nature，439：776-778.

Chen M，Lin H，Wen Y，et al. 2012. Sino-Virtual Moon：A 3D Web Platform Using Chang'e-1 Data for

Collaborative Research [J]. Planetary and space science, 65(1): 130-136.

Chen M, Lin H, Wen Y, et al. 2013. Construction of a Virtual Lunar Environment Platform [J]. International Journal of Digital Earth, 6(5): 469-482.

Chen M, Sheng Y H, Wen Y N, et al. 2008. Virtual Geographic Environments Oriented 3D Visualization System[J]. Journal of System Simulation, 20(19): 7-24.

Chen N C, Wang X L, Yang X L. 2013. A Direct Registry Service Method for Sensors and Algorithms Based on The Process Model[J]. Computer & Geosciences, 56(8): 45- 55.

Chentanez N. 2010 Real-time Simulation of Large Bodies of Water with Small Scale Details [C]. Proceedings of ACM SIGGRAPH/Eurographics 2010 Symposium on Computer Animation, Madrid, Spain. USA: ACM: 1-17.

Chentanez N, Muller M. 2011. Real-Time Eulerian Water Simulation Using a Restricted Tall Cell Grid[C]. ACM Transactions on Graphics(S0730-0301), 30(4), Article 82: 1-10.

Coors V. 2003. 3D-GIS in Networking Environments [J]. Computers, Environment and Urban Systems, 27 (4): 345-357.

Cords H. 2007. Refraction of Water Surface Intersecting Objects in Interactive Environments [C]. Proceedings of the 4th Workshop in Virtual Reality Interactions and Physical Simulations, Dublin, Ireland. New York: ACM Press: 59-68.

Cords H. 2009. Real-Time Open Water Environments with Interacting Objects [C]. Proceedings of Eurographics Workshop on Natural Phenomena, Munich, Germany, 2009. New York, USA: ACM Press: 35-42.

Crow F C. 1984. Summed-Area Tables for Texture Mapping [J]. Computer Graphics, 18(3): 207-212.

Danish Hydraulic Institute. Result Visualization [EB/OL]. 2007. http://www. dhigroup. com/ Software/ WaterResources/MIKEFLOOD / Details/Result Visualisations. aspx. 2007/2008-09-30.

Earnshaw R A. 2014. Virtual Reality Systems [M]. London: Academic Press.

Elvins T T. 1992. A Survey of Algorithms for Volume Visualization [J]. Computer Graphics, 26 (3): 209-214.

Enright D, Marschner S. 2002. Animation and Rendering of Complex Water Surfaces [J]. ACM Transactions on Graphics, 21(3): 736-744.

Erl T. 2005. Service-oriented Architecture [M]. New York: Prentice Hall.

Faulkner J A. 2006. Beauty Waves: An Artistic Representation of Ocean Waves Using Bezier Curves [D]. Texas, USA: Texas A & M University.

Fernandez D S, Lutz M A. 2010. Urban Flood Hazard Zoning in Tucumán Province, Argentina, Using GIS and Multicriteria Decision Analysis [J]. Engineering Geology, 111(1-4): 90-98.

Fournier A, Reeves W T. 1986. A Simple Model of Ocean Waves[J]. Computer Graphics, 20(4): 75-84.

Gerke M, Kerle, N. 2011. Automatic Structural Seismic Damage Assessment with Airborne oblique Pictometry imagery[J]. Photogrammetric Engineering & Remote Sensing, 77(9): 885-898.

Ghazali J N, Kamsin A. 2008. A Real-time Simulation of Flood Hazard[C]. 5th International Conference on Computer Graphics, Imaging and Visualization: 393-397.

Gong J H, Lin H. 2000. Virtual Geographical Environments and Virtual Geography[C]. Proceedings 9<sup>th</sup> International Symposium on Spatial Data Handling. Beijing: 10−12.

Gong J H, Lin H, Xiao L, et al. 1999. Perspective on Geo−Visualization[J]. Journal of Remote Sensing, 3 (3): 236−244.

Goodchild M F. 2002. Augmenting Geographic Reality[EB/OL]. http: //csiss. org/ aboutus/presentations/ files/ goodchild_ boulder_ sept02. pdf. 2002/2014−12−13.

Goodchild M F. 2009a. Geographic Information Systems and Science: Today and Tomorrow [J]. Annals of GIS, 15(1): 3−9.

Goodchild M F. 2009b. Virtual Geographic Environments as Collective Constructions[A]. Lin H, Batty M, eds. Virtual Geographic Environments[C]. Beijing: Science Press: 15−24.

Goss M E. 1990. Motion Simulation: A Real Time Particle System for Display of Ship Waves [J]. IEEE Computer Graphics and Application, 10(3): 30−35.

Grossner K E, Goodchild M F, Clarke K C. 2008. Defining A Digital Earth System [J]. Transactions in GIS, 12(1): 145−160.

Guo D. 2007. Visual Analytics of Spatial Interaction Patterns for Pandemic Decision Support[J]. International Journal of Geographical Information Science, 21(8): 859−877.

Gwynne S, Galea E R, Lawrence P J, et al. 2001. Modelling Occupant Interaction with Fire Conditions Using the Building EXODUS Evacuation Model[J]. Fire Safety Journal, 36(4): 327−357.

Heckbert P S. 1986. Survey of Texture Mapping [J]. IEEE Computer Graphics and Applications, 6(11): 56−67.

Heckbert P S, Garland M. 1994. Multiresolution Modeling for Fast Rendering[C]. Proceedings of Graphics Interface´94, Banff, Alberta, Canada, 43−50.

Höhle J. 2008. Photogrammetric Measurements in Oblique AerialImages[J]. Photogrammetric, Fernerkundung, Geoinformation, 1(1): 7−14.

Hinsinger D, Neyret F, Cani M P. 2002. Interactive Animation of Ocean Waves[C]. In Proceedings of the 2002 ACM SIGGRAPH/Eurographics symposium on Computer animation. ACM: 161−166.

Hoots F R, Roehrich R L. 1988. SPACETRACK REPORT NO. 3 Models for Propagation of NORAD Element Sets[EB/OL]. http: //www. orbitessera. com/data/orbital/spacetrk. pdf. 1988 −12−31/2018−07−29.

Hoppe H. 1998. Smooth View−dependent Level−of−detail Control and Its Application to Terrain Rendering [C]. In Visualization´98. Proceedings. IEEE: 35−42.

Hudson−Smith A, Crooks A. 2009. The Renaissance of Geographic Information: Neogeography, Gaming, and Virtual Environments[A]. Lin H, Batty M, eds. Virtual Geographic Environments[C]. Beijing: Science Press: 25−36.

Hu M Y, Lin H, Chen B, et al. 2011. A Virtual Learning Environment of Chinese University of Hong Kong [J]. International Journal of Digital Earth (IJDE), 4(2): 171−182.

Iglesias A. 2004. Computer Graphics for Water Modeling and Rendering: A Survey[J]. Future Generation Computer Systems, 20(8): 1355−1374.

Ihmsen M, Akinci N, Akinci G, et al. 2012. Unified Spray, Foam and Bubbles for Particle− Based Fluids

［J］. The Visual Computer, 28(6-8): 669-677.

Ishida T. 2002. Digital City Kyoto ［J］. Communications of The ACM, 45(7): 76-81.

Jacobsen K. 2009. Geometry of Vertical and Oblique Image Combinations［C］. In Remote Sensing for a Changing Europe: Proceedings of the 28th Symposium of the European Association of Remote Sensing Laboratories, Istanbul, Turkey, 2-5 June 2008. IOS Press: 16.

Johanson C. 2004. Real-Time Water Rendering ［D］. Lund, Sweden: Lund University.

Kamigaki T, Nakamura N. 1996. An Object-oriented Visual Model Building and Simulation System for FMS Control［J］. Simulation, 67(6): 375-385.

Kass M, Miller G. 1990. Rapid, Stable Fluid Dynamics for Computer Graphics［J］. Computer Graphics, 24 (4): 49-55.

Kim J, Cha D, Chang B, et al. 2006. Practical Animation of Turbulent Splashing Water［C］. Proceedings of ACM SIGGRAPH/Eurographics 2006 Symposium on Computer Animation, Aire-la-Ville, Switzerland. USA: ACM: 335-344.

Klein T, Eissele M, Weiskopf D, et al. 2003. Simulation, Modelling and Rendering of Incompressible Fluids in Real Time［C］. Proceedings of the Vision, Modeling, and Visualization Conference 2003, Munchen, Germany. New York: ACM Press: 365-373.

Kolb A, Cuntz N. 2005. Dynamic Particle Coupling for GPU-based Fluid Simulation ［C］. Proceedings of the 18th Symposium on Simulation Techniques, Erlangen, Germany. Nottingham: SCS European Publishing House: 722-727.

Konecny M. 2011. Cartography: Challenges and Potential in the Virtual Geographic Environments Era ［J］. Annals of GIS, 17(3): 135-145.

Lai J S, Chang W Y, Chan Y C, et al. 2011. Development of a 3D Virtual Environment for Improving Public Participation: Case Study-The Yuansantze Flood Diversion Works Project ［J］. Advanced Engineering Informatics, 25(2): 208-223.

Lee U, Gerla M. 2010. A Survey of Urban Vehicular Sensing Platforms ［J］. Computer Networks, 54(4): 527-544.

Lü G N. 2011. GeographicAnalysis-oriented Virtual Geographic Environment: Framework, Structure and Functions［J］. Science China Earth Sciences, 54(5): 733-743.

Lin H, Chen M, Lü G N. 2013. Virtual Geographic Environment-A Workspace for Computer-aided Geographic Experiments ［J］. Annals of the Association of American Geographers, 103(3): 465-482.

Lin H, Gong J H. 2001. Exploring Virtual Geographic Environments ［J］. Geographic Information Sciences, 7(1): 1-7.

Lin H, Gong J H. 2002. Distributed Virtual Environments for Managing Country Parks in Hong Kong-A Case Study of the Shing Mun Country Park ［J］. Photogrammetric Engineering&Remote Sensing, 68(4): 369-377.

Lin H, Gong J H, Wong F. 1999. Web-based Three-dimensional Georeferenced Visualization ［J］. Computers and Geosciences, 25(10): 1177-1185.

Lin H, Huang F R, Lu X J, et al. 2010. Preliminary Study on Virtual Geographic Environment Cognition and

Representation [J]. Journal of Remote Sensing, 14(4): 822-838.

Lin H, Li Z. 1998. Internet-based Investment Environmental Information System: A Case Study on BKR of China [J]. International Journal of Geographical Information Sciences, 12(7): 715-725.

Lin H, Zhu J, Gong J H, et al. 2010. A Grid-based Collaborative Virtual Geographic Environment for the Planning of Silt Dam Systems [J]. International Journal of Geographical Information Science, 24(4): 607-621.

Li Y, Gong J H, Zhu J, et al. 2012. Efficient Dam Break Flood Simulation Methods for Developing A Preliminary Evacuation Plan after the Wenchuan Earthquake [J]. Natural Hazards and Earth System Sciences, 12(1): 97-106.

Li Y, Gong J H, Zhu J, et al. 2013. Spatio-temporal Simulation and Risk Analysis of Dam-break Flooding Based on Cellular Automata [J]. International Journal of Geographical Information Science, 27(10): 2043-2059.

Li Y L, Hu B S, Gong J H, et al. 2009. Visual Data Mining of SARS Distribution Using Self Organization Maps[C]. Management and Service Science.

Matsuda Y, Dobashi Y, Nishita T. 2007. Fluid Simulation by Particle Level Set Method with an Efficient Dynamic Array Implementation on GPU[EB/OL]. http://nis-lab.is.su-tokyo.ac.jp/-nis/cdrom/ievc/ieveMatuda.pdf. 2007/2018-08-01.

Max N L. 1981. Vectorized Procedural Models for Natural Terrain: Waves and Islands in the Sunset [J]. Computer Graphics(S0097-8493), 15(3): 317-324.

Miura N Z. 2009. Comparison and Design of Simplified General Perturbation Models (SGP4) and Code for NASA Johnson Space Center[R]. Orbital Debris Program Office.

Moore I D, Turner A K, Wilson J P, et al. 1993. GIS and Land-surface-subsurface Process Modeling[A]. Goodchid M F, Parks B O, Steyaert L T. Environmental Modeling with GIS[C]. New York: Oxford University Press: 196-230.

Mátyás Z. 2006. Water Surface Rendering Using Shader Technologies [D]. Budapest, Hungary: University of Technology and Economics, Hungary.

MultiGen-Paradigm. 2003. Creating Models for Simulation [M]. Mulitigen Creator Version 2.6 for Windows and IRIX.

Nebert D, Whiteside A, Vretanos P. 2007. OGC OpenGIS Catalogue Services Specification_ V2.0.2[R]. OpenGIS ImplementationSpecification OGC: 07-006r1.

Nick F, Metaxas Dimitri M. 1996. Realistic Animation of Liquids [J]. Graphical Models and Image Processing, 58(5): 471-483.

Peachey D R. 1986. Modeling Waves and Surf [J]. Computer Graphics, 20(4): 65-74.

Peachy D R. 1985. Solid Texture of Complex Surfaces [J]. Computer Graphics, 19(3): 279-286.

Percivall G. 2012. OGC reference model[R]. OpenGIS Implementation Specification OGC, 08-062r7.

Perlin K. 1985. An Image Synthesizer [J]. ACM Siggraph Computer Graphics, 19(3): 287-296.

Pilouk M, Tempfli K, Molenaar M. 1994. A Tetrahedron-based 3D Vector Data Model for Geo-information [C]. In AGDM'94 Spatial Data Modelling and Query Languages for 2D and 3D Application: 129-140.

Priestnall G, Jarvis C, Butron A, et al. 2012. Virtual Geographic Environments[A]. Unwin D J, Foote K E, Tate N J, et al. ed. Teaching Geographic Information Science and Technology in Higher Education [C]. UK: John Wiley&Sons Ltd: 257-288.

Qi H H, Altinakar M S. 2011. A GIS-based Decision Support System for Integrated Flood Management under Uncertainty with Two Dimensional Numerical Simulations [J]. Environmental Modeling & Software, 26 (6): 817-821.

Reeves W T. 1983. Particle Systems-A Technique for Modeling a Class of Fuzzy Objects[C]. ACM SIG-GRAPH Computer Graphics. Texas ACM, 17(3): 359-375.

Rheingold H. 2000. The Virtual Communities: Homesteading on the Electronic Frontier [M]. London: MIT Press.

Rungjiratananon W, Szego Z, Kanamori Y, et al. 2008. Real-Time Animation of Sand-Water Interaction[J]. Computer Graphics Forum, 27(7): 1887-1893.

Saleem K, Chen S C, Zhang K. 2007. Animating Tree Branch Breaking and Flying Effects for A 3D Interactive Visualization System for Hurricanes and Storm Surge Flooding[C]. Proceedings of the Ninth IEEE International Symposium on Multimedia Workshops: 335-341.

Scarlatos L L. 1990. A Refined Triangulation Hierarchy for Multiple Levels of Terrain Detail[C]. Proceedings of the IMAGE V Conference: 114-122.

Shi S X, Ye X Z, Dong Z X. 2007. Real-time Simulation of Large-scale Dynamic River Water [J]. Simulation Modeling Practice and Theory, 15(8): 635-646.

Singhal S, Zyda M. 1999. Networked Virtual Environments: Design and Implementation [M]. NewYork: ACM Press.

Solenthaler B, Gross M. 2011. Two-Scale Particle Simulation[J]. ACM Transactions on Graphics, 30(4), Article 81: 1-7.

Stam J. 1999. Stable Fluids[C]. Proceedings of SIGGRAPH 1999, Los Angeles, USA. New York: ACM Press: 121-128.

Stoker J J. 1957. WaterWaves: The Mathematical Theory with Applications[M]. New York, USA: Inter-science Publishers.

Sugimori H, Sekihara Y, Suzuki Y, et. al. Visualization of the Flood Simulation Applying Google Earth[EB/OL]. 2008. http://www.jpgu.org/publication/cd-rom/2008cd-rom/program/pdf/X156/X156-P007_e.pdf. 2008/2009-03-15.

Takahashi T, Fujii H, Kunimatsu A, et al. 2002. Realistic Animation of Fluid with Splash and Foam [J]. Computer Graphics(S0097-8493), 21(3): 736-744.

Terrain Experts Inc. 2001. TerraVista Getting Started GuideV3. 0[R]. Tucson: TerrainExpertsInc.

Tessendorf J. 2005. Simulating Ocean Waters[EB/OL]. http://graphics.ucsd.edu/courses/rendering/2005/jdewall/tessendorf.pdf. 2005/2018-08-01.

TS'O P Y, Barsky B A. 1987. Modeling and Rendering Waves: Wave-tracing Using Beta-splines and Re-flective and Refractive Texture Mapping [J]. ACM Transactions on Graphics(S0730-0301), 6(3): 191-214.

Vallado D，Crawford P，Hujsak R，et al. 2006. Revisiting Spacetrack Report# 3［C］. In AIAA/AAS Astrodynamics Specialist Conference and Exhibit：6753.

Vennard J K，Street R L. 1954. Elementary Fluid Mechanics［M］. John Wiley & Sons. Inc.

VGE. Virtual Geographic Environments［EB/OL］. http：//www. vgelab. org. 2018-08-01.

Wang C B，Wang Z Y，Jin J Q，et al. 2003. Real-time Simulation of Ocean Wave Based on Cellular Automata［C］. Proceedings of CAD/Graphics'2003，Macao，China. New York，USA：ACM Press：26-31.

Wang C，Wan T R，Palmer I J. 2007. A Real-time Dynamic Simulation Scheme for Large-scale Flood Hazard Using 3D Real World Data［C］. 11th International Conference Information Visualization：607-612.

Wang S，Zhou G M，Wang J. 2013. Reviews of Relevance Algorithm in Focused Crawler［J］. Computer& Modernization，117(2)：27-30.

Wang Y，Schultz S，Giuffrida F. 2008. Pictometry's Proprietary Airborne Digital Imaging System and Its Application in 3D City Modelling［J］. International Archives of Photogrammetry，Remote Sensing and Spatial Information Sciences，37(Part B1)：1065-1070.

Weith-Glushko S，Salvaggio C. 2004. Automatic Tie-Point Generation for Oblique Aerial Imagery：An Algorithm［EB/OL］. http：//testcis. cis. rit. edu/cnspci/references/theses/senior/weith-glushko2004. pdf. 2004/2018-08-01.

Wen Y N，Chen M，Lu G N，et al. 2012. Open Cloud Service Strategies for The Sharing of Heterogeneous Geographic Analysis Models［J］. International Journal of Digital Earth. http：//dx. doi. org/10. 1080/17538947. 2012，716861.

Wenzel P，Microsystems S. 2007. OASIS ebXML Messaging Services Version 3. 0：Part 1，core features［R］. OASIS ebXML Messaging Services TC. OASIS Standard.

Williams L. 1983. Pyramidal Parametrics［J］. Computer Graphics，17(3)：1-11.

Wu Q，Xu H，Zou X. 2005. An Effective Method for 3D Geological Modeling with Multi-source Data Integration［J］. Computers & Geosciences，31(1)：35-43.

Xu B L. 2009. A Prototype of Collaborative Virtual Geographic Environments to Facilitate Air Pollution Simulation［D］. Hong Kong：Chinese University of Hong Kong.

Xu B L，Lin H，Chiu L S，et al. 2010. VGE-CUGird：An Integrated Platform for Efficient Configuration，Computation，and Virtualization of MM5［J］. Environmental Modeling and Software，25(1)：1894-1896.

Xu B L，Lin H，Chiu L S，et al. 2011. Collaborative Virtual Geographic Environments：A Case Study of Air Pollution Simulation［J］. Information Science，181(11)：2231-2246.

Yang X D，Pi X X，Zeng L. 2005. GPU-Based Real-time Simulation and Rendering of Unbounded Ocean Surface［C］. Proceedings of the 9th International Conference on Computer Aided Design and Computer Graphics，Hong Kong，China，2005. Washington：IEEE Press：428-433.

Youn J H，Wohn K. 1993. Realtime Collision Detection for Virtual Reality Applications［C］. In Virtual Reality Annual International Symposium，1993 IEEE. IEEE：415-421.

Yu Q Z，Neyret F，Steed A. 2011. Feature-Based Vector Simulation of Water Waves［J］. Journal of Computer Animation and Virtual Worlds (S1546-4261), 22(2-3): 91-98.

Zhang J, Zhang Y, Zhang Z. 2003. Determination of Exterior Parameters for Video Image Sequences from Helicopter by Block Adjustment with Combined Vertical and Oblique Images[C]. In Third International Symposium on Multispectral Image Processing and Pattern Recognition. International Society for Optics and Photonics, 5286: 191-195.

Zhang K, Chen S C, Singh P, et al. 2006. A 3D Visualization System for Hurricane Storm-surge Flooding [J]. IEEE Computer Graphics and Applications, 26(1): 18-25.

Zhang S, Xia Z, Wang T. 2013. A Real-time Interactive Simulation Framework for Watershed Decision Making Using Numerical Models and Virtual Environment [J]. Journal of Hydrology, 493: 95-104.

Zhang S, Yuan R, Zhang T. 2016. Development and Application of a Three-dimensional Flood Simulation Platform[C]. In 11th International Symposium on Ecohydraulics (ISE 2016). Engineers Australia: 559.

Zhong D H, Yang B, Li W Q, et al. 2013. Application of Three-dimensional Visual Simulation in Tidal Defense Engineering [J]. Transactions of Tianjin University, 19(1): 1-9.